Σ BEST
シグマベスト

シグマ 基本問題集

数学 I + A

文英堂編集部　編

文英堂

特色と使用法

◎「シグマ基本問題集　数学Ⅰ＋A」は，問題を解くことによって教科書の内容を基本からしっかりと理解していくことをねらった**日常学習用問題集**である。編集にあたっては，次の点に気を配り，これらを本書の特色とした。

⮕ 学習内容を細分し，重要ポイントを明示

⮕ 学校の授業にあわせた学習がしやすいように，「数学Ⅰ＋A」の内容を52の項目に分けた。また，「**テストに出る重要ポイント**」では，その項目での重要度が非常に高く，テストに出そうなポイントだけをまとめた。これには必ず目を通すこと。

⮕ 「基本問題」と「応用問題」の２段階編集

⮕ **基本問題**は教科書の内容を理解するための問題で，**応用問題**は教科書の知識を応用して解く発展的な問題である。どちらも小問ごとにチェック欄を設けてあるので，できたかどうかをチェックし，弱点の発見に役立ててほしい。また，解けない問題は，**ガイド**などを参考にして，できるだけ自分で考えよう。

⮕ 特に重要な問題は例題として解説

⮕ 特に重要と思われる問題を 例題研究 として掲げ，着眼 と 解き方 をつけてくわしく解説した。着眼 で，問題を解くときにどんなことを考えたらよいかを示してあり，解き方 で，その考え方のみちすじを示してある。ここで，問題解法のコツをつかんでほしい。

⮕ 定期テスト対策も万全

⮕ **基本問題**のなかで，定期テストに出やすい問題には テスト必出 マークを，**応用問題**のなかで，テストに出やすい問題には 差がつく マークをつけた。テスト直前には，これらの問題をもう一度解き直そう。

⮕ くわしい解説つきの別冊正解答集

⮕ 解答は，答え合わせをしやすいように別冊とし，問題の解き方が完璧にわかるようにくわしい解説をつけた。また，テスト対策 では，定期テストなどの試験対策上のアドバイスや留意点を示した。大いに活用してほしい。

もくじ

1章 数と式
1 整式の計算 …………………… 4
2 因数分解 ……………………… 9
3 実　数 ………………………… 12
4 根号を含む式の計算 ………… 13
5 不等式とその性質 …………… 16
6 １次不等式 …………………… 17
7 集　合 ………………………… 19
8 条件と集合 …………………… 22
9 命題と証明 …………………… 24

2章 ２次関数
10 関　数 ………………………… 26
11 ２次関数のグラフ …………… 27
12 ２次関数の最大・最小 ……… 29
13 ２次関数の決定 ……………… 31
14 ２次方程式 …………………… 33
15 グラフと２次方程式 ………… 37
16 グラフと２次不等式 ………… 40

3章 図形と計量
17 直角三角形と三角比 ………… 44
18 正接・正弦・余弦の相互関係 … 46
19 鈍角の三角比 ………………… 47
20 三角比の相互関係 …………… 48
21 正弦定理 ……………………… 50
22 余弦定理 ……………………… 52
23 三角形の面積 ………………… 56
24 空間図形の計量 ……………… 59

4章 データの分析
25 データの整理 ………………… 62
26 分散と標準偏差 ……………… 64
27 データの相関 ………………… 66

5章 場合の数と確率
28 集合の要素の個数 …………… 68
29 和の法則・積の法則 ………… 69
30 順　列 ………………………… 72
31 組合せ ………………………… 77
32 場合の数と確率 ……………… 80
33 確率の基本性質 ……………… 82
34 確率の計算 …………………… 85
35 試行の独立と確率 …………… 88
36 反復試行の確率 ……………… 90
37 条件付き確率と乗法定理 …… 93

6章 図形の性質
38 三角形の辺と角の大小 ……… 96
39 角の二等分線と対辺の分割 … 97
40 三角形の重心・外心・内心 … 98
41 三角形の比の定理 …………… 100
42 円に内接する四角形 ………… 102
43 円と直線 ……………………… 105
44 ２円の位置関係 ……………… 108
45 作　図 ………………………… 110
46 空間図形 ……………………… 111

7章 整数の性質
47 約数と倍数 …………………… 113
48 最大公約数と最小公倍数 …… 115
49 整数の割り算と商および余り … 117
50 ユークリッドの互除法 ……… 120
51 整数の性質の応用 …………… 123
52 整数のいろいろな問題 ……… 125

◆ 別冊　正解答集

1 整式の計算

★ テストに出る重要ポイント

- **整式の整理**…同類項があれば，同類項をまとめる。1つの文字について **降べき**（または昇べき）**の順**に並べる。
- **計算の基本法則**
  ① 交換法則：$A+B=B+A$，$AB=BA$
  ② 結合法則：$(A+B)+C=A+(B+C)$，$(AB)C=A(BC)$
  ③ 分配法則：$A(B+C)=AB+AC$
- **指数法則**…m，n は正の整数のとき
  $a^m \times a^n = a^{m+n}$，$(a^m)^n = a^{mn}$，$(ab)^n = a^n b^n$
- **展開公式**
  ① $(a \pm b)^2 = a^2 \pm 2ab + b^2$ （複号同順）
  ② $(a+b)(a-b) = a^2 - b^2$
  ③ $(x+a)(x+b) = x^2 + (a+b)x + ab$
  ④ $(ax+b)(cx+d) = acx^2 + (ad+bc)x + bd$
  ⑤ $(a+b+c)^2 = a^2 + b^2 + c^2 + 2ab + 2bc + 2ca$
  ⑥ $(a \pm b)^3 = a^3 \pm 3a^2 b + 3ab^2 \pm b^3$ （複号同順）
  ⑦ $(a \pm b)(a^2 \mp ab + b^2) = a^3 \pm b^3$ （複号同順）

基本問題 ……………………………………………… 解答 ➡ 別冊 *p. 1*

1 次の各式は何次式か。
- (1) $-2x^5$
- (2) $a^2 b x^2$
- (3) $4x^2 - 12x + 3$
- (4) $x^3 - 3bx$
- (5) $3ax^4 - 2bx^2 - 5$
- (6) $3x - 4 + x^4 - 6x^3$

2 次の各式は何次式か。また，〔 〕内の文字に着目すると何次式か。
- (1) $3xy^3$ 〔y〕
- (2) $a^2 + 1 - a^4 b$ 〔b〕
- (3) $xyz + x^3$ 〔x〕
- (4) $-a^3 + 2ab^2 - 4b^4$ 〔a〕
- (5) $y^2 + (a-b)y - ab$ 〔a〕
- (6) $-2x^2 + 3xy^2 - y^3$ 〔y〕

📖 ガイド (1) 1つの文字 y に着目すると $3x$ は係数となるから文字は 3 個だ。

3 同類項をまとめて，次の式を整理せよ。

(1) $-3x+4x-6x$

(2) $y-6y+8y-2y$

(3) $x^2-7x+8-3x^2+8x-1$

(4) $4a^2b-ab^2-5a^2b+3ab^2$

4 次の式を x について降べきの順に整理し，各項の係数をいえ。

(1) $4x+2x^2-6-x^3$

(2) $ax-b+cx+d-ex-f$

(3) $2x^2-xy+5-7-3xy-x^2$

(4) $2x^3-3a^2-8ax+5a^2-3x^3-6ax$

(5) $x^3-4x^2+3x-6+3x^3-x^2-6x+1-3x^3-2x-1$

例題研究 $A=-x^3+6x^2-4x+2$, $B=3x^3-x-4$ のとき，次の計算をせよ。

(1) $A+B$ 　　(2) $A-B$

[着眼] 同類項は1つの項にまとめる。なお，減法でかっこをはずすときは，かっこ内の項の符号が変わることに注意する。

[解き方] (1) $A+B=(-x^3+6x^2-4x+2)+(3x^3-x-4)$
$=-x^3+6x^2-4x+2+3x^3-x-4$ 　→ かっこをはずすとき，符号はそのまま
$=(-1+3)x^3+6x^2+(-4-1)x+(2-4)$
$=\boldsymbol{2x^3+6x^2-5x-2}$ ……[答]

(2) $A-B=(-x^3+6x^2-4x+2)-(3x^3-x-4)$
$=-x^3+6x^2-4x+2-3x^3+x+4$ 　→ かっこをはずすとき，符号は変わる！
$=\boldsymbol{-4x^3+6x^2-3x+6}$ ……[答]

(別解) 降べきの順に整理して，同類項がたてにそろうように書いて計算する。欠けている項があればあけておく。

(1) 　$-x^3+6x^2-4x+2$
　+) $\underline{3x^3-x-4}$
　　$\boldsymbol{2x^3+6x^2-5x-2}$ ……[答]

(2) 　$-x^3+6x^2-4x+2$
　−) $\underline{3x^3-x-4}$
　　$\boldsymbol{-4x^3+6x^2-3x+6}$ ……[答]

---

5 次の各組で，2つの式の和を求めよ。また，左の式から右の式を引いた差を求めよ。 **＜テスト必出**

(1) $4x-6y+3z$, $x-3y-7z$

(2) $10y+7z-3x$, $-2x+3y-4z$

(3) $2x^2-x+3$, $5x^2-10x-15$

(4) $x^2+6xy+5y^2$, $y^2-5xy-2x^2$

(5) $-\dfrac{1}{4}x^2+\dfrac{1}{5}xy+y^2$, $-\dfrac{1}{2}x^2-\dfrac{1}{3}xy+\dfrac{1}{5}y^2$

6 次の計算をせよ。

(1) $(2x^2+3y^2-4xy)-(x^2+3xy-2y^2)$

(2) $2(3x-y)-(2x+4y)+3(-x-y)$

(3) $(3x^2+1-x)-(-2x^2+x-3)+(-4x^2+2x-4)$

7 次の計算をせよ。

(1) $a \times a^3$ 　　　(2) $x^2 \times x^4$ 　　　(3) $(a^3)^2$

(4) $(-x^2) \times x^3$ 　　　(5) $(-a^2)^3$ 　　　(6) $(x^2y^3)^2$

(7) $2x^2y^4 \times 3x^3y$ 　　　(8) $-2xy^3 \times (-2)^2xy$ 　　　(9) $(-x^2)(-x^3)^2(-x)$

例題研究　$(2x^3+3x-1)(x-1)$ を展開せよ。

着眼　分配法則，指数法則を用いて展開することができる。$2x^3+3x-1$ を1つの文字 A とみて展開すると，$A(x-1)=Ax-A$ となる。

解き方　$(2x^3+3x-1)(x-1)=(2x^3+3x-1)x-(2x^3+3x-1)$
　　　　　　　　　　　　　　　→1つの文字と考えて $A(x-1)=Ax-A$　　　→かっこの前が − だよ！
$=2x^4+3x^2-x-2x^3-3x+1=\mathbf{2x^4-2x^3+3x^2-4x+1}$ ……答
　　　　　　　　　　→整理整頓を忘れるな！　　　→降べきの順になっているね

(別解) 上の計算は，右のようにすることもできる。
このときも，必ず降べきまたは昇べきの順に整理し，
欠けている項はあけておく。

$$\begin{array}{r} 2x^3+3x-1 \\ \times)\ \ x-1 \\ \hline 2x^4+3x^2-x \\ -2x^3-3x+1 \\ \hline \mathbf{2x^4-2x^3+3x^2-4x+1} \end{array}$$ ……答

---

8 次の式を展開せよ。

(1) $(2x+3)(3x-4)$ 　　　(2) $(ax+b)(cx+d)$

(3) $(3a+4)(2a^2+4a-1)$ 　　　(4) $(6x-4+x^2)(3x+2)$

(5) $(a-b)(a^2-2ab+b^2)$ 　　　(6) $(a^2-ab+b^2)(a+b)$

(7) $(a+b)(a^2+2ab+b^2)$ 　　　(8) $(2x-x^3+3x^2-5)(x-1)$

9 公式を用いて次の式を展開せよ。

(1) $(x+2)^2$ 　　　(2) $(x+2y)^2$ 　　　(3) $(2x-y)^2$

(4) $(2x+3y)^2$ 　　　(5) $(3x-2y)^2$ 　　　(6) $(ax+by)^2$

(7) $(x+2)(x-2)$ 　　　(8) $(3x+2)(3x-2)$ 　　　(9) $(2x+3y)(2x-3y)$

1 整式の計算   7

10 公式を用いて次の式を展開せよ。
- (1) $(x+2)(x+3)$
- (2) $(x+2)(x-3)$
- (3) $(x+2y)(x+3y)$
- (4) $(x+2y)(x-3y)$
- (5) $(3x+7)(2x+1)$
- (6) $(3x-4y)(5x-3y)$

例題研究 $(x^2-x+2)(x^2-x-1)$ を展開せよ。

着眼 展開公式を用いて展開するわけだがあてはまるものがない。そこで x^2-x を1つの文字とみれば，公式が使える。高校の数学では**おき換えが重要**！

解き方 $(x^2-x+2)(x^2-x-1)=\{(x^2-x)+2\}\{(x^2-x)-1\}$
　　　　　　　　　　　　　　　　→ 1つの文字と考えて公式を用いる
$$= (x^2-x)^2+(x^2-x)-2$$
$$= x^4-2x^3+x^2+x^2-x-2$$
$$= \boldsymbol{x^4-2x^3+2x^2-x-2} \quad \cdots\cdots \text{答}$$

11 次の式を展開せよ。 **テスト必出**
- (1) $(x-y-z)^2$
- (2) $(x-2y+3z)^2$
- (3) $(x^2+xy+y^2)(x^2-xy+y^2)$
- (4) $(x-2)^2(x+2)^2$
- (5) $(2a+b-c)(2a-b+c)$
- (6) $(a-b-c+d)(a-b+c-d)$

応用問題 　　　　　　　　　　　　　　　　　　　　　解答 ➡ 別冊 *p.3*

12 次の式をかっこをはずして簡単にせよ。 **差がつく**
- (1) $2x-\{3x+1-(x+2)\}$
- (2) $6x-\{3y-4z-(x-4y)\}-(3z-2x)$
- (3) $7a-[3a+c-\{4a-(3b-c)\}]$

13 公式を用いて次の式を展開せよ。
- (1) $(x+2)^3$
- (2) $(x-3)^3$
- (3) $(x-2)(x^2+2x+4)$
- (4) $(x+2)(x^2-2x+4)$

14 次の式を展開せよ。
- (1) $(a-b+2c)(a+b-c)$
- (2) $(2a+3b-2)(2a+3b+3)$
- (3) $(x-2)(x+2)(x^2+4)(x^4+16)$
- (4) $(x-a)^2+(x-b)^2-(2x-a-b)^2$

例題研究 $(x+1)(x+2)(x+3)(x+4)$ を展開せよ。

着眼 順にかっこをはずして展開すると，計算がたいへん。何かよい工夫はないか。展開公式が使えるように，**因数の組み合わせを考えてみよう。**

解き方 $(x+1)(x+2)(x+3)(x+4)=(x+1)(x+4)(x+2)(x+3)$ 　→ このように組み合わせを考える

$=(x^2+5x+4)(x^2+5x+6)$
$=\{(x^2+5x)+4\}\{(x^2+5x)+6\}$ 　→ 1つの文字と考える
$=(x^2+5x)^2+10(x^2+5x)+24$
$=x^4+10x^3+25x^2+10x^2+50x+24$
$=\boldsymbol{x^4+10x^3+35x^2+50x+24}$ ……**答**

15 次の式を展開せよ。 **◀差がつく**
- (1) $(x-1)(x-2)(x+1)(x+2)$
- (2) $(x-2)(x-3)(2x-1)(2x-3)$
- (3) $(a+b+c)(a-b+c)-(a+b-c)(a-b-c)$
- (4) $(x^2+xy+y^2)(x^2-xy+y^2)(x^4-x^2y^2+y^4)$

例題研究 $(a+b+c)^2-(a-b-c)^2-(a-b+c)^2+(a+b-c)^2$ を展開せよ。

着眼 このまま展開すると，たいへんな計算になる。そこで，1つの文字に着目して降べきの順に並べ，公式が使えないかつねに考えながら展開してみよう。

解き方 $(a+b+c)^2-(a-b-c)^2-(a-b+c)^2+(a+b-c)^2$
　　　　→ まずかっこ内を a について注目して
$=\{a+(b+c)\}^2-\{a-(b+c)\}^2-\{a-(b-c)\}^2+\{a+(b-c)\}^2$
$=a^2+2(b+c)a+(b+c)^2-\{a^2-2(b+c)a+(b+c)^2\}$
$\quad-\{a^2-2(b-c)a+(b-c)^2\}+a^2+2(b-c)a+(b-c)^2$
　→ 同じ項がありうち消しあって
$=4(b+c)a+4(b-c)a=\boldsymbol{8ab}$ ……**答**

16 次の式を展開せよ。
- (1) $(a+b+c)^2+(a+b-c)^2+(a-b+c)^2+(-a+b+c)^2$
- (2) $(x+2y+1)^2-(x-2y-1)^2-(x-y+2)^2+(x+y-2)^2$

2 因数分解

★ テストに出る重要ポイント

- **因数分解**…整式をいくつかの1次以上の整式の積の形にすること。
- **因数分解の公式**
  ① $a^2 \pm 2ab + b^2 = (a \pm b)^2$ （複号同順）
  ② $a^2 - b^2 = (a+b)(a-b)$
  ③ $x^2 + (a+b)x + ab = (x+a)(x+b)$
  ④ $acx^2 + (ad+bc)x + bd = (ax+b)(cx+d)$
  ⑤ $a^3 \pm 3a^2b + 3ab^2 \pm b^3 = (a \pm b)^3$ （複号同順）
  ⑥ $a^3 \pm b^3 = (a \pm b)(a^2 \mp ab + b^2)$ （複号同順）
- **因数分解の方法**
  ① まず，**共通因数**をくくり出せないか。
  ② 次数の低い文字から**降べきの順**に整理し，各項の係数の部分を整理。
  ③ 適当な置換，項の組み合わせ，加減などで**平方の差**の形に変形。
  このようにした上で公式の適用を考える。

基本問題　　　　　　　　　　　　　　　　解答 → 別冊 p.4

17 次の式を因数分解せよ。

- (1) $3ab - 3b$
- (2) $x^3y - xyz$
- (3) $x^3y - x^2y + xy$
- (4) $x^2 + 6x + 9$
- (5) $x^2 + x + \dfrac{1}{4}$
- (6) $x^2 - \dfrac{2}{3}x + \dfrac{1}{9}$
- (7) $9x^2 - 12x + 4$
- (8) $x^2 - 9$
- (9) $9a^2 - 4b^2$

18 次の式を因数分解せよ。

- (1) $(a-b)x - (b-a)y$
- (2) $3(x+y)^3 + 27(x+y)^2$
- (3) $(a-b)^2 - 9b^2$
- (4) $(a-1)x^2 + 4(1-a)y^2$
- (5) $(3a+2b)^2 - (-4a+b)^2$
- (6) $(a^2+b^2)^2 - 4a^2b^2$

📖 **ガイド**　(6) $4a^2b^2$ を $(2ab)^2$ と変形し，あとは公式の適用を考えてみる。

第1章 数と式

例題研究 $6x^2-7x-3$ を因数分解せよ。

着眼 共通因数がないので公式を使えばよい。x^2 の係数，定数項のいろいろな組み合わせを考えて，$ad+bc$ が x の係数と一致するものを見つければよい。運がよければ一発で見つかるが，さて君は？

$$\begin{array}{c} a \searrow b \cdots\cdots bc \\ c \nearrow d \cdots\cdots ad \\ \hline x \text{の係数} \to ad+bc \end{array}$$

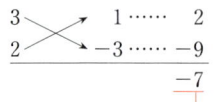

解き方
$$\begin{array}{c} 3 \searrow 1 \cdots\cdots 2 \\ 2 \nearrow -3 \cdots\cdots -9 \\ \hline -7 \end{array}$$
→ x の係数。できた！

答 $6x^2-7x-3=(3x+1)(2x-3)$

19 次の式を因数分解せよ。 **テスト必出**

- (1) x^2+x-2
- (2) x^2-5x+6
- (3) x^2+5x+6
- (4) $2x^2+5x+2$
- (5) $6x^2-5x+1$
- (6) $6x^2-x-1$
- (7) $x^2-8ax+15a^2$
- (8) $6x^2+7xy+2y^2$
- (9) $14x^2+19xy-3y^2$
- (10) $8x^2-26xy+15y^2$
- (11) $x^2-(a+1)x+a$
- (12) $abx^2+(a+b)x+1$

20 次の式を因数分解せよ。

- (1) $(x+y)^2+(x+y)-2$
- (2) $(a-b)^2-3(a-b)-10$
- (3) $(x+y)^2-4(x-y)^2$
- (4) $(x^2+x)^2+3(x^2+x)-10$
- (5) $(x-1)^2+3(x-1)-4$
- (6) $a^2(x^2-a^2)-b^2(x^2-b^2)$

ガイド (1) $x+y=X$ とおくと，与式$=X^2+X-2$ あとは公式を利用する。
(2) $a-b=X$ (3) $x+y=X$, $x-y=Y$ (4) $x^2+x=X$ (5) $x-1=X$ とおくとよい。
(6) 展開して x について整理し，共通因数をくくり出し，最後にこれ以上因数分解できないかを確認する。

21 次の式を因数分解せよ。

- (1) $x^2+2xy+y^2-1$
- (2) x^2-y^2+6y-9
- (3) a^2b+a^2-b-1
- (4) $a^2+b^2+2bc+2ca+2ab$

2 因数分解

応用問題　　　解答 → 別冊 *p.5*

例題研究 $2x^2-xy-y^2-7x+y+6$ を因数分解せよ。

着眼 多くの文字を含んだ整式は，次のように考える。
① 1つの文字に着目。② 降べきの順に並べる。③ 各項の係数を整理し，公式の適用。

解き方 $2x^2-xy-y^2-7x+y+6=2x^2-(y+7)x-(y^2-y-6)$
　　　　　　　→ x について降べきの順に　　→因数分解できる
$$=2x^2-(y+7)x-(y-3)(y+2)$$
$$=\{2x+(y-3)\}\{x-(y+2)\}$$
$$=(2x+y-3)(x-y-2) \ \cdots\cdots 答$$

---

22 次の式を因数分解せよ。〈差がつく〉

(1) $xy+x+y+1$　　　　(2) $x^2-y^2-z^2+2yz$

(3) $x-y-x^2+2xy-y^2+2$　　(4) $x^3+3x^2y-3y-x$

(5) $a^2b-ab^2-a^2c-ac^2-b^2c+bc^2+2abc$

---

23 次の式を因数分解せよ。

(1) x^4+x^2+1　　(2) x^4-18x^2+1　　(3) x^4+4

(4) x^4+5x^2+4　　(5) x^4+3x^2-4　　(6) $x^4-27x^2y^2+y^4$

---

24 次の式を因数分解せよ。〈差がつく〉

(1) $(x+y)(y+z)(z+x)+xyz$

(2) $(xy+1)(x+1)(y+1)+xy$

(3) $xy(x-y)+yz(y-z)+zx(z-x)$

(4) $(a+b+c)(ab+bc+ca)-abc$

---

25 次の式を因数分解せよ。

(1) x^3-1　　　　　　　　(2) x^3+8y^3

(3) $x^3+6x^2y+12xy^2+8y^3$　(4) $8x^3-36x^2+54x-27$

(5) $a^3+b^3+c^3-3abc$　　(6) $8x^3-27y^3-1-18xy$

ガイド (5) $a^3+b^3=(a+b)^3-3ab(a+b)$ として，まず $(a+b)^3+c^3$ に公式を適用する。

3 実 数

★ テストに出る重要ポイント

● **実数の大小関係**…2つの実数 a, b について
$a-b>0$ ならば $a>b$, $a-b=0$ ならば $a=b$,
$a-b<0$ ならば $a<b$

● **実数の平方と絶対値**
① $a^2 \geqq 0$ (a は実数, 等号成立は $a=0$)
② 実数 a の絶対値 $|a| = \begin{cases} a & (a \geqq 0) \\ -a & (a < 0) \end{cases}$

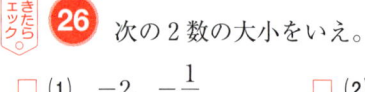

基本問題 ……………………… 解答 ➡ 別冊 p.6

26 次の2数の大小をいえ。
(1) -2, $-\dfrac{1}{2}$
(2) $2-\sqrt{2}$, 1
(3) $-\dfrac{1}{\sqrt{5}}$, $-\dfrac{1}{3}$
(4) $3+\sqrt{3}$, $3+2\sqrt{3}$
(5) $1+\dfrac{1}{\sqrt{2}}$, $2-\dfrac{1}{\sqrt{2}}$

27 次の循環小数を分数で表せ。
(1) $0.\dot{6}\dot{3}$
(2) $0.\dot{2}9\dot{7}$

28 次の数の中から自然数, 整数, 有理数, 無理数を選び出せ。
-2, 0, 8, $\dfrac{2}{3}$, $-\dfrac{4}{5}$, $\sqrt{3}$, $(\sqrt{3})^2$, π, $\sqrt{5}-1$, $\sqrt{\dfrac{1}{2}}$, $\sqrt{0.25}$

29 $x=a$ $(-1<a<2)$ のとき, 次の値を求めよ。 ◀テスト必出
(1) $|x+1|$
(2) $|x-2|$
(3) $2|x+1|-|x-2|$

📖 **ガイド** (1) $x=a$ より $a+1$ の符号を考えればよい。(2) $a-2$ の符号を考えよ。

4 根号を含む式の計算

★ テストに出る重要ポイント

○ **平方根の計算**
① $\sqrt{a^2}=|a|$ ($a\geqq0$ のとき $\sqrt{a^2}=a$, $a<0$ のとき $\sqrt{a^2}=-a$)
② $a>0$, $b>0$ のとき
$$\sqrt{a}\sqrt{b}=\sqrt{ab},\ \sqrt{a^2b}=a\sqrt{b},\ \frac{\sqrt{a}}{\sqrt{b}}=\sqrt{\frac{a}{b}}=\frac{\sqrt{a}\sqrt{b}}{\sqrt{b}\sqrt{b}}=\frac{\sqrt{ab}}{b}$$

○ **分母の有理化**…分母分子に共役なものをかければよい。
   ($\sqrt{a}+\sqrt{b}$ を $\sqrt{a}-\sqrt{b}$ の共役なものということがある。)

基本問題　　　　　　　　　　　　　　　　　　解答 ➡ 別冊 p.7

30 次のうちで，正しいものには○，正しくないものには×をつけ，正しい結果を示せ。

- (1) $x^2=3$ ならば $x=\sqrt{3}$
- (2) $\sqrt{(-3)^2}=-3$
- (3) $\sqrt{25}=\pm5$
- (4) 49 の平方根は 7
- (5) $\sqrt{3^2}=3$
- (6) $\sqrt{5+4}=\sqrt{5}+\sqrt{4}$

31 次の式を計算せよ。

- (1) $\sqrt{5}\times\sqrt{20}$
- (2) $\sqrt{180}\div\sqrt{5}$
- (3) $5\sqrt{27}\div2\sqrt{72}$
- (4) $\sqrt{12}-3\sqrt{3}$
- (5) $\sqrt{5}+\sqrt{45}$
- (6) $\sqrt{6}(\sqrt{3}+\sqrt{2})$

32 次の式の分母を有理化せよ。

- (1) $\dfrac{2}{5\sqrt{2}}$
- (2) $\dfrac{2}{2-\sqrt{3}}$
- (3) $\dfrac{\sqrt{3}-\sqrt{2}}{\sqrt{3}+\sqrt{2}}$

33 次の式を計算せよ。 テスト必出

- (1) $\dfrac{1}{\sqrt{5}-1}-\dfrac{1}{\sqrt{5}+1}$
- (2) $\dfrac{\sqrt{5}-\sqrt{3}}{\sqrt{5}+\sqrt{3}}-\dfrac{\sqrt{5}+\sqrt{3}}{\sqrt{5}-\sqrt{3}}$
- (3) $\dfrac{\sqrt{3}}{\sqrt{7}+\sqrt{3}}+\dfrac{\sqrt{3}}{\sqrt{7}-\sqrt{3}}$
- (4) $\dfrac{1}{\sqrt{3}}-\dfrac{1}{\sqrt{12}}-\dfrac{1}{\sqrt{27}}$

例題研究　次の式の分母を有理化せよ。
$$\frac{1}{\sqrt{5}+\sqrt{2}-1}$$

着眼　分母が $\sqrt{5}+\sqrt{2}$ であれば $\sqrt{5}-\sqrt{2}$ をかければよいが，この問題では $\sqrt{5}+(\sqrt{2}-1)$ と考えて，$\sqrt{5}-(\sqrt{2}-1)$ を分母分子にかける。そのうえでもう一度有理化する。

解き方　与式 $=\dfrac{\sqrt{5}-(\sqrt{2}-1)}{\{\sqrt{5}+(\sqrt{2}-1)\}\{\sqrt{5}-(\sqrt{2}-1)\}}$

　→ $\sqrt{2}+1$ としないように！

$=\dfrac{\sqrt{5}-\sqrt{2}+1}{5-(\sqrt{2}-1)^2}=\dfrac{\sqrt{5}-\sqrt{2}+1}{2(\sqrt{2}+1)}$

　→ まだ有理化されていない。$\sqrt{2}-1$ をかける

$=\dfrac{(\sqrt{5}-\sqrt{2}+1)(\sqrt{2}-1)}{2(\sqrt{2}+1)(\sqrt{2}-1)}=\dfrac{\boldsymbol{\sqrt{10}-\sqrt{5}+2\sqrt{2}-3}}{\boldsymbol{2}}$　……**答**

34　次の式を簡単にせよ。

(1) $\dfrac{1+\sqrt{2}+\sqrt{3}}{1+\sqrt{2}-\sqrt{3}}+\dfrac{1-\sqrt{2}-\sqrt{3}}{1-\sqrt{2}+\sqrt{3}}$

(2) $\dfrac{1}{1+\sqrt{2}+\sqrt{3}}+\dfrac{\sqrt{2}(\sqrt{3}-1)}{4}$

35　$x=\sqrt{3}+\sqrt{2}$，$y=\sqrt{3}-\sqrt{2}$ のとき，x^2+y^2 の値を求めよ。　◀テスト必出

応用問題　　　　　　　　　　　　　　　　　　　　　　　　解答 ➡ 別冊 p.8

36　次の式を根号を用いない式で表せ。

(1) $\sqrt{(-a)^2}$　　(2) $\sqrt{(-a-2)^2}$　　(3) $\sqrt{x^2-4x+4}$

37　$x=\dfrac{\sqrt{3}-\sqrt{2}}{\sqrt{3}+\sqrt{2}}$，$y=\dfrac{\sqrt{3}+\sqrt{2}}{\sqrt{3}-\sqrt{2}}$ のとき，$3x^2-5xy+3y^2$ の値を求めよ。

◀差がつく

ガイド　x，y を有理化し，$x+y$，xy の値を求める。次に与式を変形して
　　　$3x^2-5xy+3y^2=3(x+y)^2-11xy$　に代入する。

4 根号を含む式の計算

例題研究▶ $\sqrt{3-\sqrt{5}}$ の2重根号をはずして簡単にせよ。

[着眼] 根号の中が（ ）^{2} の形になると根号がはずれる。
$$(\sqrt{a}\pm\sqrt{b})^2=a+b\pm2\sqrt{ab}$$
を利用するのだが，いま $\sqrt{5}$ の前に2がない。
この場合2をつくるため2をかけて割る。

[解き方] $\sqrt{3-\sqrt{5}} = \sqrt{\dfrac{6-2\sqrt{5}}{2}} = \dfrac{\sqrt{(\sqrt{5}-1)^2}}{\sqrt{2}}$

→ $(1-\sqrt{5})^2$ としないで大きい $\sqrt{5}$ から小さい1を引く

$= \dfrac{\sqrt{5}-1}{\sqrt{2}} = \dfrac{\sqrt{10}-\sqrt{2}}{2}$ ……**答**

→ $1-\sqrt{5}$ としてはいけない

$\sqrt{A^2}=|A|$ に注意すること。

---

38 次の式の2重根号をはずして簡単にせよ。

(1) $\sqrt{5+2\sqrt{6}}$ (2) $\sqrt{7-4\sqrt{3}}$ (3) $\sqrt{4-\sqrt{15}}$

39 $x=\dfrac{1+a^2}{a}$ $(0<a<1)$ のとき，$\dfrac{\sqrt{x+2}+\sqrt{x-2}}{\sqrt{x+2}-\sqrt{x-2}}$ の値を求めよ。

40 $\dfrac{1}{2-\sqrt{3}}$ の整数部分を a，小数部分を b とするとき，$a+2b+b^2$ の値を求めよ。

＜差がつく＞

[ガイド] 与式 $=2+\sqrt{3}$ となるから $3<2+\sqrt{3}<4$ より a, b が求められる。
次に $a+2b+b^2=a+(b+1)^2-1$ と変形して a, b を代入すればよい。

5 不等式とその性質

★ テストに出る重要ポイント

不等式の基本性質

① 2実数 a, b に対して，次の関係の1つだけが成立する。
$$a>b, \quad a=b, \quad a<b$$

② $a>b$, $b>c$ ならば $a>c$

③ $a>b$ ならば $a+c>b+c$, $a-c>b-c$

④ $a>b$ のとき

$m>0$ ならば $ma>mb$, $\dfrac{a}{m}>\dfrac{b}{m}$

$m<0$ ならば $ma<mb$, $\dfrac{a}{m}<\dfrac{b}{m}$

基本問題 ……………………………… 解答 → 別冊 p.9

41 $x>y$ のとき，次の □ の中に不等号を入れよ。

(1) $x+2$ □ $y+2$ 　 (2) $x-4$ □ $y-4$ 　 (3) $x-y$ □ 0

(4) $3x$ □ $3y$ 　 (5) $\dfrac{x}{2}$ □ $\dfrac{y}{2}$ 　 (6) $-4x$ □ $-4y$ 　 (7) $-\dfrac{x}{5}$ □ $-\dfrac{y}{5}$

42 次のような関係があるとき，x, y の大小をいえ。

(1) $x-3>y-3$ 　 (2) $x+(a+2)<y+(a+2)$ 　 (3) $5x<5y$

(4) $\dfrac{x}{10} \leqq \dfrac{y}{10}$ 　 (5) $-\dfrac{1}{2}x \leqq -\dfrac{1}{2}y$ 　 (6) $-3.5x>-3.5y$

応用問題 ……………………………… 解答 → 別冊 p.9

43 x が $-1<x\leqq 3$ の範囲の数のとき，次の数はどんな範囲にあるか。

◀ 差がつく

(1) $x+3$ 　 (2) $x-2$ 　 (3) $4x$ 　 (4) $-3x$ 　 (5) $-2x+1$

📖 ガイド 　与えられた不等式 $-1<x\leqq 3$ を $-1<x$ と $x\leqq 3$ とに分けて考えよ。

6 1次不等式

★ テストに出る重要ポイント

● 不等式の解き方
① 変数の項を左辺に，定数を右辺に移項する。
② 両辺をそれぞれ計算して，おのおの1つの項にする。
③ 変数の係数で両辺を割って，$x>a$ のような形にする。

● 不等式の応用問題を解く手順
① 何を x で表すかを決める。
② 問題に出てくる数(量)を，x を用いて表す。
③ それらの数(量)の大小関係を不等式に表す。
④ その不等式を解いて，解を求める。
⑤ その解が，問題の答えとして適するかどうかを調べる。

基本問題 ……………… 解答 → 別冊 p.9

44 次の不等式を解け。 ◀テスト必出

(1) $3(x-7)-3<4x-1$
(2) $-2(3-2x)\geqq -3x+5$
(3) $4(x+1)\geqq -(x-2)$
(4) $3(5-2x)-4(3-x)>0$
(5) $1.25-0.3x>0.15x+0.3$
(6) $\dfrac{1-x}{2}<\dfrac{x+1}{3}$
(7) $\dfrac{x-3}{2}-\dfrac{x}{6}\leqq 1$
(8) $\dfrac{3x-5}{2}-\dfrac{x-4}{4}<-x$

45 家から1800m離れた駅へ行くのに毎分75mの速さで歩き，あとは毎分150mの速さで走って着いた。所要時間が15分以下であったとすると，走った道のりは何m以上か。

46 2けたの整数が2つある。この2つの数の和は36で，その差は14よりも大きいという。このような2つの数は何か。 ◀テスト必出

応用問題 ……………………………………… 解答 ➡ 別冊 p.10

47 次の条件を満たす2けたの整数をつくりたい。
① 十の位の数と一の位の数の和は13である。
② 十の位の数と一の位の数を入れかえた整数は、もとの整数の2倍より大きい。

このような整数をつくることができるか。つくることができればその整数を求めよ。

48 毎月、兄は500円、弟は300円ずつ貯金している。現在、兄の貯金額は2500円、弟の貯金額は1200円になっている。兄の貯金額と弟の貯金額の差が、はじめて3000円以上になるのは何か月後か。

例題研究 $|x-1|+|x-2| \geqq x+3$ を解け。

着眼 絶対値記号を含む不等式であるから、方程式の場合と同様に、まず絶対値記号をはずすことを考える。

解き方 (i) $x<1$ のとき $-(x-1)-(x-2) \geqq x+3$ よって $x \leqq 0$
これは条件 $x<1$ に適するから解である。　　→ 大切だ

(ii) $1 \leqq x < 2$ のとき $(x-1)-(x-2) \geqq x+3$ よって $x \leqq -2$
これは条件 $1 \leqq x < 2$ に適さないので、この範囲に解はない。　　→ 忘れないように

(iii) $2 \leqq x$ のとき $(x-1)+(x-2) \geqq x+3$ よって $x \geqq 6$
これは条件 $x \geqq 2$ に適するから解である。　　→ よく忘れるので注意

したがって、求める解は $x \leqq 0$, $x \geqq 6$ ……**答**

---

49 次の不等式を解け。
(1) $|3x-1|>2$
(2) $|x+1|-|x-2|<-x+1$

50 次の不等式を同時に満たす x の値の範囲を求めよ。 **差がつく**

$$\begin{cases} -(x-2) \leqq 2x-1 & \cdots\cdots ① \\ 2(x-1)+\dfrac{3}{2} < x+2 & \cdots\cdots ② \end{cases}$$

7 集合

✪ テストに出る重要ポイント

- **集合，要素**…ある条件を満たすものの集まりを**集合**という。その集合をつくっているものを**要素**という。a が集合 A の要素であることを $a \in A$ と表し，a は集合 A に**属する**という。

- **集合の表し方**
  ① 集合の要素をすべて書き並べる方法で｛ ｝の中に要素を列挙する。
  ② 集合をつくる条件を示す方法で $\{x \mid f(x)\}$ のように表す。

- **全体集合，空集合，補集合**…集合を扱っているとき，そこで扱っている対象のすべてのものの集合を**全体集合**といい，U で表す。要素の全くない集合を**空集合**といい，ϕ で表す。集合 A に対して，全体集合 U の要素で A の要素でないものの集合を A の**補集合**といい，$\overline{A}$ で表す。
  $\overline{\overline{A}} = A, \ \overline{U} = \phi, \ \overline{\phi} = U$

- **部分集合**…2つの集合 A，B があって，A の要素がすべて B の要素であるとき，すなわち $a \in A$ ならば $a \in B$ であるとき，A を B の**部分集合**といい，$A \subset B$ または $B \supset A$ と表す。このとき，A は B に含まれる，または，B は A を含むという。

- **和集合，共通部分**…2つの集合 A，B の少なくとも一方に属する要素全体の集合を A と B の**和集合（結び）**といい，$A \cup B$ と表す。2つの集合 A，B の両方に属する要素全体の集合を A と B の**共通部分（交わり）**といい，$A \cap B$ と表す。

- **集合の演算法則**
  ① $U = A \cup \overline{A}, \quad \phi = A \cap \overline{A}$
  ② $A \cap (B \cup C) = (A \cap B) \cup (A \cap C)$
     $A \cup (B \cap C) = (A \cup B) \cap (A \cup C)$
  ③ $\overline{A \cap B} = \overline{A} \cup \overline{B}, \ \overline{A \cup B} = \overline{A} \cap \overline{B}$ （ド・モルガンの法則）

基本問題 　　　　　　　　　　　　　　　　　　　　　解答 → 別冊 p.10

51 次の集合を2通りの方法で書き表せ。
- (1) 7より小さい自然数の集合
- (2) 10以下の正の偶数全体の集合
- (3) -4以上2以下の整数全体の集合

52 次の☐の中に $\in$ または $\notin$ のいずれかを記入せよ。
- (1) $A=\{x|x$は正の偶数$\}$のとき，$4\,\square\,A$，$7\,\square\,A$，$\dfrac{1}{2}\,\square\,A$
- (2) $B=\{x|x$は素数$\}$のとき，$2\,\square\,B$，$4\,\square\,B$，$7\,\square\,B$

53 次の集合A，Bの包含関係を調べよ。
- (1) A：3の倍数の集合　　　B：6の倍数の集合
- (2) A：12の約数の集合　　　B：6の約数の集合
- (3) A：整数全体の集合　　　B：実数全体の集合

54 次の集合A，Bについて，$A\cap B$，$A\cup B$をそれぞれ要素を書き並べる方法で表せ。
- (1) $A=\{1,\ 3,\ 5,\ 7,\ 9\}$，$B=\{2,\ 3,\ 4,\ 5,\ 6\}$
- (2) $A=\{x|x$は8の正の約数$\}$，$B=\{x|x$は6の正の約数$\}$
- (3) $A=\{x|x\leqq4,\ x$は自然数$\}$，$B=\{2x|x\leqq4,\ x$は自然数$\}$

55 $\{1,\ 2,\ 3,\ 4,\ 5,\ 6\}$を全体集合とするとき，次の集合の補集合を求めよ。
- (1) $\{1,\ 5\}$　　(2) $\{1,\ 3,\ 5\}$　　(3) ϕ（空集合）

56 次の集合A，Bについて，$A\cap B$，$A\cup B$を数直線上に表せ。
- (1) $A=\{x|-2\leqq x<2\}$，$B=\{x|-3<x\leqq7\}$
- (2) $A=\{x|-1<x<2\}$，$B=\{x|x\leqq0$ または $4<x\}$

57 $U=\{x|1\leqq x\leqq 10,\ x\text{は整数}\}$ を全体集合とし，その部分集合 A, B, C を
$A=\{1,\ 3,\ 4,\ 5,\ 8\}$, $B=\{2,\ 4,\ 5,\ 7\}$, $C=\{1,\ 5,\ 8,\ 10\}$
とするとき，次の集合を求めよ。

- (1) $A\cup B$
- (2) $A\cap B$
- (3) $A\cap \overline{B}$
- (4) $\overline{A}\cup C$
- (5) $A\cap B\cap C$
- (6) $(A\cup B)\cap \overline{C}$

応用問題 ……………………………………… 解答 ➡ 別冊 $p.11$

[例題研究] 整数全体の集合を Z とする。m, n が任意の整数を表すとき，$M=\{x|x=3m+4n\}$ とする。このとき，$M=Z$ であることを証明せよ。

[着眼] 集合 A, B において，$A=B$ を証明するには，$A\subset B$, $B\subset A$ の2つを示せばよい。$A\subset B$ は，$x\in A$ ならば $x\in B$ であることをいえばよい。

[解き方] m, n が整数だから，$x=3m+4n$ も整数である。
よって，$x\in M$ ならば $x\in Z$ であり
$\qquad M\subset Z$ ……①
次に，任意の整数を $x\in Z$ とする。
$\qquad 3\times 3+4\times (-2)=1$
この式の両辺に x をかけると $3\times 3x+4\times (-2x)=x$
x は整数だから，$m=3x$, $n=-2x$ とおくと，$x=3m+4n$ と表される。
したがって，$x\in M$ となり $Z\subset M$ ……②
①，②より $M=Z$ 〔証明終〕

58 Z を整数全体の集合とする。$P=\{7m+5n|m\in Z,\ n\in Z\}$ とおくとき，$P=Z$ であることを証明せよ。

59 集合 $U=\{1,\ 2,\ 3,\ 4,\ 5,\ 6,\ 7,\ 8,\ 9,\ 10\}$ の部分集合 A, B について，次のことがわかっている。ただし，$\overline{A}$, $\overline{B}$ はそれぞれ A, B の補集合を表す。
$\qquad \overline{A}\cap \overline{B}=\{1,\ 10\}$, $A\cap B=\{2\}$, $\overline{A}\cap B=\{4,\ 6,\ 8\}$
$A\cup B$, B および A を求めよ。 **◀差がつく**

8 条件と集合

★ テストに出る重要ポイント

- **命題**…ある判断を表した文章や式であって，正しいか正しくないかが明確に決まるものを**命題**という。命題が正しいとき，その命題は**真**であるといい，正しくないとき，その命題は**偽**であるという。
- **条件と集合**…U における条件 $p(x)$, $q(x)$ を満たす x の集合を P, Q とすれば，
  「$p(x) \Longrightarrow q(x)$」が真 $\Longleftrightarrow P \subset Q$
- **必要条件，十分条件，同値**…命題 $p \Longrightarrow q$ が真のとき，q を p であるための**必要条件**，p を q であるための**十分条件**という。$p \Longrightarrow q$ と $q \Longrightarrow p$ がともに真であるとき，q を p であるための（p を q であるための）**必要十分条件**といい，p, q は**同値である**という。
- **条件の否定**…条件 p に対し「p でない」という条件を p の**否定**といい，$\overline{p}$ で表す。
- **ド・モルガンの法則**
  $\overline{p \text{ かつ } q} \Longleftrightarrow \overline{p} \text{ または } \overline{q}$
  $\overline{p \text{ または } q} \Longleftrightarrow \overline{p} \text{ かつ } \overline{q}$
- 「すべて」と「ある」を含む命題の否定
  $\overline{\text{すべての } x \text{ について } p} \Longleftrightarrow \text{ある } x \text{ について } \overline{p}$
  $\overline{\text{ある } x \text{ について } p} \Longleftrightarrow \text{すべての } x \text{ について } \overline{p}$

基本問題　　　　　　　　　　　　　解答 ➡ 別冊 p.11

60 次の条件の否定を述べよ。
- (1) $x > 0$ または $x \leqq -3$
- (2) x と y の少なくとも 1 つは 0

61 次の命題の真偽をいえ。
- (1) $x \geqq 2$ ならば $x^2 \geqq 4$
- (2) $x < -1$ または $x \geqq 5$ ならば $x \leqq 0$ または $x > 3$
- (3) $x < 3$ かつ $x > -1$ ならば $x > 1$
- (4) $|x+2| < 1$ ならば $|x| < 3$

62 次の命題の否定を述べよ。

(1) すべての実数 x について，$x^2-6x+9>0$

(2) ある実数 x について，$x^2=-1$

63 次の各組で，p は q であるためのどんな条件か。必要，十分，必要十分，またはいずれでもないのどれかで答えよ。ただし，文字は実数。 <テスト必出>

(1) $p: x=1$　　　　　　$q: x^2=1$

(2) $p: x=2$ または $x=3$　$q: x^2-5x+6=0$

(3) $p: a>b$　　　　　　$q: ma>mb$

(4) $p: x+y$ は偶数　　　$q: x$ と y は偶数

応用問題　　　　　　　　　　　　　　　　　　解答 → 別冊 p.12

例題研究 実数 a, b について，次の5つの条件がある。

条件1：$ab=0$　　　条件2：$a-b=0$　　　条件3：$|a-b|=|a+b|$
条件4：$a^2+b^2=0$　　条件5：$a^2-b^2=0$

このとき，次の(1)〜(4)のそれぞれについて，□ の中に適する条件の番号を入れよ。ただし，(1)において解答は条件1でないものとする。

(1) 条件1は条件□の必要十分条件である。

(2) 条件□は条件2の十分条件であるが，必要条件ではない。

(3) 条件□は条件3の十分条件であるが，必要条件ではない。

(4) 条件□は条件2の必要条件であるが，十分条件ではない。

[着眼] 条件 $p \Longrightarrow q$ が真のとき，q は p であるための**必要条件**，p は q であるための**十分条件**である。

[解き方] 条件1は $a=0$ または $b=0$，条件2は $a=b$，条件3は $|a-b|=|a+b| \Longleftrightarrow |a-b|^2=|a+b|^2 \Longleftrightarrow ab=0$ だから，条件1と同じ。条件4は $a=0$ かつ $b=0$，条件5は $a=b$ または $a=-b$ である。　**答** (1) 3　(2) 4　(3) 4　(4) 5

64 a, b, c は実数を表すものとする。□ にあてはまるものを下の①〜④から選び，番号で答えよ。 <差がつく>

(1) $ab=0$ は $a^2+b^2=0$ の □ 条件

(2) $a+b+c=0$ は $a^2+b^2+c^2=0$ の □ 条件

　　　① 必要十分　　　　　　　② 必要であるが十分ではない

　　　③ 十分であるが必要ではない　④ 必要でも十分でもない

9 命題と証明

テストに出る重要ポイント

- **命題の逆，裏，対偶**…p, q の否定を $\bar{p}$, $\bar{q}$ で表すとき，命題 $p \Longrightarrow q$ に対して
  逆：$q \Longrightarrow p$
  裏：$\bar{p} \Longrightarrow \bar{q}$
  対偶：$\bar{q} \Longrightarrow \bar{p}$

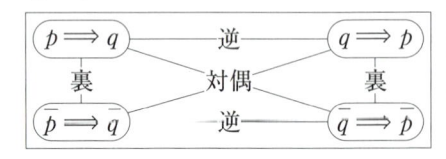

- **背理法**…$p \Longrightarrow q$ を証明するのに，q を否定すると矛盾が生じることを示し，$p \Longrightarrow q$ の正しいことを主張する証明法。

基本問題

解答 → 別冊 p.12

例題研究 次の命題の逆，裏，対偶をいえ。また，それらが正しいかどうかを調べよ。

(1) 2つの実数 a と b について，$a \neq b$ ならば $a^2 \neq b^2$
(2) 2つの実数 a と b について，$a > b$ ならば $a^2 > b^2$

[着眼]「p ならば q である」の逆は「q ならば p である」，裏は「p でないならば q でない」，対偶は「q でないならば p でない」である。
仮定と結論をはっきりさせることが大切である。

[解き方] (1) 逆：2つの実数 a と b について，$a^2 \neq b^2$ ならば $a \neq b$　真　…[答]
裏：2つの実数 a と b について，$a = b$ ならば $a^2 = b^2$　真　…[答]
対偶：2つの実数 a と b について，$a^2 = b^2$ ならば $a = b$　偽　…[答]
(2) 逆：2つの実数 a と b について，$a^2 > b^2$ ならば $a > b$　偽　…[答]
裏：2つの実数 a と b について，$a \leq b$ ならば $a^2 \leq b^2$　偽　…[答]
対偶：2つの実数 a と b について，$a^2 \leq b^2$ ならば $a \leq b$　偽　…[答]

65 命題「$a^2 + b^2 > 2 \Longrightarrow |a| > 1$ または $|b| > 1$」の逆，裏，対偶をいえ。

66 次の各命題の逆，裏，対偶をいえ。また，それらが正しいかどうかを調べよ。 ◀テスト必出

- (1) $xy \leqq 0$ ならば，$x \leqq 0$ または $y \leqq 0$ である。
- (2) $x=0$ かつ $y=0$ ならば，$x+y=0$ である。
- (3) 2つの三角形が合同ならば，その面積は等しい。
- (4) $x=2$ ならば，$x^2-3x+2=0$ である。
- (5) $x^2<4$ ならば，$-2<x<2$ である。
- (6) $x=y$ ならば，$zx=zy$ である。
- (7) $xyz=0$ ならば，$x=0$ または $y=0$ または $z=0$ である。

応用問題 ························· 解答 ➡ 別冊 p.13

例題研究　次のことが成り立つことを背理法を使って証明せよ。ただし，文字はすべて実数とする。

$$a^2>bc,\ ac>b^2\ ならば\ a \neq b\ である。$$

着眼 背理法による証明では，結論の否定を仮定すれば矛盾することを示せばよい。すなわち，$a=b$ であると仮定し，矛盾することを示す。

解き方 $a=b$ であると仮定すると，
$a^2>bc$ より $a^2-bc=a^2-ac>0$ ……①
$ac>b^2$ より $ac-b^2=ac-a^2>0$ ……②
②より $a^2-ac<0$ となって，これは①と矛盾する。
したがって，$a \neq b$ である。　　　　〔証明終〕

67 $\sqrt{6}$ が無理数であることを用いて，$\sqrt{3}+\sqrt{2}$ が無理数であることを証明せよ。
◀差がつく

68 整数 n の3乗が偶数であるならば，もとの整数 n が偶数であることを証明せよ。

📖 **ガイド** まず n が奇数と仮定すると，k を整数として $n=2k+1$ と書ける。n^3 が奇数だ。

10 関数

★ テストに出る重要ポイント

- **関数**…2つの変数 x, y があって, x の値を定めるごとに y の値が1つずつ定まるとき, y は x の**関数**であるといい, $y=f(x)$ と書く。
- **1次関数のグラフ**
  $y=ax+b$ は傾き a, y 切片 b の直線
  ($y=b$ は点 $(0, b)$ を通り, y 軸に垂直な直線)
- **定義域, 値域**…関数 $y=f(x)$ において, x のとりうる値の範囲を x の**変域**あるいは**定義域**という。また, x がその変域を動くとき, それに対応して定まる y の値の範囲を, この関数の**値域**という。

基本問題　　　　　　　　　　　　　　　　　　　　解答 → 別冊 p.13

69 次の関数について, $f(0)$, $f(-1)$, $f(2)$ を求めよ。
  (1) $f(x)=-x+3$
  (2) $f(x)=x^2-2x+4$

70 $f(x)=x^3-2x+3$ のとき, 次の値を計算せよ。
  $$f(a-1)-2f(a)+f(a+1)$$

71 次の関数の値域を求めよ。
  (1) $f(x)=2x-1$ $(0 \leq x \leq 3)$
  (2) $f(x)=-x+1$ $(-3 \leq x \leq 2)$

応用問題　　　　　　　　　　　　　　　　　　　　解答 → 別冊 p.13

72 $f(x)=ax+b$ $(0 \leq x \leq 2)$ の値域が, $6 \leq f(x) \leq 8$ となるように a を定めよ。

◀ 差がつく

73 次の関数のグラフをかけ。
  (1) $y=\begin{cases} x-3 & (x \geq 3) \\ 3-x & (x < 3) \end{cases}$
  (2) $y=\begin{cases} 2 & (x \geq 2) \\ x & (x < 2) \end{cases}$

11 2次関数のグラフ

★ テストに出る重要ポイント

◯ **2次関数の平方完成**…$y=ax^2+bx+c \ (a \neq 0)$ について

$$y=a\left(x^2+\frac{b}{a}x+\frac{c}{a}\right)=a\left\{\left(x+\frac{b}{2a}\right)^2-\frac{b^2}{4a^2}+\frac{c}{a}\right\}$$

$$=a\left(x+\frac{b}{2a}\right)^2-\frac{b^2-4ac}{4a}$$

頂点の座標：$\left(-\dfrac{b}{2a},\ -\dfrac{b^2-4ac}{4a}\right)$　軸の方程式：$x=-\dfrac{b}{2a}$

◯ $y=a(x-p)^2+q \ (a \neq 0)$ のグラフ
① $y=ax^2$ のグラフを x 軸方向に p、y 軸方向に q だけ平行移動した放物線
② $a>0$ ならば下に凸、$a<0$ ならば上に凸
③ 軸の方程式は $x=p$、頂点の座標は $(p,\ q)$

◯ **対称移動**…曲線 $y=f(x)$ を対称移動して得られる曲線の方程式は
① x 軸について対称：$y=-f(x)$
② y 軸について対称：$y=f(-x)$
③ 原点について対称：$y=-f(-x)$
④ $y=x$ について対称：$x=f(y)$

基本問題　　　　　　　　　　　　　　　　　　　解答 → 別冊 p.13

74 次の放物線は $y=-2x^2$ をどのように平行移動したものか。
- (1) $y=-2x^2-3$
- (2) $y=-2(x-1)^2$
- (3) $y=-2(x+1)^2-1$
- (4) $y=-2x^2+4x-3$

75 2次関数 $y=3x^2$ のグラフを次のように平行移動したグラフの方程式を求めよ。
- (1) x 軸方向に 2
- (2) y 軸方向に -1
- (3) x 軸方向に -1、y 軸方向に 2

76 次の関数について，軸の方程式，頂点の座標を求めよ。

(1) $y=x^2-2x+2$　　(2) $y=2(x-1)(x+2)$　　(3) $y=2-3x-x^2$

(4) $y=-2x^2+5x-2$　　(5) $y=-\dfrac{1}{2}x^2+3x+1$　　(6) $y=\dfrac{1}{3}x^2-2x+1$

77 次の関数のグラフをかけ。

(1) $y=x^2-4x+3$　　(2) $y=-x^2+4x-1$　　(3) $y=-2x^2-x-1$

78 次の関数のグラフの軸の方程式と頂点の座標を求めて，グラフをかけ。

(1) $y=2(x-1)(x+3)$　　(2) $y=-(x+2)(x+4)$

79 関数 $y=x^2-2x+3$ のグラフは，関数 $y=x^2+6x-1$ のグラフをどのように平行移動したものか。

80 次の関数のグラフの頂点が一致するように定数 a, b を定めよ。

$y=-x^2+2x$　　$y=2x^2+ax+b$

81 放物線 $y=x^2-ax-b$ の頂点の座標が $(2, 3)$ であるとき，a, b の値を求めよ。

ガイド 平方完成して頂点が $(2, 3)$ であるから，条件式が2つできる。

82 2つの2次関数 $y=3x^2+(a-1)x+a+1$, $y=2x^2-(2b-1)x-2b$ の頂点が一致するとき，a, b の値と頂点の座標を求めよ。

ガイド それぞれを平方完成して，頂点の x, y 座標がそれぞれ等しいとすればよい。

83 関数 $y=x^2+2x$ のグラフを，次の直線または点に関して対称に移動して得られるグラフの方程式を求めよ。

(1) x 軸　　(2) y 軸　　(3) 原点

(4) 直線 $x=2$　　(5) 直線 $y=1$　　(6) 点 $(1, 2)$

12 2次関数の最大・最小

★ テストに出る重要ポイント

- $y=ax^2+bx+c\ (a\neq 0)$ の最大・最小
  標準形 $y=a(x-p)^2+q$ に変形すると
  ① $a>0$ ならば $x=p$ のとき　**最小値 q**，最大値はない。
  ② $a<0$ ならば $x=p$ のとき　**最大値 q**，最小値はない。
- **変域に制限のある場合**…グラフをかき，変域の両端の値に注意する。
- **区間における最大・最小**…軸と区間の位置関係で場合分け。

基本問題　　　　　　　　　　　　　　　　　　　　　　解答 → 別冊 p.15

84 関数 $y=\dfrac{2}{3}x^2$ について，次の問いに答えよ。

- (1) x が $-6 \leq x \leq -1$ の値をとるとき，y の値の最大値と最小値を求めよ。
- (2) x が $-9 \leq x \leq 3$ の値をとるとき，y の値の最大値と最小値を求めよ。

85 次の関数の最大値または最小値とそのときの x の値を求めよ。

- (1) $y=2x^2+5x-4$
- (2) $y=-x^2-3x+2$
- (3) $y=(x-2)(x+3)$
- (4) $y=2x^2+3ax+a^2$ (a は定数)

86 かっこ内に示された範囲を定義域とする次の関数の最大値，最小値を求めよ。また，そのときの x の値を求めよ。　◀ テスト必出

- (1) $y=x^2-5x+4\ (1 \leq x \leq 5)$
- (2) $y=-x^2-4x+4\ (-3 \leq x \leq 1)$
- (3) $y=3+2x-x^2\ (0 \leq x \leq 2)$
- (4) $y=-2x^2-4x+2\ (1 \leq x \leq 2)$

87 関数 $y=\dfrac{1}{2}x^2-2x+c\ (1 \leq x \leq 4)$ の最小値が 1 であるように定数 c の値を定めよ。また，そのときの最大値を求めよ。

応用問題　　　　　　　　　　　　　　　　　　　　　解答 → 別冊 p.16

88 a を正の実数とする。$0 \leqq x \leqq a$ における関数 $y = -x^2 + 2x + 1$ の最大値を求めよ。

89 a を $a > 1$ を満たす実数とする。$1 \leqq x \leqq a$ における関数 $y = x^2 - 4x - 1$ の最大値を求めよ。

90 関数 $y = x^2 - 2ax$ $(1 \leqq x \leqq 3)$ について，次の問いに答えよ。　〈差がつく〉
(1) 最小値を求めよ。
(2) 最大値を求めよ。

91 a は定数とする。関数 $y = x^2 - 4x + 2$ $(a \leqq x \leqq a+2)$ の最小値を求めよ。

92 a は定数とする。関数 $y = -\dfrac{1}{2}x^2 + 3x$ $(a \leqq x \leqq a+2)$ について，次の問いに答えよ。〈差がつく〉
(1) 最小値を求めよ。
(2) 最大値を求めよ。

93 区間 $a \leqq x \leqq a+3$ における x の関数 $f(x) = x^2 - 6x + 2a$ の最小値を $m(a)$ とする。
(1) $m(a)$ を a の式で表せ。
(2) $m(a)$ を最小にする a の値を求めよ。

94 x, y が実数のとき，次の最大値または最小値とそのときの x, y の値を求めよ。〈差がつく〉
(1) $2x - y = 4$ のとき $x^2 + y^2$ の最小値
(2) $2x + y = 1$ のとき $x^2 - y^2$ の最大値

95 放物線 $y = 12x - x^2$ と x 軸とで囲まれる部分に内接する長方形（1辺は x 軸上にある）の周の長さの最大値を求めよ。〈差がつく〉

13 2次関数の決定

★ テストに出る重要ポイント

● 決定の要点
① 頂点または軸が与えられたとき $\implies y=a(x-p)^2+q$
② x軸と接するとき $\implies y=a(x-p)^2$
③ x軸との交点が与えられたとき $\implies y=a(x-\alpha)(x-\beta)$
④ 3点が与えられたとき $\implies y=ax^2+bx+c$

基本問題

96 グラフが次の条件を満たす2次関数を求めよ。 **テスト必出**
(1) 頂点の座標が$(-1, 2)$で, 点$(-2, 3)$を通る。
(2) 軸の方程式が$x=-1$で, 2点$(0, -1)$, $(-3, -4)$を通る。

97 グラフが次の条件を満たす2次関数を求めよ。 **テスト必出**
(1) 2点$(4, 1)$, $(1, 1)$を通り, x軸に接する。
(2) 2点$(0, -2)$, $(3, -8)$を通り, x軸に接する。

98 グラフが次の条件を満たす2次関数を求めよ。 **テスト必出**
(1) x軸と2点$(1, 0)$, $(3, 0)$で交わり, y切片が-3である。
(2) $y=\dfrac{1}{2}x^2$を平行移動したもので, x軸と2点$(-1, 0)$, $(3, 0)$で交わる。

99 グラフが次の条件を満たす2次関数を求めよ。 **テスト必出**
(1) $y=-2x^2$を平行移動したもので, 2点$(1, 1)$, $(2, -3)$を通る。
(2) 3点$(0, 1)$, $(1, -2)$, $(-1, 10)$を通る。
(3) 3点$(-1, -3)$, $(1, 5)$, $(2, 3)$を通る。

応用問題

100 放物線 $y=x^2+x$ を平行移動したもので,点 $(2, 4)$ を通り,その頂点が直線 $y=3x$ 上にある放物線の方程式を求めよ.

101 次の条件を満たす2次関数 $f(x)$ を求めよ.
(1) $x=1$ のとき最小値 -3 をとり,$f(2)=-1$
(2) $x=-1$ のとき最大値 2 をとり,$f(1)=-2$

102 2次関数 $f(x)=ax^2+2ax+b$ $(-2\leq x\leq 1)$ の最大値が 5,最小値が -3 のとき,a,b の値を求めよ.ただし,$a>0$ とする.

例題研究 グラフが2点 $(0, -1)$,$(1, 5)$ を通り,最小値が -3 である2次関数を求めよ.

着眼 頂点や軸に関する条件がないので,$y=ax^2+bx+c$ $(a\neq 0)$ とおく.

解き方 $y=ax^2+bx+c$ が2点 $(0, -1)$,$(1, 5)$ を通るので
$$c=-1 \quad \cdots ① \qquad a+b+c=5 \quad \cdots ②$$
$y=ax^2+bx+c=a\left(x+\dfrac{b}{2a}\right)^2-\dfrac{b^2-4ac}{4a}$ と変形できるので,最小値が -3 より
$$-\dfrac{b^2-4ac}{4a}=-3 \quad \cdots ③$$
①を②,③に代入して $a+b=6$ $\cdots ④$
$\qquad\qquad\qquad\qquad b^2+4a=12a$ よって $b^2=8a$ $\cdots ⑤$
④,⑤より $b^2=8(6-b)$ $b^2+8b-48=0$ $(b+12)(b-4)=0$
よって $b=-12, 4$ $b=-12$ のとき $a=18$,$b=4$ のとき $a=2$
したがって $\boldsymbol{y=18x^2-12x-1}$, $\boldsymbol{y=2x^2+4x-1}$ ・・・**答**

---

103 グラフが2点 $(0, 1)$,$(1, -31)$ を通り,最大値が 5 である2次関数を求めよ.

104 $x=3$ のとき最大値 m をとる2次関数 $y=ax^2+bx+\dfrac{1}{4a}$ の $x=1$ のときの値が -2 であるという.a,b,m の値を求めよ.

14 2次方程式

★ テストに出る重要ポイント

◉ **2次方程式の解の公式**…$ax^2+bx+c=0$ $(a \neq 0)$ のとき

$$x = \frac{-b \pm \sqrt{b^2-4ac}}{2a}$$ （ただし，$b^2-4ac \geq 0$）

特に，$ax^2+2b'x+c=0$ のとき $x = \frac{-b' \pm \sqrt{b'^2-ac}}{a}$

◉ **2次方程式の解の判別**…$ax^2+bx+c=0$ $(a \neq 0)$ のとき

b^2-4ac の符号によって解の有無，個数を判別できる。なお，$D=b^2-4ac$ とおき，**判別式**という。

① $b^2-4ac>0 \iff$ 異なる2つの実数解
② $b^2-4ac=0 \iff$ 重解
③ $b^2-4ac<0 \iff$ 実数解をもたない

$\left(ax^2+2b'x+c=0 \text{ については，} \dfrac{D}{4}=b'^2-ac \text{ を用いてもよい。} \right)$

基本問題　　　　　　　　　　　　　　　　　解答 ➡ 別冊 p.19

105 次の2次方程式を因数分解の方法で解け。

- (1) $x^2-3x=0$
- (2) $x^2-36=0$
- (3) $x^2+8x+16=0$
- (4) $x^2-x-20=0$
- (5) $4x^2-12x+9=0$
- (6) $-x^2+x+6=0$
- (7) $x^2=2x+35$
- (8) $2x^2=12x+32$
- (9) $5x^2-20x=60$

106 次の2次方程式を解の公式を用いて解け。 **◀ テスト必出**

- (1) $x^2+x-42=0$
- (2) $9x^2-30x+16=0$
- (3) $5x^2-7x+1=0$
- (4) $x^2-6x+2=0$
- (5) $4x^2+20x+25=0$
- (6) $x^2+2=0$
- (7) $x^2+3x+4=0$
- (8) $6x^2-4x+3=0$

📖 **ガイド** 2次方程式の解の公式は大切だから，しっかりおぼえておこう。

107 次の2次方程式について,判別式の値を求めて解を判別せよ。

- (1) $3x^2+5x-1=0$
- (2) $2x^2-6x+5=0$
- (3) $2x^2+2\sqrt{3}x-3=0$
- (4) $-4x^2+5x-2=0$
- (5) $x^2+10x-26=0$
- (6) $9x^2+6x+1=0$

例題研究 2次方程式 $x^2-(a-1)x+a-1=0$ が重解をもつように a の値を定めよ。また,そのときの重解を求めよ。

着眼 与式が2次方程式であるから,D の値が 0 であるように a を定めればよい。次に,重解を求めるには,求めた a の値を与式に代入して求めてもよいが,他にうまい方法がある。

解き方 $x^2-(a-1)x+a-1=0$ ……①
①が重解をもつための条件は $D=0$ であるから
→ ポイントの b^2-4ac のこと
$$D=(a-1)^2-4(a-1)=0$$
共通因数 $a-1$ でくくって $(a-1)(a-1-4)=0$ $(a-1)(a-5)=0$
よって $a=1, 5$
次に,①が重解をもつとき,$D=0$ だから,解の公式により
$$x=\frac{(a-1)\pm\sqrt{D}}{2}=\frac{a-1}{2}$$
したがって **$a=1$ のとき $x=0$, $a=5$ のとき $x=2$** ……答

---

108 次の2次方程式が重解をもつように a の値を定めよ。また,そのときの重解を求めよ。 **テスト必出**

- (1) $4x^2-(a-1)x+1=0$
- (2) $(a^2+1)x^2-2(a+1)x+2=0$

ガイド 重解をもつ条件は D(判別式)の値が 0 である。

109 横がたてよりも 7m 長く,面積が 78m² の長方形の土地がある。この土地のたてと横の長さをそれぞれ求めよ。

110 正方形がある。一方の辺を 2cm 長くし,他方の辺を 4cm 長くすると,面積は 3倍になるという。もとの正方形の1辺の長さを求めよ。

応用問題

111 地上から毎秒 40m の速さで真上に投げ上げた物体の，投げ上げてから t 秒後の高さ y m が $y=40t-5t^2$ で表されるとき，次の問いに答えよ。
(1) 物体の高さが 60m となるのは，投げ上げてから何秒後か。
(2) 物体が地上に落ちるのは，投げ上げてから何秒後か。

112 2けたの整数がある。一の位の数字と十の位の数字の和は6で，この整数と，一の位の数字と十の位の数字の順を逆にしてできる整数との積は1008であるという。この2けたの整数を求めよ。

例題研究 x についての2次方程式 $x^2+2px+p^2+2p+3=0$ の1つの解が3であるという。このとき，p の値と他の解を求めよ。

[着眼] 方程式の解というのは，方程式を成り立たせる x の値であることに着目すれば，与えられた解を方程式に代入すると p についての方程式ができる。これを解けば p が求まる。

[解き方] 与えられた方程式に $x=3$ を代入すると $p^2+8p+12=0$
$(p+2)(p+6)=0$　$p=-2, -6$
　　→ p が決まれば方程式も決まり，2つの解が求められる。

$p=-2$ のとき，方程式に代入すると $x^2-4x+3=0$
$(x-1)(x-3)=0$　$x=1, 3$
$p=-6$ のとき，方程式に代入すると $x^2-12x+27=0$
$(x-3)(x-9)=0$　$x=3, 9$
よって　　**$p=-2$ のとき他の解は $x=1$**
　　　　　$p=-6$ のとき他の解は $x=9$ ……答

---

113 x についての2次方程式 $x^2+2ax+a^2-4=0$ の2つの解の差は4であり，また，大きい方の解は小さい方の5倍であるとき，2つの解および a の値を求めよ。**＜差がつく**
　ガイド 2つの解を $x_1, x_2 (x_1>x_2)$ として，$x_1-x_2=4$，$x_1=5x_2$ より求める。

114 A，B 2 人が 2 次方程式 $x^2+mx+n=0$ を解いた。A は係数 m を書き間違えたため解が $x=2, -3$ となり，B は定数項 n を書き間違えたため解が $x=1, -8$ となった。正しい方程式とその解を求めよ。

例題研究 次の x についての方程式の解を判別せよ。
$$ax^2+(a+2)x+1=0$$

着眼 まず与式は何次方程式だろうか。2 次方程式ならば判別式を使えばよいのだが。$a \neq 0$，$a=0$ の場合に分けて調べればよい。

解き方 $a \neq 0$ のとき，与式は 2 次方程式であるから，与式の判別式 D は
　　→ $a \neq 0$，$a=0$ の場合分けをすることが大切
$$D=(a+2)^2-4a$$
$$=a^2+4a+4-4a$$
$$=a^2+4$$
$a^2>0$ より，$D>0$ であるから，異なる 2 つの実数解をもつ。

$a=0$ のとき，与式は $2x+1=0$ となり，1 つの実数解 $x=-\dfrac{1}{2}$ をもつ。

よって，**$a \neq 0$ のとき異なる 2 つの実数解，$a=0$ のとき 1 つの実数解** ……**答**

---

115 次の 2 次方程式の解を判別せよ。　**差がつく**
(1) $x^2+4ax+3a^2=0$ 　　　　(2) $x^2-ax+a^2=0$
(3) $x^2-2(a+1)x+2(a^2+1)=0$ 　(4) $a^2x^2-2abx-2b^2=0$ （$a \neq 0$）

116 2 次式 $x^2+6x-a(a-8)$ が x についての完全平方式となるように a の値を定めよ。（完全平方式とは，1 次式の 2 乗の形になっている式のことである。すなわち，$(px+q)^2$ のような形をした式のことである。） **差がつく**

117 a と c が同符号ならば，2 次方程式 $ax^2+bx-c=0$ は異なる 2 つの実数解をもつことを示せ。

118 方程式 $(a+1)x^2+2(a+2)x+(a+1)=0$ の実数解の個数を求めよ。ただし，a は定数である。

ガイド $a+1 \neq 0$ のとき，D（判別式）の符号によってそれぞれ分類せよ。

15 グラフと2次方程式

★ テストに出る重要ポイント

● **2次関数のグラフと x 軸の位置関係**…2次関数 $f(x)=ax^2+bx+c$ ($a\neq 0$) について，$D=b^2-4ac$ とする。

D の符号	$D>0$	$D=0$	$D<0$
$ax^2+bx+c=0$ の実数解	異なる2実数解 $x=\alpha,\ \beta$	重解 $x=\alpha$	実数解はなし
$a>0$ のとき $y=f(x)$ のグラフと x 軸の位置関係			
$a<0$ のとき $y=f(x)$ のグラフと x 軸の位置関係			
共有点の個数	2個	1個	0個

● **2次関数のグラフと2次方程式**
① 異なる2つの実数解 ⟺ x 軸と2点で交わる。
② 重解 ⟺ x 軸と1点で接する。
③ 実数解をもたない ⟺ x 軸と共有点がない。

基本問題　　　　　　　　　　　　解答 ➡ 別冊 p.21

119 次の2次関数のグラフと x 軸の位置関係(交わる，接する，共有点なし)を調べよ。

- (1) $y=x^2-2x+2$
- (2) $y=x^2-4x+4$
- (3) $y=x^2+3x-2$
- (4) $y=-x^2+2x-1$
- (5) $y=-x^2+6x-9$
- (6) $y=-x^2-3x+5$

例題研究 2次関数 $y=x^2-4x+k$ のグラフが次の条件を満たすとき，定数 k の値の範囲を求めよ。
(1) x 軸と2点で交わる。 (2) x 軸に接する。 (3) x 軸と共有点がない。

着眼 2次関数のグラフと x 軸の位置関係は，判別式 D の符号を調べればわかる。すなわち，$D>0$ であれば2点で交わり，$D=0$ であれば接し，$D<0$ であれば共有点がない。

解き方 (1) $y=x^2-4x+k$ のグラフが x 軸と2点で交わるのは，
2次方程式 $x^2-4x+k=0$ の判別式 D が正になる場合である。
$\qquad \hookrightarrow ax^2+bx+c=0$ の判別式 $D=b^2-4ac$
$\qquad D=16-4k>0$
よって $\boldsymbol{k<4}$ ……**答**
(2) 同様にして，接するのは判別式 D が0になる場合である。
$\qquad D=16-4k=0 \qquad$ よって $\boldsymbol{k=4}$ ……**答**
(3) x 軸と共有点がないのは判別式 D が負になる場合である。
$\qquad D=16-4k<0 \qquad$ よって $\boldsymbol{k>4}$ ……**答**

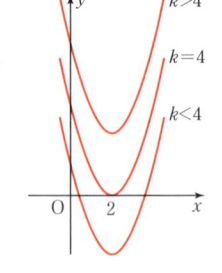

120 放物線 $y=x^2+2x+3$ と直線 $y=3x+4$ の交点の座標を求めよ。

121 2次関数 $y=x^2-(2k+1)x+k^2-3$ のグラフが，x 軸と異なる2点で交わるような定数 k の値の範囲を求めよ。 ◀テスト必出

122 2次関数 $y=2x^2+3x+k$ のグラフと x 軸の位置関係は，定数 k の値によってどのように変わるか。 ◀テスト必出

123 2次関数 $y=x^2-2(a+1)x+3a+7$ のグラフが x 軸とただ1点を共有するとき，定数 a の値を求めよ。また，共有点の x 座標を求めよ。

応用問題 ……………………………………… 解答 → 別冊 p.22

124 直線 $y=x-a$ と放物線 $y=x^2-x-3$ の共有点の個数を, a の値で分けて調べよ。

125 放物線 $y=x^2-ax+b$ は x 軸に接し, かつ直線 $y=x+1$ にも接する。a, b の値を求めよ。

126 放物線 $y=2x^2-x-2$ を x 軸方向に a, y 軸方向に $2a$ だけ平行移動して得られる曲線のうち, 直線 $y=-x+1$ に接するものを求めよ。 **◀ 差がつく**

127 2次関数 $y=ax^2+bx+c$ のグラフが, 下図のように与えられている。このとき a, b, c, b^2-4ac, $a-b+c$ の符号をそれぞれ求めよ。 **◀ 差がつく**

(1)

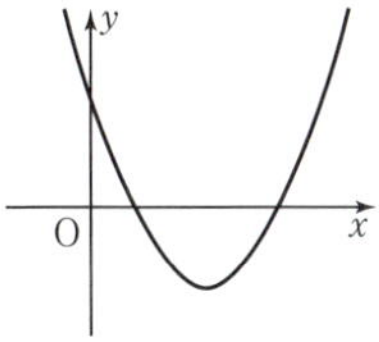

(2)

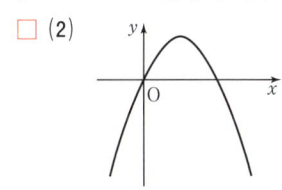

(3)

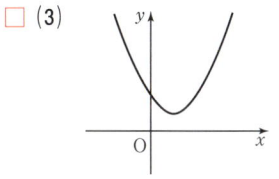

(4)

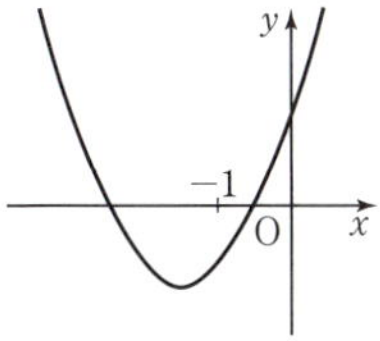

(5)

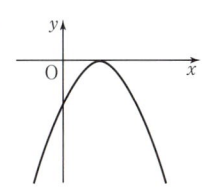

16 グラフと2次不等式

★ テストに出る重要ポイント

● **2次関数のグラフと不等式**…2次関数 $f(x)=ax^2+bx+c\ (a\neq 0)$ について, $D=b^2-4ac$ とする。

D の符号	$D>0$	$D=0$	$D<0$
$a>0$ のとき $y=f(x)$ のグラフと x 軸の位置関係			
$f(x)>0$ の解	$x<\alpha,\ \beta<x$	α 以外のすべての実数	すべての実数
$f(x)<0$ の解	$\alpha<x<\beta$	解はない	解はない
$a<0$ のとき $y=f(x)$ のグラフと x 軸の位置関係			
$f(x)>0$ の解	$\alpha<x<\beta$	解はない	解はない
$f(x)<0$ の解	$x<\alpha,\ \beta<x$	α 以外のすべての実数	すべての実数

● **2次関数 $f(x)$ が一定符号**…2次関数 $f(x)=ax^2+bx+c\ (a\neq 0)$ で
① つねに $f(x)>0 \iff a>0,\ D<0$
② つねに $f(x)<0 \iff a<0,\ D<0$

基本問題

解答 → 別冊 *p.22*

128 次の2次不等式を解け。

(1) $(x+1)(x-2)>0$ (2) $x^2-5x+6\leq 0$ (3) $x^2-x-20\geq 0$

(4) $3x^2-5x+2<0$ (5) $x^2+4x-3>0$ (6) $2x^2-3x-1\leq 0$

16 グラフと2次不等式

129 次の2次不等式を解け。
- (1) $x^2-4x+5<0$
- (2) $x^2+2x+5>0$
- (3) $x^2-8x+16>0$
- (4) $x^2-4x+4\geqq0$
- (5) $2x^2-3x+3<0$
- (6) $x^2+6x+9\leqq0$

130 次の連立不等式を解け。
- (1) $\begin{cases} x^2-2x-8\geqq0 \\ (x+5)(x-7)<0 \end{cases}$
- (2) $\begin{cases} 3x^2-7x+2<0 \\ 6x^2-7x-3>0 \end{cases}$

131 2次関数 $y=x^2+kx+4$ のグラフについて，k のいろいろな値に対して x 軸との共有点の個数を調べよ。

132 2次関数 $y=x^2-(4+a)x+a+12$ のグラフが x 軸と共有点をもたないような定数 a の値の範囲を求めよ。

133 x がどんな値をとっても，不等式 $x^2-ax>x-4$ がつねに成り立つような a の値の範囲を求めよ。 ◀テスト必出

134 $f(x)=x^2-2mx+2m+3$ とする。x のどんな値に対しても $f(x)>0$ が成り立つような m の値の範囲を求めよ。

135 2次方程式 $x^2-2(a-1)x-a+3=0$ が，次のような2つの解をもつための定数 a の値の範囲を求めよ。 ◀テスト必出
- (1) 2つの解がともに正
- (2) 2つの解がともに負
- (3) 2つの解が異符号

応用問題 　　　　　　　　　　　　　　　　　解答 ➡ 別冊 p.24

136 $x^2+ax+4=0$ が，次のような解をもつように a の値の範囲を定めよ。
(1) 2つの解がともに -1 より大きい。
(2) 2つの解がともに -1 より小さい。
(3) 1つの解が -1 より大きく，他の解が -1 より小さい。

137 $ax^2+(1-5a)x+6a=0\ (a>0)$ の解が2つとも1より大きくなるのは，定数 a がどんな範囲にあるときか。 ◀差がつく

138 2次方程式 $2x^2-ax+2=0$ の1つの解が0と1の間に，他の解が1と2の間にあるように，定数 a の範囲を定めよ。

139 2次方程式 $ax^2-x-1=0$ の2つの解が，ともに -1 と1の間にあるための条件を求めよ。

140 不等式 $x^2+(a-2)x-2a<0$ を満たす整数 x がちょうど3個だけあるような定数 a の値の範囲を求めよ。 ◀差がつく

141 $1\leqq x\leqq 3$ を満たすすべての x の値に対して，不等式 $x^2-2kx-k+6>0$ が成り立つような k の値の範囲を求めよ。

142 $x,\ y$ が実数で，$x^2+y^2=4$ のとき，x^2+2y の最大値と最小値を求めよ。また，そのときの $x,\ y$ の値を求めよ。

143 $x,\ y$ が実数で，$x^2+2y^2=2$ のとき，$x+y$ の最大値と最小値を求めよ。また，そのときの $x,\ y$ の値を求めよ。

144 次の関数のグラフをかけ。

(1) $y=|x-1|$ (2) $y=|x|+1$

(3) $y=|x+2|+x$ (4) $y=2-|x+1|$

例題研究▶ 次の関数のグラフをかけ。
$$y=|x-1|+|x-2|$$

着眼 絶対値の処理のしかたについて考えてみよう。
$a≧0$ のとき $|a|=a$, $a<0$ のとき $|a|=-a$
であるから，絶対値記号の中で，符号の変わる x の値に注目すればよい。

解き方 絶対値記号の中で符号の変わる x の値は，前の項については $x=1$, 後の項については $x=2$ であるから

→ この符号の変わる $x=1$, $x=2$ という x の値を求めることがポイント

(i) $x<1$ のとき，$|x-1|=-(x-1)$, $|x-2|=-(x-2)$
よって，$y=-(x-1)-(x-2)=-x+1-x+2$
$=-2x+3$ ……①

(ii) $1≦x<2$ のとき，$|x-1|=x-1$, $|x-2|=-(x-2)$
よって，$y=(x-1)-(x-2)=x-1-x+2$
$=1$ ……②

(iii) $x≧2$ のとき，$|x-1|=x-1$, $|x-2|=x-2$
よって，$y=(x-1)+(x-2)=x-1+x-2$
$=2x-3$ ……③

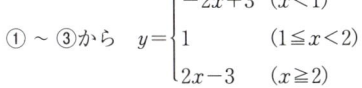

①～③から $y=\begin{cases} -2x+3 & (x<1) \\ 1 & (1≦x<2) \\ 2x-3 & (x≧2) \end{cases}$

答 右の図

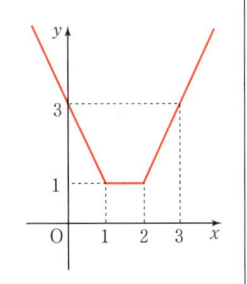

---

145 次の関数のグラフをかけ。 **◀差がつく**
$$y=|x+1|-|x|+|x-1|$$

146 次の関数のグラフをかけ。

(1) $y=x^2-2|x|+2$ (2) $y=|x^2-3x|-x+2$

17 直角三角形と三角比

★ テストに出る重要ポイント

● 三角比の定義…∠Cが直角の直角三角形 ABC において

$\sin A = \dfrac{a}{c}$ （正弦）

$\cos A = \dfrac{b}{c}$ （余弦）

$\tan A = \dfrac{a}{b}$ （正接）

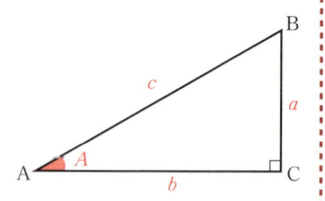

● 特殊な角の三角比

	0°	**30°**	**45°**	**60°**	90°
sin	0	$\dfrac{1}{2}$	$\dfrac{1}{\sqrt{2}}$	$\dfrac{\sqrt{3}}{2}$	1
cos	1	$\dfrac{\sqrt{3}}{2}$	$\dfrac{1}{\sqrt{2}}$	$\dfrac{1}{2}$	0
tan	0	$\dfrac{1}{\sqrt{3}}$	1	$\sqrt{3}$	

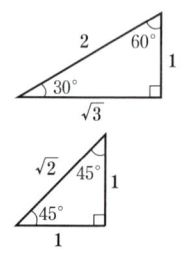

基本問題 …………………………………………………… 解答 → 別冊 p.27

147 次の直角三角形で，$\sin A$，$\cos A$，$\tan A$ の値を求めよ。 **テスト必出**

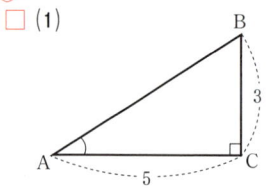

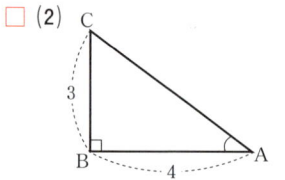

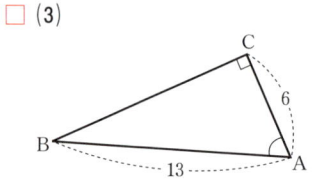

- (1)
- (2)
- (3)

148 教科書についている三角比の表を用いて，次の値を求めよ。

- (1) $\sin 18°$
- (2) $\cos 24°$
- (3) $\tan 42°$
- (4) $\sin 70°$
- (5) $\cos 62°$
- (6) $\tan 72°$

17 直角三角形と三角比

149 三角比の表を用いて，次の角 A の大きさを求めよ。(A は鋭角)
- (1) $\cos A = 0.5736$
- (2) $\tan A = 2.2460$
- (3) $\tan A = 0.8693$
- (4) $\sin A = 0.9063$
- (5) $\sin A = 0.4848$
- (6) $\cos A = 0.7193$

150 次の図において，x，y の値を求めよ。

(1), (2), 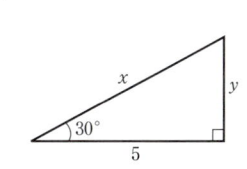 (3) 図

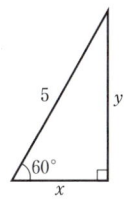

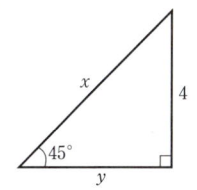

例題研究　校庭に立っている木の高さを知りたい。木の根もとから 10m 離れた地点から木の先端を見上げたら，仰角が 40° であった。木の高さはいくらか。ただし，目の高さは 1.7m あるものとする。

着眼 測量の問題では，直角三角形の 1 辺と 1 角が与えられることが多い。正確な見取図をかき，求める数値を x とおいて三角比を利用すればよい。

解き方 木の高さを x m とする。

右の図より　$\tan 40° = \dfrac{\text{PH}}{\text{AH}}$

$\tan 40° = \underline{0.8391}$，PH $= x - 1.7$，AH $= 10$ であるから
　　　　　　　→ 三角比の表から読みとる

$$\dfrac{x-1.7}{10} = 0.8391$$

$x = 10 \times 0.8391 + 1.7 ≒ 10.1$　　**答** 10.1 m

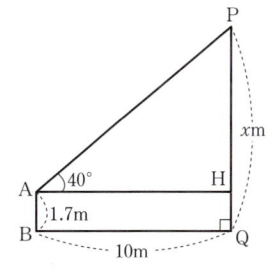

151 高さ 50m の建物の屋上からある地点を見下ろしたところ，ふ角が 35° であった。その地点と建物との距離はいくらか。

152 次の三角比の値を求めよ。
- (1) $\sin 30°$，$\cos 30°$，$\tan 30°$
- (2) $\sin 45°$，$\cos 45°$，$\tan 45°$
- (3) $\sin 60°$，$\cos 60°$，$\tan 60°$

153 次の式の値を求めよ。 ◀テスト必出
- (1) $\sin 60° \cos 30° - \cos 60° \sin 30°$
- (2) $\cos 45° \cos 30° - \sin 45° \sin 30°$
- (3) $(\sin 45° + \cos 45°)(\sin 45° - \cos 45°)$
- (4) $(\tan 30° - \tan 45°) \tan 60°$

18 正接・正弦・余弦の相互関係

★ テストに出る重要ポイント

- **余角の三角比**…$0° < \theta < 90°$のとき，$90°-\theta$をθの**余角**という。

  $\sin(90°-A) = \cos A \qquad \cos(90°-A) = \sin A$

  $\tan(90°-A) = \dfrac{1}{\tan A}$

- **三角比の相互関係**

  $\tan A = \dfrac{\sin A}{\cos A} \qquad \sin^2 A + \cos^2 A = 1$

  $1 + \tan^2 A = \dfrac{1}{\cos^2 A}$

基本問題 ……………………………… 解答 → 別冊 p.28

154 次の三角比を，0°から45°までの角の三角比で表せ。
- (1) $\sin 53°$
- (2) $\cos 77°$
- (3) $\tan 64°$

155 θが鋭角で，$\sin\theta = \dfrac{12}{13}$のとき，$\cos\theta$，$\tan\theta$の値を求めよ。 ◁ テスト必出

156 θが鋭角で，$\tan\theta = \dfrac{4}{5}$のとき，$\sin\theta$，$\cos\theta$の値を求めよ。

応用問題 ……………………………… 解答 → 別冊 p.28

157 傾きが16°の坂道がある。この坂道をまっすぐにのぼらないで，右に65°の方向に100m歩くと，約何mの高さになるか。

158 ある工場の煙突を地点Aから見上げると仰角は20°であった。さらに，煙突に向かって50m歩いた地点Bで見上げたときの仰角は35°であった。この煙突の高さはいくらか。ただし，人の目の高さは1.6mであるものとする。

◁ 差がつく

19 鈍角の三角比

テストに出る重要ポイント

● **三角比の定義**…θ が $0° \leqq \theta \leqq 180°$ の範囲にある角 θ の三角比

$\sin\theta = \dfrac{y}{r}$

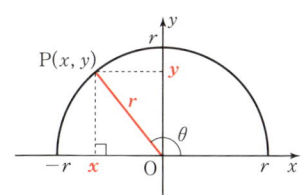

$\cos\theta = \dfrac{x}{r}$

$\tan\theta = \dfrac{y}{x}$ $(x \neq 0)$

● **三角比のとる値の範囲**

$0 \leqq \sin\theta \leqq 1$, $-1 \leqq \cos\theta \leqq 1$, $\tan\theta$ はすべての実数値をとる。

● **補角の三角比**…$0° \leqq \theta \leqq 180°$ のとき,$180°-\theta$ を θ の**補角**という。

$\sin(180°-\theta) = \sin\theta$

$\cos(180°-\theta) = -\cos\theta$

$\tan(180°-\theta) = -\tan\theta$

基本問題

解答 → 別冊 $p.29$

159 次の三角比の値を求めよ。
- (1) $\sin 135°$
- (2) $\cos 150°$
- (3) $\tan 120°$
- (4) $\cos 90°$
- (5) $\sin 180°$
- (6) $\tan 150°$

160 次の式の値を求めよ。 ◀テスト必出
- (1) $\sin(90°-\theta) + \sin(180°-\theta) - \cos(90°-\theta) + \cos(180°-\theta)$
- (2) $\dfrac{1-\sin(180°-\theta)}{1+\sin(90°-\theta)} \times \dfrac{1-\cos(180°-\theta)}{1-\cos(90°-\theta)}$

20 三角比の相互関係

> **テストに出る重要ポイント**
>
> ● 三角比の相互関係
>
> $\tan\theta = \dfrac{\sin\theta}{\cos\theta}$ 　　 $\sin^2\theta + \cos^2\theta = 1$ 　　 $1 + \tan^2\theta = \dfrac{1}{\cos^2\theta}$

基本問題 ……………………………………………………………………… 解答 → 別冊 p.29

例題研究 　θ が鈍角で，$\sin\theta = \dfrac{3}{4}$ のとき，$\cos\theta$，$\tan\theta$ の値を求めよ。

[着眼] $\sin^2\theta + \cos^2\theta = 1$ より θ が鈍角であることに注意して $\cos\theta$ を求める。また，$\tan\theta$ は $\tan\theta = \dfrac{\sin\theta}{\cos\theta}$ より求める。

[解き方] $\sin^2\theta + \cos^2\theta = 1$ より　$\cos^2\theta = 1 - \sin^2\theta$ 　 ← この公式はよく使う

$\sin\theta = \dfrac{3}{4}$ だから　$\cos^2\theta = 1 - \dfrac{9}{16} = \dfrac{7}{16}$

$90° < \theta < 180°$ より　$\cos\theta < 0$ となる。　よって　$\cos\theta = -\dfrac{\sqrt{7}}{4}$ ……答
　　　　　　　　　　　　　　　 ← 符号に注意すること

また，$\tan\theta = \dfrac{\sin\theta}{\cos\theta} = \dfrac{3}{4} \div \left(-\dfrac{\sqrt{7}}{4}\right) = -\dfrac{3}{\sqrt{7}} = -\dfrac{3\sqrt{7}}{7}$ ……答

161 θ が鈍角で，$\sin\theta = \dfrac{1}{3}$ のとき，$\cos\theta$，$\tan\theta$ の値を求めよ。

162 次の問いに答えよ。

(1) $0° < \theta < 180°$ で $\cos\theta = -\dfrac{1}{2}$ のとき，$\sin\theta$，$\tan\theta$ の値を求めよ。

(2) θ が鈍角で，$\tan\theta = -2$ のとき，$\sin\theta$，$\cos\theta$ の値を求めよ。 **＜テスト必出**

163 次の等式を証明せよ。

(1) $\dfrac{\sin\theta}{1-\cos\theta} + \dfrac{\sin\theta}{1+\cos\theta} = \dfrac{2}{\sin\theta}$ 　　 (2) $\dfrac{\tan\theta}{1+\cos\theta} + \dfrac{\cos\theta+1}{\sin\theta\cos\theta} = \dfrac{2}{\sin\theta\cos\theta}$

164 次の方程式を満たす角 θ を求めよ。ただし，$0°\leqq\theta\leqq 180°$ とする。

(1) $\sin\theta=\dfrac{\sqrt{3}}{2}$ 　　(2) $\cos\theta=-\dfrac{1}{2}$ 　　(3) $\tan\theta=-1$

165 $0°\leqq\theta\leqq 180°$ のとき，方程式 $2\sin^2\theta+7\sin\theta-4=0$ を解け。

166 次の不等式を満たす角 θ の値の範囲を求めよ。ただし，$0°\leqq\theta\leqq 180°$ とする。

(1) $\sin\theta\leqq\dfrac{1}{2}$ 　　(2) $\cos\theta>-\dfrac{\sqrt{3}}{2}$ 　　(3) $\tan\theta\leqq-\sqrt{3}$

応用問題 ……………………………………… 解答 ⇒ 別冊 p.30

167 次の式を簡単にせよ。

(1) $\dfrac{1-\sin\theta-\cos\theta}{1-\sin\theta+\cos\theta}+\dfrac{1+\sin\theta+\cos\theta}{1+\sin\theta-\cos\theta}$ 　　(2) $(1-\tan^4\theta)\cos^2\theta+\tan^2\theta$

(3) $\dfrac{1-2\cos^2\theta}{1-2\sin\theta\cos\theta}+\dfrac{1+2\sin\theta\cos\theta}{1-2\sin^2\theta}$

168 $0°<\theta<180°$ である角 θ について，$\sin\theta+\cos\theta=\dfrac{1}{\sqrt{2}}$ が成り立つとき，次の式の値を求めよ。

(1) $\sin\theta\cos\theta$ 　　(2) $\sin\theta-\cos\theta$

169 関数 $y=2\sin^2 x+8\cos x-7$ の最大値および最小値を求めよ。ただし，$0°\leqq x\leqq 180°$ とする。

📖 ガイド　与式を $\cos x$ で表現し，平方完成する。変域が $-1\leqq\cos x\leqq 1$ であることに注意せよ。

170 $\cos^2 x+2p\sin x+q$ の最大値が 10，最小値が 7 であるとき，p，q の値を求めよ。ただし，$0°\leqq x\leqq 180°$ とする。

171 $\sin\alpha+\sin\beta=1$，$\cos\alpha+\cos\beta=0$ $(0°<\alpha\leqq\beta<180°)$ であるとき，α，β の値を求めよ。

21 正弦定理

★ テストに出る重要ポイント

- **正弦定理**…△ABC において
  $$\frac{a}{\sin A} = \frac{b}{\sin B} = \frac{c}{\sin C} = 2R \quad (R は △ABC の外接円の半径)$$
- **正弦定理の変形**…次のような形で利用することも多い。
  $a = 2R\sin A,\ b = 2R\sin B,\ c = 2R\sin C$
  $a : b : c = \sin A : \sin B : \sin C$

基本問題 …………………………………………………… 解答 ➡ 別冊 p.31

例題研究 △ABC において，$c = 6\sqrt{6}$，$A = 45°$，$B = 75°$ のとき，この三角形の外接円の半径 R を求めよ。また，a を求めよ。

[着眼] 正弦定理を使って，R を求める。このとき，$c = 6\sqrt{6}$ とわかっているので，C を求める。また，a は $a = 2R\sin A$ より求まる。

[解き方] $C = 180° - (45° + 75°) = 60°$，$c = 6\sqrt{6}$ より正弦定理を用いて

$$2R = \frac{6\sqrt{6}}{\sin 60°} = 6\sqrt{6} \div \frac{\sqrt{3}}{2} = \underline{12\sqrt{2}}$$

→ これは外接円の直径の長さ！

$R = \mathbf{6\sqrt{2}}$ ……**答**

次に，$a = 2R\sin A$，$A = 45°$ より

$a = 12\sqrt{2} \sin 45° = 12\sqrt{2} \times \dfrac{1}{\sqrt{2}} = \mathbf{12}$ ……**答**

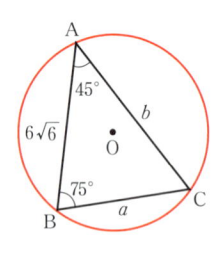

172 △ABC において，$a = 10$，$B = 75°$，$C = 60°$ のとき，この三角形の外接円の半径 R を求めよ。また，c を求めよ。

173 △ABC において，次の問いに答えよ。 ◀テスト必出

- (1) $BC = 5$cm，外接円の半径 $R = 5$cm のとき，A を求めよ。
- (2) $a : b : c = 4 : 3 : 2$ のとき，$\sin A : \sin B : \sin C$ を求めよ。
- (3) $A : B : C = 3 : 2 : 1$ のとき，$a : b : c$ を求めよ。

21 正弦定理

例題研究　△ABC において，$a=2\sqrt{3}$，$b=6$，$A=30°$ のとき，残りの辺の長さと角の大きさを求めよ。

着眼　正弦定理 $\dfrac{a}{\sin A}=\dfrac{b}{\sin B}$ より B を求めればよい。

B がわかれば，$A+B+C=180°$ より C がわかる。B の値は 2 通りあることに注意する。

解き方　正弦定理より

$$\dfrac{2\sqrt{3}}{\sin 30°}=\dfrac{6}{\sin B}$$

$$\sin B=\dfrac{6}{2\sqrt{3}}\sin 30°=\sqrt{3}\times\dfrac{1}{2}=\dfrac{\sqrt{3}}{2}$$

$0°<B<180°$ より $B=60°$，$120°$

→ これを忘れないように！

$B=60°$ のとき，$A+B+C=180°$ より

　　$C=180°-(30°+60°)=90°$

　　$\dfrac{2\sqrt{3}}{\sin 30°}=\dfrac{c}{\sin 90°}$ より

　　$c=\dfrac{2\sqrt{3}\sin 90°}{\sin 30°}=2\sqrt{3}\times 1\div\dfrac{1}{2}=4\sqrt{3}$

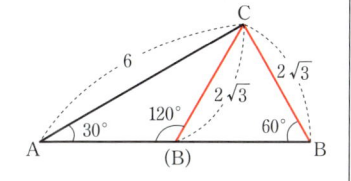

$B=120°$ のとき，$A+B+C=180°$ より

　　$C=180°-(30°+120°)=30°$

　　$\dfrac{2\sqrt{3}}{\sin 30°}=\dfrac{c}{\sin 30°}$ より　$c=2\sqrt{3}$

よって，**$B=60°$，$C=90°$，$c=4\sqrt{3}$**
または　**$B=120°$，$C=30°$，$c=2\sqrt{3}$**　……**答**

174　△ABC において，$a=1$，$b=\sqrt{3}$，$A=30°$ のとき，残りの辺の長さと角の大きさを求めよ。

175　△ABC において，$\sin A:\sin B:\sin C=4:3:2$，$a=10$ のとき，b，c を求めよ。　◀テスト必出

22 余弦定理

★ テストに出る重要ポイント

○ **余弦定理**…△ABC において

① $\begin{cases} a^2 = b^2 + c^2 - 2bc\cos A \\ b^2 = c^2 + a^2 - 2ca\cos B \\ c^2 = a^2 + b^2 - 2ab\cos C \end{cases}$

② $\begin{cases} \cos A = \dfrac{b^2 + c^2 - a^2}{2bc} \\ \cos B = \dfrac{c^2 + a^2 - b^2}{2ca} \\ \cos C = \dfrac{a^2 + b^2 - c^2}{2ab} \end{cases}$

①は 2 辺とその間の角から対辺を求めるときに，
②は 3 辺の長さから角の余弦を求めるときによく用いられる。

○ **角と辺の関係**

A が鋭角 $\iff a^2 < b^2 + c^2$, A が直角 $\iff a^2 = b^2 + c^2$

A が鈍角 $\iff a^2 > b^2 + c^2$

なお，三角形の 2 辺の大小関係は，その**対角の大小関係と一致**する。

基本問題 ……………………………………… 解答 → 別冊 p.32

176 △ABC において，次の問いに答えよ。 ◀ テスト必出

(1) $b=3$, $c=4$, $A=60°$ のとき，a を求めよ。

(2) $a=3$, $b=3\sqrt{2}$, $C=45°$ のとき，c を求めよ。

(3) $a=5$, $b=3$, $c=4$ のとき，A を求めよ。

(4) $a=3\sqrt{2}$, $b=2\sqrt{3}$, $c=3+\sqrt{3}$ のとき，B を求めよ。

(5) $a:b:c = 4:3:2$ のとき，$\cos A : \cos B : \cos C$ を求めよ。

177 三角形の 3 辺の長さが 6，10，14 であるとき，最も大きい角の大きさを求めよ。

178 3辺の長さがそれぞれ次のように与えられている三角形は，鋭角三角形，直角三角形，鈍角三角形のいずれか。

- (1) 5, 8, 9
- (2) 5, 7, 10
- (3) 5, 12, 13
- (4) 3, 4, 6

179 △ABC において，次のものを求めよ。 ◀テスト必出

- (1) $\sin A : \sin B : \sin C = 5 : 7 : 8$ のとき，$\cos B$, B
- (2) $a : b : c = 2 : \sqrt{2} : (1+\sqrt{3})$ のとき，$\sin A : \sin B : \sin C$, B
- (3) $\sin A : \sin B : \sin C = 7 : 5 : 3$ のとき，A, B, C の最大の角の大きさ

例題研究 △ABC において，次の関係が成り立つとき，この三角形はどんな形の三角形か。$a\cos A + b\cos B = c\cos C$

[着眼] 三角形の形状決定問題は，正弦定理または余弦定理を用いて，辺だけの式あるいは角だけの式にすればよい。

[解き方] 余弦定理より
$$\cos A = \frac{b^2+c^2-a^2}{2bc}, \quad \cos B = \frac{c^2+a^2-b^2}{2ca}, \quad \cos C = \frac{a^2+b^2-c^2}{2ab}$$

これらを与式に代入して
$$a \times \frac{b^2+c^2-a^2}{2bc} + b \times \frac{c^2+a^2-b^2}{2ca} = c \times \frac{a^2+b^2-c^2}{2ab}$$

$$a^2(b^2+c^2-a^2) + b^2(c^2+a^2-b^2) = c^2(a^2+b^2-c^2)$$

→ 両辺に $2abc$ をかけて分母を払った

$$c^4 - a^4 - b^4 + 2a^2b^2 = 0$$
$$c^4 - (a^2-b^2)^2 = 0$$
$$(c^2-a^2+b^2)(c^2+a^2-b^2) = 0$$

→ 因数分解の公式より

これより $a^2 = b^2+c^2$, $b^2 = a^2+c^2$
よって，△ABC は $A=90°$ または $B=90°$ の直角三角形である。

答 $A=90°$ または $B=90°$ の直角三角形

---

180 △ABC において，次の関係が成り立つとき，この三角形はどんな形の三角形か。

- (1) $a\cos A = b\cos B$
- (2) $ca\cos A - cb\cos B = (a^2-b^2)\cos C$
- (3) $a\cos B = b\cos A$

応用問題

181 次の各場合について，△ABC の残りの辺の長さと角の大きさを求めよ。
ただし，$\sin 75° = \dfrac{\sqrt{6}+\sqrt{2}}{4}$ とする。 **差がつく**

- (1) $a=\sqrt{2}$, $b=1+\sqrt{3}$, $C=45°$
- (2) $a=2\sqrt{3}$, $b=3-\sqrt{3}$, $C=120°$
- (3) $b=5$, $C=75°$, $A=60°$
- (4) $a=6$, $A=60°$, $C=30°$
- (5) $a=2$, $b=\sqrt{2}$, $c=\sqrt{3}-1$
- (6) $a=4$, $b=2$, $c=2\sqrt{3}$

例題研究 $a=3$, $b=\sqrt{3}$, $A=60°$ である △ABC の残りの辺の長さと角の大きさを求めよ。

着眼 向かいあう辺と角がわかっているので，正弦定理を用いる。与えられた条件が合同条件ではないので，三角形は1つとはかぎらない。

解き方 $\dfrac{3}{\sin 60°} = \dfrac{\sqrt{3}}{\sin B}$ よって，$\sin B = \dfrac{1}{2}$ ゆえに，$B=30°$ または $B=150°$
$B=30°$ のとき $C=90°$ よって，$c=\sqrt{9+3}=2\sqrt{3}$
$B=150°$ のとき $A+B=210°>180°$ なので不適
よって $B=30°$, $C=90°$, $c=2\sqrt{3}$ ……**答**

---

182 $a=3\sqrt{3}$, $c=3$, $C=30°$ である △ABC の残りの辺の長さと角の大きさを求めよ。

183 $a=\sqrt{6}$, $b=2$, $A=60°$ である △ABC について，
- (1) B, C を求めよ。
- (2) $c^2-2c-2=0$ であることを示し，c を求めよ。

例題研究 △ABC において，$\tan A \sin^2 B = \tan B \sin^2 A$ が成り立つとき，この三角形はどんな形の三角形か。

着眼 $\tan A = \dfrac{\sin A}{\cos A}$ とし，正弦定理，余弦定理を用いて辺の関係に変える。

解き方 $\dfrac{\sin A}{\cos A} \cdot \sin^2 B = \dfrac{\sin B}{\cos B} \cdot \sin^2 A$

$\sin A \neq 0$, $\sin B \neq 0$ より $\dfrac{\sin B}{\cos A} = \dfrac{\sin A}{\cos B}$

よって $\sin B \cos B = \sin A \cos A$

正弦定理，余弦定理を用いて

$\dfrac{b}{2R} \cdot \dfrac{a^2+c^2-b^2}{2ac} = \dfrac{a}{2R} \cdot \dfrac{b^2+c^2-a^2}{2bc}$

$b^2(a^2+c^2-b^2) = a^2(b^2+c^2-a^2)$

$a^4 - b^4 - a^2c^2 + b^2c^2 = 0$

$(a^2-b^2)(a^2+b^2) - c^2(a^2-b^2) = 0$

$(a+b)(a-b)(a^2+b^2-c^2) = 0$

よって $a=b$, または $c^2 = a^2+b^2$

したがって **BC＝CA の二等辺三角形，または $C=90°$ の直角三角形** ……**答**

184 △ABC において，次の関係が成り立つとき，この三角形はどんな形の三角形か。 **差がつく**

(1) $\sin C = 2 \sin A \cos B$ (2) $a^2 \tan B = b^2 \tan A$

185 △ABC において，次の等式が成り立つとき，角 B の大きさを求めよ。
$b^2 = c^2 + a^2 - ca$

186 △ABC において，BC の中点を M とする。$a=14$, $b=13$, $c=15$ のとき，中線 AM の長さを求めよ。

23 三角形の面積

★ テストに出る重要ポイント

- **三角形の面積**…△ABC の面積を S とすると
  $$S = \frac{1}{2}bc\sin A = \frac{1}{2}ca\sin B = \frac{1}{2}ab\sin C$$

- **内接円の半径と三角形の面積**…△ABC の内接円の半径を r とすると
  $$S = sr \quad \text{ただし} \quad s = \frac{a+b+c}{2}$$

- **ヘロンの公式**…上記の s を用いて
  $$S = \sqrt{s(s-a)(s-b)(s-c)}$$

基本問題 ……………………………… 解答 ➡ 別冊 p.35

187 △ABC の辺や角が次のように与えられたとき，△ABC の面積を求めよ。

- (1) $a=2$, $b=5$, $C=60°$
- (2) $a=2\sqrt{2}$, $c=\sqrt{3}$, $B=45°$
- (3) $b=5$, $c=4$, $A=150°$

188 AD=5, CD=7, ∠BCD=45° である平行四辺形 ABCD の面積を求めよ。

189 △ABC において，BC=4, CA=5, AB=6 である。次のものを求めよ。

- (1) $\cos A$, $\sin A$
- (2) △ABC の外接円の半径 R
- (3) △ABC の面積 S
- (4) △ABC の内接円の半径 r

190 次のような △ABC の面積を求めよ。

- (1) $a=5$, $b=6$, $c=7$
- (2) $a=8$, $b=6$, $c=4$

23 三角形の面積

例題研究　△ABC において，∠A の二等分線と BC の交点を D とする。$A=120°$，$b=10$，$c=6$ のとき，AD の長さを求めよ。

着眼　AD$=x$ として，面積の関係 △ABD＋△ACD＝△ABC を x で表す。これを x について解けばよい。

解き方　AD$=x$ とする。
△ABC＝△ABD＋△ACD であるから
　　↳ 三角形を 2 つの三角形の面積の和として表す

$$\frac{1}{2}\times 10\times 6\times\sin 120°=\frac{1}{2}\times 6\times x\times\sin 60°+\frac{1}{2}\times 10\times x\times\sin 60°$$

$60\sin 120°=6x\sin 60°+10x\sin 60°$

$60\times\dfrac{\sqrt{3}}{2}=6x\times\dfrac{\sqrt{3}}{2}+10x\times\dfrac{\sqrt{3}}{2}$

$60=6x+10x$

$16x=60$

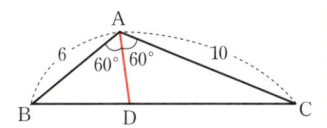

$x=\dfrac{15}{4}$　　**答** $AD=\dfrac{15}{4}$

191　△ABC において，AB＝4，AC＝3，∠A＝60° とする。∠A の二等分線と BC の交点を D とするとき，次の線分の長さを求めよ。

☐ (1) BC　　　☐ (2) BD　　　☐ (3) AD

応用問題 ……………………………………………… 解答 ➡ 別冊 p.36

☐ **192**　半径 10cm の円の周上に点 A，B，C があり，$\overparen{AB}:\overparen{BC}:\overparen{CA}=3:4:5$ であるとき，△ABC の面積を求めよ。

☐ **193**　1 つの角の大きさが 120°，その対辺の長さが 7cm，他の 2 辺の長さの和が 8cm の三角形がある。この三角形の他の 2 辺のそれぞれの長さと面積を求めよ。

例題研究 円に内接する四角形 ABCD において，AB=3，BC=1，AD=4，∠BAD=60° とするとき，次のものを求めよ。

(1) 対角線 BD の長さ
(2) 辺 CD の長さ
(3) 四角形 ABCD の面積

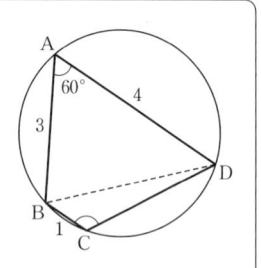

着眼 円に内接する四角形の性質（向かいあう角の和は 180° であること）を用いる。

解き方 (1) △ABD において，
$BD^2 = 3^2 + 4^2 - 2 \cdot 3 \cdot 4 \cos 60° = 9 + 16 - 12 = 13$
よって $BD = \sqrt{13}$ ……**答**

(2) $CD = x$ とおくと，△BCD において，
$13 = 1 + x^2 - 2 \cdot 1 \cdot x \cos 120°$
$x^2 + x - 12 = 0$
$(x+4)(x-3) = 0$ $x > 0$ より $x = 3$ ……**答**

(3) 四角形 $ABCD = \frac{1}{2} \cdot 3 \cdot 4 \sin 60° + \frac{1}{2} \cdot 1 \cdot 3 \sin 120°$
$= \frac{15\sqrt{3}}{4}$ ……**答**

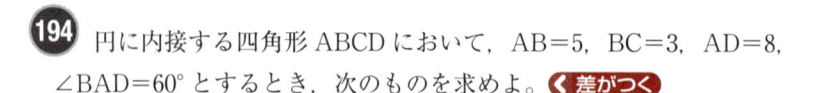

194 円に内接する四角形 ABCD において，AB=5，BC=3，AD=8，∠BAD=60° とするとき，次のものを求めよ。 **差がつく**

☐ (1) 対角線 BD の長さ　　☐ (2) 辺 CD の長さ
☐ (3) 四角形 ABCD の面積

195 円に内接する四角形 ABCD において，AB=4，BC=3，CD=2，DA=2 とするとき，次のものを求めよ。

☐ (1) 対角線 BD の長さ　　☐ (2) 四角形 ABCD の面積

☐ **196** 四角形の対角線の長さが 10，12 でそのなす角が 60° であるとき，この四角形の面積を求めよ。

24 空間図形の計量

☆ テストに出る重要ポイント

● 3辺の等しい三角錐

三角錐 OABC において，OA=OB=OC のとき，頂点 O から底面 ABC におろした垂線の足は △ABC の外心である。

基本問題　　　　　　　　　　　　　　　　　　　　　解答 ➡ 別冊 p.37

197 右の図のような AB=$2\sqrt{3}$，AD=$\sqrt{6}$，AE=$\sqrt{2}$ である直方体 ABCD-EFGH において，次の問いに答えよ。 テスト必出

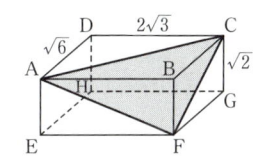

(1) ∠ACF の大きさを求めよ。
(2) △ACF の面積を求めよ。
(3) B から平面 ACF におろした垂線の長さを求めよ。

198 右の図のように，1つの直線上に並ぶ水平面上の 3点 A，B，C から，木のてっぺんの仰角を測ると，それぞれ 45°，45°，30° であった。
AB=5m，BC=5m であるとき，木の高さを求めよ。

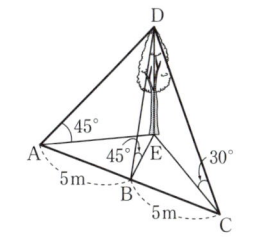

199 1辺の長さが 6 の正四面体 ABCD において，辺 BC を 1:2 に内分する点を P，CD の中点を Q とするとき，次のものを求めよ。

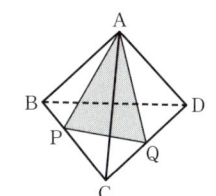

(1) AP，AQ，PQ の長さ
(2) cos∠PAQ の値
(3) △APQ の面積

例題研究 右の図の直方体は，AB＝1cm，BC＝2cm，BF＝1cm で，M は辺 FG の中点である。 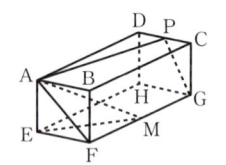
(1) △AEM の面積は何 cm² か。
(2) 点 A，E，M を通る平面と，点 A，F，M を通る平面でこの直方体を切ったときにできる三角錐 AEFM の体積は何 cm³ か。
(3) P は辺 CD 上の点である。A，P，G を結んでできる折れ線の長さ AP＋PG が最小となるとき，その長さを求めよ。

着眼 (1) △AEM は，∠**AEM＝90°** の直角三角形である。EM の長さを求める。
(2) △EFM を底面と考えると，高さは AE である。
(3) 折れ線がのっている面の展開図をかいてみる。AP＋PG が最小となるのは，A と G を結ぶ線分上に P がきたときである。

解き方 (1) M は FG の中点だから，△FEM は直角二等辺三角形になり EM＝$\sqrt{2}$EF＝$\sqrt{2}$ 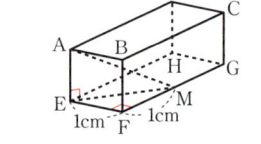
AE⊥EM より ∠AEM＝90° で AE＝1 だから
△AEM＝$\frac{1}{2} \times 1 \times \sqrt{2} = \frac{\sqrt{2}}{2}$ (cm²) ……**答**

(2) △EFM＝$\frac{1}{2} \times 1 \times 1 = \frac{1}{2}$，AE＝1 だから三角錐 AEFM の体積は
$\frac{1}{3} \times \frac{1}{2} \times 1 = \frac{1}{6}$ (cm³) ……**答**

(3) 折れ線がのっている面の展開図は，右のようになる。 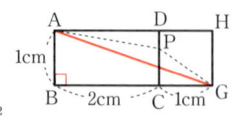
AP＋PG が最小となるのは，A，P，G が一直線上にあるときである。このとき，AP＋PG の長さは AG の長さになる。
BG＝2＋1＝3 で ∠B＝90° だから，△ABG で AG²＝AB²＋BG²
AG²＝1²＋3²＝10 AG＞0 だから AG＝$\sqrt{10}$ (**cm**) ……**答**

200 すべての辺の長さが a である正四面体 ABCD について，辺 AB の中点を M，辺 CD の中点を N とするとき，◁テスト必出 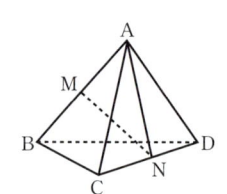
□ (1) AN の長さを a で表せ。
□ (2) MN の長さを a で表せ。

応用問題

例題研究 1辺の長さが a の正四面体 ABCD において，辺 BC の中点を M とし，頂点 A から底面 BCD にひいた垂線の足を H とするとき，次の問いに答えよ。

(1) $\angle AMD = \theta$ とするとき，$\cos\theta$ を求めよ。

(2) この正四面体 ABCD の体積を求めよ。

着眼 (1) △AMD において余弦定理を適用。

(2) $\sin\theta > 0$ だから $\sin\theta = \sqrt{1-\cos^2\theta}$，$AH = AM\sin\theta$

解き方 (1) △ABC は正三角形だから，AM⊥BC

△ABM において $\angle ABM = 60°$，$\angle AMB = 90°$ だから

$$AM = AB\sin 60° = a \cdot \frac{\sqrt{3}}{2} = \frac{\sqrt{3}}{2}a$$

同様にして $MD = \frac{\sqrt{3}}{2}a$

したがって，△AMD において，余弦定理より

$$\cos\theta = \frac{MA^2 + MD^2 - AD^2}{2MA \cdot MD} = \frac{\frac{1}{2}a^2}{\frac{3}{2}a^2} = \boldsymbol{\frac{1}{3}} \quad \cdots\cdots\text{答}$$

(2) $\sin^2\theta = 1 - \cos^2\theta = 1 - \left(\frac{1}{3}\right)^2 = \frac{8}{9}$　$\sin\theta > 0$ より $\sin\theta = \frac{2\sqrt{2}}{3}$

点 H は MD 上にあるから，直角三角形 AMH において

$$AH = AM\sin\theta = \frac{\sqrt{3}}{2}a \cdot \frac{2\sqrt{2}}{3} = \frac{\sqrt{6}}{3}a$$

底面 BCD の面積を S，$AH = h$，求める正四面体の体積を V とすると

$$S = \frac{1}{2} \cdot a \cdot a\sin 60° = \frac{\sqrt{3}}{4}a^2$$

$$V = \frac{1}{3}Sh = \frac{1}{3} \cdot \frac{\sqrt{3}}{4}a^2 \cdot \frac{\sqrt{6}}{3}a = \boldsymbol{\frac{\sqrt{2}}{12}a^3} \quad \cdots\cdots\text{答}$$

→ シッカリおぼえておこう！

201 次の四面体 OABC の体積 V を求めよ。 **差がつく**

$$OA = OB = OC = 5, \quad AB = BC = CA = 6$$

25 データの整理

★ テストに出る重要ポイント

- **度数分布表とヒストグラム**…データの傾向をつかむためには，度数分布表を作りヒストグラムに表してみるとよい。
- **代表値**…代表値には次のようなものがある。
  - ・**平均値**… $\bar{x} = \dfrac{1}{n}(x_1 + x_2 + \cdots + x_n)$
  - ・**中央値**…データを大きさの順に並べたとき，その中央にくる値
  - ・**最頻値**…度数分布表に整理したとき，度数が最も大きい階級値
- **四分位数**…データを大きさの順に並べたとき，4等分する位置にくる3つの値
- **箱ひげ図**

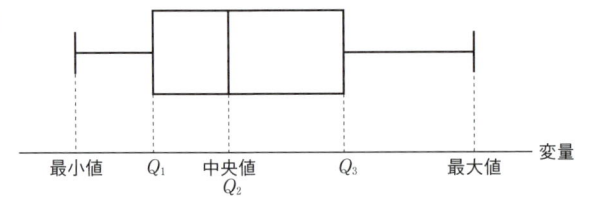

Q_1（第1四分位数），Q_2（中央値），Q_3（第3四分位数）

基本問題　　　　　　　　　　　　　　　　　　　　解答 → 別冊 p.38

202 次のデータは，あるクラスの生徒45人に数学のテストを行った結果である。

61　35　68　15　51　83　55　62　68　26　52　51　75　46　73　53　65　48
45　75　43　40　57　56　35　50　69　66　58　54　56　67　21　54　66　39
38　49　61　43　63　33　45　57　67

このとき，階級の幅を10点として，次の問いに答えよ。ただし，階級は10点から区切りを始めるものとする。

- (1) 度数分布表を作れ。
- (2) ヒストグラムをかけ。

203 次のデータは，ある高校生10人の体重(kg)を調べたものである。
このデータについて，中央値を求めよ。

59.0,　79.5,　72.9,　72.3,　55.1,　70.1,　77.1,　80.2,　60.7,　68.2

204 右の表は，高校1年生男子210名について，胸囲(cm)を測った結果を度数分布表に整理したものである。このとき，次の問いに答えよ。

胸囲(cm)	人数
69.5〜72.5	3
72.5〜75.5	13
75.5〜78.5	42
78.5〜81.5	55

胸囲(cm)	人数
81.5〜84.5	49
84.5〜87.5	36
87.5〜90.5	8
90.5〜93.5	4

- (1) 最頻値を求めよ。
- (2) 中央値を求めよ。
- (3) 胸囲の平均を求めよ。

205 右の度数分布表は，ある学校の男子全員について，100m走の記録を調べてまとめたものである。これについて，次の問いに答えよ。 ◀テスト必出

- (1) 平均値を求めよ。
- (2) 中央値はどの階級に属するか。
- (3) 最頻値を求めよ。
- (4) 四分位数を求めよ。
- (5) 箱ひげ図をかけ。

時　間　(秒)	人数
12.0(以上) 〜 12.5(未満)	1
12.5 〜 13.0	6
13.0 〜 13.5	18
13.5 〜 14.0	24
14.0 〜 14.5	38
14.5 〜 15.0	72
15.0 〜 15.5	103
15.5 〜 16.0	84
16.0 〜 16.5	52
16.5 〜 17.0	23
17.0 〜 17.5	14
17.5 〜 18.0	3
計	438

応用問題　　　解答 ➡ 別冊 p.39

206 あるクラスの男子 n_1 人の平均身長が $\overline{x}_1$ であり，女子 n_2 人の平均身長が $\overline{x}_2$ であるとき，このクラス全体の平均身長 $\overline{x}$ はいくらか。 ◀差がつく

207 変量 X のとる値が x_i のときの度数を $f_i (i=1, 2, \cdots, n)$ とし，$N=f_1+f_2+\cdots+f_n$，平均を $\overline{x}$ とするとき，新しい変量を Y として $y_i=ax_i+b (i=1, 2, \cdots, n)$ とおけば，Y の平均 $\overline{y}$ は $\overline{y}=a\overline{x}+b$ で表せることを証明せよ。ただし，a, b は 0 でない定数とする。

26 分散と標準偏差

テストに出る重要ポイント

- **偏差**…データの値と平均 $\bar{x}$ との差　　$x_k - \bar{x}$
- **分散**

$$s^2 = \frac{1}{n}\{(x_1-\bar{x})^2 + (x_2-\bar{x})^2 + \cdots + (x_n-\bar{x})^2\}$$

$$= \frac{1}{n}(x_1^2 + x_2^2 + \cdots + x_n^2) - (\bar{x})^2$$

$$= (2\text{乗の平均}) - (\text{平均})^2$$

- **標準偏差**

$$s = \sqrt{\frac{1}{n}\{(x_1-\bar{x})^2 + (x_2-\bar{x})^2 + \cdots + (x_n-\bar{x})^2\}}$$

$$= \sqrt{\frac{1}{n}(x_1^2 + x_2^2 + \cdots + x_n^2) - (\bar{x})^2}$$

基本問題　　　　　　　　　　　　　　　　　　　　　　　解答 ➡ 別冊 *p.39*

208 次のデータは，6人の英語のテストの点数である。平均，分散，標準偏差を求めよ。標準偏差は四捨五入によって小数第1位まで求めよ。

56, 68, 80, 86, 62, 74

209 次のデータは，7人の数学のテストの点数である。平均，分散，標準偏差を求めよ。標準偏差は四捨五入によって小数第1位まで求めよ。

62, 92, 74, 80, 56, 58, 82

210 次のデータは，高校生40人の漢字テストの結果である。これをもとに度数分布表を作れ。また，平均，分散，標準偏差を求めよ。

10	7	8	8	6	6	6	8	7	4
8	9	9	7	8	5	8	7	8	9
7	10	2	7	8	6	3	8	10	5
5	4	10	8	6	9	7	8	4	5

26 分散と標準偏差

211 次のデータについて，平均，分散，標準偏差を求めよ。
　　　5　3　7　5　2　6　9　3　3　8　6　3

212 A, B 2つのクラスの生徒について，通学時間(片道)を調べたところ，表のようになった。75人全体の平均と標準偏差を求めよ。

クラス	人数	平均 (分)	標準偏差 (分)
A	40	20	15
B	35	23	12

213 あるクラスの生徒40名の睡眠時間を調査したところ，次のようになった(単位は分)。

　　477　268　357　468　508　324　364　340　401　454
　　442　350　459　368　419　454　317　360　439　394
　　471　478　429　395　417　459　410　302　372　449
　　276　437　387　407　328　341　502　437　416　361

次の問いに答えよ。

階　級	階級値	度数
以上　未満 268～306		
306～344		
344～382		
⋮		
合　計		40

- (1) 右の表を参考に，度数分布表を作成せよ。
- (2) ヒストグラムをかけ。
- (3) (1)の度数分布表をもとにして，平均，中央値，分散，標準偏差を求めよ。
- (4) 最大値，最小値を求めよ。

応用問題　　　　　　　　　　　　　　　　解答 ▶ 別冊 *p.41*

214 右の表は，ある中学校のある学年 A, B, C 3組について英語の学力検査を行った結果をまとめたものであるが，2か所だけ空欄になっている。

この空欄をうめよ。

組	人数	平均点	標準偏差
A	55	70	8.2
B	48	63	(2)
C	47	58	9.0
計	150	(1)	9.4

215 n 個の測定値 x_1, x_2, ……, x_n の平均を m, 標準偏差を σ, また c を定数とする。c, m, σ を用いて次の値を表せ。

- (1) x_1+c, x_2+c, ……, x_n+c の平均および標準偏差
- (2) cx_1, cx_2, ……, cx_n の平均および標準偏差
- (3) cx_1^2, cx_2^2, ……, cx_n^2 の平均

27 データの相関

★ テストに出る重要ポイント

- **散布図**…個々のデータのもつ2つの変量をそれぞれ x, y とし，(x, y) を座標とする点を平面上にとった図。
- **相関係数 r**

  共分散 c_{xy}…

  $$c_{xy} = \frac{1}{n}\{(x_1-\bar{x})(y_1-\bar{y})+(x_2-\bar{x})(y_2-\bar{y})+\cdots+(x_n-\bar{x})(y_n-\bar{y})\}$$

  とするとき，x, y の標準偏差を s_x, s_y とすると

  $$r = \frac{c_{xy}}{s_x s_y}$$

- **相関係数の性質**　　$-1 \leqq r \leqq 1$

  r が1に近いほど，強い正の相関があり，

  r が -1 に近いほど，強い負の相関がある。

基本問題　　　　　　　　　　　　　　　　　　　　　　解答 → 別冊 $p.42$

216 下の表は，8人の生徒の国語と英語の得点である。このデータについて，散布図をかき，相関について調べよ。

	1	2	3	4	5	6	7	8
国語	53	67	73	96	56	70	93	68
英語	74	60	85	73	70	73	99	66

217 次の3組のデータの散布図をそれぞれ作成し，相関について調べよ。

x_1	y_1	x_2	y_2	x_3	y_3
-2	3	-2	5	-2	12
-1	4	0	2	-1	10
0	5	1	8	0	8
1	7	2	4	1	7
4	10	7	4	2	5
5	14	7	9	2	6
8	15	8	5	6	3
9	14	9	3	8	5

218 A, B, C, D, E の5人の身長, 体重, 胸囲を調べると, 右の表のようになった。
- (1) 身長と体重の相関係数を求めよ。
- (2) 体重と胸囲の相関係数を求めよ。

	身長(cm)	体重(kg)	胸囲(cm)
A	162	52	81
B	160	52	88
C	168	65	90
D	165	64	91
E	175	67	95

219 20人の生徒に数学と英語の小テストを行ったところ, 表の結果を得た。このとき, 次の値を求めよ。
- (1) 数学の成績の平均, 標準偏差
- (2) 英語の成績の平均, 標準偏差
- (3) 数学と英語の成績の相関係数

		英 語				
		5	4	3	2	1	計
数学	5	3	2				5
	4		2	3	4		9
	3	1	1	2	1		5
	2				1		1
	1						
	計	6	6	6	2		20

応用問題

解答 ➡ 別冊 *p.43*

220 右の表は, 小学生15人の走り幅跳びの記録 x(cm) と 50m 走の記録 y(秒) である。このデータを散布図にかいて, 相関係数を求めよ。

番号	走り幅跳び x(cm)	50m 走 y(秒)
1	370	7.9
2	325	8.7
3	295	9.0
4	374	8.5
5	275	9.6
6	348	8.5
7	350	8.6
8	293	9.4
9	339	8.1
10	292	9.7
11	304	9.3
12	315	8.7
13	304	9.5
14	318	9.5
15	298	10.0

集合の要素の個数

場合の数と確率

● 集合の要素の個数…有限集合 A の要素の個数を $n(A)$ で表す。
① $n(A \cup B) = n(A) + n(B) - n(A \cap B)$
② $A \cap B = \phi$ のとき $n(A \cup B) = n(A) + n(B)$

● 補集合の要素の個数…全体集合を U とする。
$n(\overline{A}) = n(U) - n(A)$
$n(\overline{A} \cap \overline{B}) = n(\overline{A \cup B}) = n(U) - n(A \cup B)$
$n(\overline{A} \cup \overline{B}) = n(\overline{A \cap B}) = n(U) - n(A \cap B)$

基本問題

解答 → 別冊 p.44

221 100 以下の正の整数で，次のような数は何個あるか。
- (1) 4 の倍数
- (2) 3 の倍数
- (3) 4 と 3 の両方で割りきれる整数
- (4) 4 と 3 の少なくとも一方で割りきれる整数
- (5) 4 でも 3 でも割りきれない整数

222 全体集合 U とその部分集合 A, B に対して，
$n(U) = 53$, $n(A) = 28$, $n(B) = 16$, $n(A \cap B) = 8$
のとき，次の集合の要素の個数を求めよ。
- (1) $\overline{B}$
- (2) $A \cup B$
- (3) $A \cap \overline{B}$
- (4) $A \cup \overline{B}$
- (5) $\overline{A} \cap \overline{B}$

223 50 人のクラスでクラブ調査をしたところ，体育部，文化部に所属している生徒はそれぞれ 28 人，19 人で，どちらにも所属していない生徒が 8 人であった。体育部，文化部両方に所属している生徒は何人か。

224 100 以上 400 以下の整数で，次のような数は何個あるか。
- (1) 7 の倍数でない数
- (2) 7 の倍数であるが，3 の倍数でない数

29 和の法則・積の法則

★ テストに出る重要ポイント

- **和の法則**…2つの事柄 A, B が同時には起こらないとき，A の起こる場合が m 通り，B の起こる場合が n 通りあるとき，A または B の起こる場合の数は **$m+n$** である。
- **積の法則**…2つの事柄 A, B があって，A の起こる場合が m 通りあり，そのどの場合についても B の起こる場合が n 通りあるとき，A と B がともに起こる場合の数は **$m \times n$** である。

基本問題　　　　　　　　　　　　　　　　　　　解答 ➡ 別冊 p.45

225 異なる5種類のノートと異なる2種類の鉛筆がある。ノート1冊か鉛筆1本のいずれかを賞品にするとき，賞品のつくり方は何通りあるか。

226 12を3個の自然数の和に分ける方法は何通りあるか。また，3個以内の自然数の和に分ける方法は何通りあるか。

227 大小2つのさいころを同時に投げるとき，出る目の数の和が3の倍数となる場合の数を求めよ。

228 2けたの整数のうち，一の位の数字が十の位の数字より大きいものはいくつあるか。

229 $(a+b+c)(x+y)$ を展開すると，いくつの項ができるか。　◀テスト必出

230 A市とB市の間には4本，B市とC市の間には3本の道がある。これらの道を通り，A市からC市へ行くには何通りの行き方があるか。

231 x, y は整数で，$1 \leq x \leq 5$, $3 \leq y \leq 7$ のとき，(x, y) を座標とする点はいくつあるか。

> **例題研究**　正の整数 N の素因数分解を $N=p^{\alpha}q^{\beta}\cdots r^{\gamma}$ とすれば，N の正の約数の個数は $(1+\alpha)(1+\beta)\cdots\cdots(1+\gamma)$ であることを示せ。ただし，1 および N 自身も約数の中に含める。
>
> [着眼]　これはよく使う公式である。素因数分解したときに，約数はどのように表されるかを考えればよい。この公式はおぼえておこう。
>
> [解き方]　$N=p^{\alpha}q^{\beta}\cdots r^{\gamma}$ の約数は，$p^{s}q^{t}\cdots r^{u}$ の形の数で，$s,\ t,\ \cdots,\ u$ はそれぞれ
> → 具体例で考えるとわかりやすい
>
> $$0 \leq s \leq \alpha,\ 0 \leq t \leq \beta,\ \cdots,\ 0 \leq u \leq \gamma$$
>
> を満たす任意の整数である。
> N の約数はすべてただ1通りに $p^{s}q^{t}\cdots r^{u}$ の形に表されるから，約数の個数は，上の不等式を満たす整数の組 $(s,\ t,\ \cdots,\ u)$ の個数に等しい。$s,\ t,\ \cdots,\ u$ はそれぞれ $1+\alpha$，$1+\beta$，$\cdots$，$1+\gamma$ 個の値をとるので，積の法則により，求める約数の個数は
>
> $$(1+\alpha)(1+\beta)\cdots(1+\gamma)$$
>
> となる。〔証明終〕

232　720 の正の約数はいくつあるか。また，正の約数の総和を求めよ。ただし，1 および 720 自身も約数とする。◀テスト必出

233　180 と 504 の正の公約数はいくつあるか。

応用問題　　　　　　　　　　　　　　　　　　　　　　　　解答 ⇒ 別冊 *p.45*

234　500 円硬貨 3 枚，100 円硬貨 3 枚，10 円硬貨 5 枚がある。これらの一部または全部を用いてつくることのできる金額の種類は何種類あるか。

235　$x+y \leq 6$ を満たす正の整数 $x,\ y$ の組 $(x,\ y)$ は全部でいくつあるか。
📖ガイド　$x+y \leq 6,\ x>0,\ y>0$ を満たす格子点(座標が整数である点)の個数を数えれば求められる。

236　$a,\ a,\ a,\ b,\ b,\ c$ の 6 個の文字から 3 個の文字を選んで 1 列に並べる方法は何通りあるか。◀差がつく

29 和の法則・積の法則

例題研究　赤，黄，青の3つのさいころを同時に投げたとき，目の数の和が8になる場合は何通りあるか。また，3つのさいころが同じ色，同じ大きさで区別できないとき，目の数の和が8になる場合は何通りあるか。

[着眼] ある条件のもとで場合の数を考えていくには，重複して数えたり，数え落ちがあったりしないようにする。そのためには，**一定の方針で順序よく考えていく**ことが大切である。

[解き方] 赤のさいころに着目して，その目の数を1，2，3，4，5，6の6つの場合に分ける。それに応じて，他の2つのさいころの目の数を考えて，目の数の和が8になる場合を考える。
次のような表にして，黄，青のさいころの目の出方を並べていくとよい。

場合\さいころ	A_1						A_2					A_3				A_4			A_5		A_6
赤	1						2					3				4			5		6
黄	1	2	3	4	5	6	1	2	3	4	5	1	2	3	4	1	2	3	1	2	1
青	6	5	4	3	2	1	5	4	3	2	1	4	3	2	1	3	2	1	2	1	1
場合の数	6						5					4				3			2		1

これで目の数の和が8になる場合がすべてつくされており，またこれらの場合は同時には起こらない。したがって，求める場合の数は，和の法則により
$$6+5+4+3+2+1=21$$
答　21通り

次に，3つのさいころが区別できないとすると，上の表では
$$(赤, 黄, 青) = (1, 1, 6), (1, 6, 1), (6, 1, 1)$$
などが同じ場合になって重複して数えられることになる。そこで，出た目の大きさに着目して分類すると，次のような表ができる。

最も小さい目	1	1	1	2	2
まん中の目	1	2	3	2	3
最も大きい目	6	5	4	4	3

答　5通り

237　$3x+2y+z=15$ を満たす正の整数 x, y, z の組はいくつあるか。

238　ある山に登るのに5つの道がある。この山に登って下るのに，次の場合，何通りの道の選び方があるか。

(1) 下りは上りと同じ道を通らないとき。
(2) A，B 2人がいっしょに登り，下りは別々の道を選び，しかも上りに通った道は通らないとき。

30 順列

テストに出る重要ポイント

- **n 個から r 個取る順列**…異なる n 個のものから r 個取る順列の数は
$$_nP_r = n(n-1)(n-2)\cdots(n-r+1) = \frac{n!}{(n-r)!}$$

- **同じものを含む順列**…n 個のうち，同じものが p 個，q 個，r 個，…ずつあるとき，この n 個の順列の数は
$$\frac{n!}{p!\,q!\,r!\cdots\cdots} \quad (\text{ただし，} p+q+r+\cdots\cdots=n)$$

- **重複順列**…異なる n 個のものから同じものをくり返し取ることを許して r 個取る順列の数は $_n\Pi_r = n^r$

- **円順列**…異なる n 個のものを円形に並べる順列の数は $(n-1)!$

- **じゅず順列**…円順列で裏返して重なるものは同じものとみなしたとき，これをじゅず順列という。その数は $(n-1)!\div 2$

基本問題 …………………………………………………… 解答 → 別冊 $p.46$

239 $_4P_2$, $_{10}P_3$, $_3P_3$, $_5P_1$ の値を求めよ。

240 次の等式を満たす正の整数 n の値を求めよ。
(1) $_nP_2 = 72$
(2) $_nP_3 = 3 \times {_nP_2}$

241 1, 2, 3, 4, 5, 6 の 6 個の数字を用いて，3 けたの数はいくつできるか。ただし，同じ数字をくり返し用いることはできないものとする。

242 5 種類の色があるとき，右の 4 つの □ を塗り分ける方法は何通りあるか。ただし，同じ色をくり返し用いることはできないものとする。

243 20 人の中から，幹事，風紀委員，管理委員を各 1 名選ぶ方法は何通りあるか。 **テスト必出**

244 駅が30ある鉄道会社では,何種類の乗車券がいるか。

例題研究 6個の数字1, 2, 3, 4, 5, 6を全部並べて6けたの整数をつくるとき,次の問いに答えよ。
(1) 400000以上の整数はいくつあるか。
(2) 5と6が隣り合う整数はいくつあるか。

着眼 (1) 十万の位の数字のおき方は,4, 5, 6のどれかしかないことに気がつけばあとは楽。
(2) 5と6を1つのまとまりと考えればよい。

解き方 (1) 十万の位の数字のおき方は,4, 5, 6のどれかであるから3通りある。そのおのおのに対して,一万の位以下の数字のおき方は,十万の位においた数字を除く5個の数字から5個を取った順列であるから,$_5P_5$ 通りある。
ゆえに,積の法則により,求める個数は $3 \times {}_5P_5 = 360$ **答 360個**

(2) 5と6をまとめて1つと考えると,全体で5個から5個を取った順列となり,その数は $_5P_5$ である。そのおのおのに対して,ひとまとめにした5と6の順列が考えられ,その数は $_2P_2$ である。
→ この考え方がたいせつ
ゆえに,積の法則により,求める個数は $_5P_5 \times _2P_2 = 240$ **答 240個**

---

245 6個の数字1, 2, 3, 4, 5, 6から異なる3個を並べてできる3けたの整数はいくつあるか。また,それらのうちで400以上の整数はいくつあるか。

246 6個の数字0, 1, 2, 3, 4, 5から異なる3個を並べてできる整数のうち,次のような整数は何個あるか。**テスト必出**
(1) 3けたの整数
(2) 両端の数字が奇数の整数
(3) 偶数の整数

247 男子3人,女子4人が1列に並ぶとき,女子4人が隣り合う並び方は何通りあるか。また,男子と女子が交互に並ぶ並び方は何通りあるか。

248 a, b, c, d, e, f, g の7文字を1列に並べるとき, **テスト必出**
(1) a, b がとなりあう場合は何通りあるか。
(2) a, b が両端にくる場合は何通りあるか。

249 野球で9名のメンバーが決まっているとき，打順の決め方は何通りあるか。また，1番，3番，9番の打者が決まっているとすれば，打順の決め方は何通りあるか。

250 a が3個と b が2個ある。この5個の文字を1列に並べるとき，並べ方は何通りあるか。

251 1，1，1，2，2，3，3の7個の数字をすべて用いてできる7けたの整数は全部でいくつあるか。

252 青旗4本，黄旗3本，赤旗4本を1列に並べるとき，何通りの並べ方があるか。

253 A，A，B，B，C，Cの6個の文字のすべてを用いて，何通りの順列ができるか。 ◀テスト必出

254 1，2，3，4の4個の数字を重複を許して用い，3けたの自然数をつくると，何通りの数ができるか。

255 5人の旅客に対して，3軒の旅館があるとき，宿の泊まり方は何通りあるか。

256 1つの硬貨を6回投げるとき，表，裏の出方は何通りあるか。

257 次の問いに答えよ。 ◀テスト必出
(1) n 人をA，B2つの部屋に入れる方法は何通りあるか。ただし，全部の人を1つの部屋に入れてもよい。
(2) n 人をA，B2つの組に分ける方法は何通りあるか。
(3) n 人を2つの組に分ける方法は何通りあるか。

258 候補者が3人，選挙人が8人いる。記名投票で1人1票を投ずるとき，その結果は何通りあるか。ただし，候補者は投票しない。また，白票はない。

259 A，B，C，Dの4人でじゃんけんをするとき，4人の「かみ」，「いし」，「はさみ」の出し方は何通りあるか。

260 A，B，C，D，Eの5人が丸テーブルに向かって座るとき，その座り方は何通りあるか。

261 異なる色の8つの球を円周上に並べる並べ方は何通りあるか。また，8つの球をつないでじゅずをつくると，何通りのじゅずができるか。

262 9人の客が円卓に着席するとき，このうちの特定の3人が隣り合って座るようにしたい。着席のしかたは何通りあるか。

263 両親と5人の子供とが円形のテーブルに着席するとき，両親が隣り合わせに着席するしかたは何通りあるか。

264 男子，女子4人ずつが円卓につくとき，男子，女子が交互に着席するしかたは何通りあるか。 ◁ テスト必出

応用問題 ·· 解答 ➡ 別冊 p.49

例題研究　右図のように，東西6条，南北7条の道路で碁盤の目のように区画された市街地がある。A地点からB地点に最短距離で行く道すじは何通りあるか。また，道路CDを通るような道すじは何通りあるか。

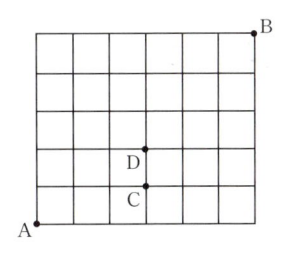

[着眼] 東へ1条，北へ1条道を進むことをそれぞれ a，b で表すと，AからBへ達する最短路は，$aaaaaabbbbb$ のように，6個の a と5個の b を1列に並べた順列で表される。

[解き方] 東へ1条，北へ1条道を進むことをそれぞれ a，b で表すと，AからBへ達する最短路は，6個の a と5個の b を並べた順列で表される。

したがって，その数は　$\dfrac{11!}{6!5!} = 462$

同様に，AからCへ達する最短路の数は　$\dfrac{4!}{3!} = 4$

DからBへ達する最短路の数は　$\dfrac{6!}{3!3!} = 20$

ゆえに，AからC，Dを通ってBへ達する最短路の数は　$4 \times 20 = 80$

[答] AからBに行く道すじ：462通り，CDを通る道すじ：80通り

265 右図のように，碁盤の目のような道路のついた公園がある。（周囲を含めて，実線でかかれた部分が道路である。）左下の A 点から右上の B 点へ最短距離で行く行き方は何通りあるか。　◀差がつく

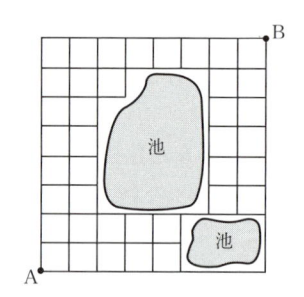

266 15段ある階段を上るのに，一度に1段または2段上ることができるとすると，何通りの上り方があるか。

267 ある高校の野球チームが8チームと試合をすることになった。結果が4勝3敗1引き分けになる場合は何通りあるか。

268 りんご4個，かき3個，バナナ5本を盛り合わせた果物鉢をまわして6人の客に思い思いに1個ずつ取らせるとき，全部で何通りの取り方があるか。

269 異なる5冊の和書と異なる4冊の洋書を4人の学生に与える方法は何通りあるか。ただし，1冊ももらえない学生があってもよいものとする。　◀差がつく

270 1から9999までの整数のうちで，1を1つ含むもの，2つ含むもの，3つ含むもの，4つ含むもの，1つも含まないものの個数を求めよ。

例題研究▶ 赤球1個，黄球2個，青球4個を円形に並べる方法は何通りあるか。

着眼 赤球1個，黄球2個，青球4個を1列に並べることを考える。この中には，円順列にしたときに，同じものが7個ずつ出てくる。

解き方 赤球1個，黄球2個，青球4個を1列に並べる並べ方は $\dfrac{7!}{1!2!4!}$ 通りあるが，この中の7個ずつが同じ円順列を与える。

ゆえに，求める円順列の数は $\dfrac{7!}{1!2!4!} \div 7 = 15$　　**答** **15通り**

---

271 立方体の各面を5色で塗り分ける方法は何通りあるか。ただし，塗り分けるというのは，隣り合った2面を異なる色で塗ることとする。　◀差がつく

31 組合せ

◎ テストに出る重要ポイント

○ **n 個から r 個取る組合せ**…異なる n 個のものから r 個取る組合せの数は

$$_nC_r = \frac{_nP_r}{r!} = \frac{n!}{r!(n-r)!}$$

○ **重複組合せ**…異なる n 個のものから同じものをくり返し取ることを許して r 個取る組合せの数は　　$_nH_r = {}_{n+r-1}C_r$

基本問題　　　　　　　　　　　　　　　　　　　　　解答 ➡ 別冊 $p.50$

272 40人のクラスで2人の代表を選ぶとき，その選び方は何通りあるか。また，特定の1人Aが代表に選ばれる場合は何通りあるか。

273 男子10人，女子9人の中から，男子3人，女子2人を選ぶ選び方は何通りあるか。

274 5本の平行線が他の4本の平行線と交わってできる平行四辺形の数を求めよ。 ◀ テスト必出

275 平面上に8個の点があって，どの3点も一直線上にないとき，2点を通る直線は何本できるか。また，これらの点を頂点とする三角形は何個できるか。

276 500円硬貨を10回投げるとき，表が3回出る場合は何通りあるか。

277 次の等式を満たす正の整数 n の値を求めよ。
 (1) $_nC_{n-2} = 136$ 　　　　　　　　(2) $3 \times {}_nC_4 = 5 \times {}_{n-1}C_5$

278 13人が3台の自動車A，B，Cにそれぞれ6人，4人，3人に分かれて乗る方法は何通りあるか。

279 10冊の異なる本を5冊，3冊，2冊に分ける方法は何通りあるか。

280 9冊の異なる本を3冊ずつに分けて，3つの組に分ける方法は何通りあるか。 テスト必出

281 9人を4人，4人，1人に分ける方法は何通りあるか。

例題研究 a が3個，b が2個，c が5個ある。この10個の文字を1列に並べる方法は何通りあるか。

着眼 ポイントの同じものを含む順列の考えでできるが，ここでは組合せの考えで解く。下のように，1列に10個の空所をつくっておき，そこに3個の a の入れ方を考える。次に，2個の b，5個の c の入れ方を考える。

解き方 右のように，1列に10個の空所をつくる。
まず，a を入れる空所の選び方は ${}_{10}C_3$ 通りある。
そのおのおのに対して，b を入れる空所の選び方は，残りの7個の空所から2個の空所を選ぶ選び方になるので，${}_7C_2$ 通りある。
最後に，c を入れる空所の選び方は，残り5個の空所から5個の空所を選ぶ選び方と考えてよいから，${}_5C_5$ 通りである。
したがって，並べ方の数は，積の法則により
$${}_{10}C_3 \times {}_7C_2 \times {}_5C_5 = 2520$$

答 2520通り

---

282 1つのさいころを続けて8回投げるとき，1の目が3回，2の目が3回，3の目が2回出る場合は何通りあるか。

283 6個の同品質のりんごを a，b，c の3つの異なる鉢に盛り分ける分け方は何通りあるか。ただし，鉢には何個盛ってもよく，また1個も盛らない鉢があってもよいものとする。 テスト必出

284 前問で，どの鉢にも少なくとも1個のりんごを盛るものとすれば，分け方は何通りあるか。

285 候補者が3人，選挙人が20人いる。無記名投票で各人が1票ずつ投票するとき，その結果には何通りの場合が起こりうるか。 テスト必出

286 5つの学級から7名の委員を選ぶ方法は何通りあるか。また，各学級からは必ず1名を選ぶとすれば何通りあるか。ただし，1つの学級からだれが選ばれるかは区別しないものとする。

287 10円硬貨で130円ある。これを4人に分配する方法は何通りあるか。ただし，各人には10円以上を与えるものとする。

288 かき，なし，りんごが多数ある。これらで10個入りの果物かごをつくりたい。そのとりあわせは何通りあるか。 ◀テスト必出

289 $(x+y+z)^4$ を展開したとき，いくつの項ができるか。

応用問題 ………………………………………………… 解答 ➡ 別冊 p.52

290 10人の学生を3人，3人，4人の3つの組に分ける。ところが，10人のうち2人は女子学生なので，この2人は同じ組に入れることにした。組分けのしかたは何通りあるか。ただし，3人の組は区別しない。

291 x, y, z, u を正の整数とするとき，$x+y+z+u=12$ を満足する解はいくつあるか。ただし，たとえば，$x=6, y=z=u=2$ と $y=6, x=z=u=2$ は異なる解として数えるものとする。

292 鉛筆10本を5人で分けるのに，1人で7本以上は受け取らないような分け方は何通りあるか。ただし，1本も受け取らない人がいてもよいものとする。

293 方程式 $x_1+x_2+x_3+\cdots+x_n=m$ の正の整数解は何通りあるか。ただし，m は n より大きい正の整数とする。

294 a, a, b, b, b の5個の文字から3個取る組合せ，および順列の数を求めよ。

295 10個のもののうち，4個は同じもので他の2個もまた別の同じものであるとき，このうちから一度に5個取る組合せ，および順列の数を求めよ。

32 場合の数と確率

> **テストに出る重要ポイント**
>
> - **試行と事象**…偶然に起こることがらを考察するための実験や観測を**試行**といい，試行の結果として起こることがらを**事象**という。
> - **根元事象と全事象**…事象のうち，それ以上分けることのできない事象を**根元事象**という。1つの試行で，根元事象の全体からなる事象を**標本空間**または**全事象**という。
> - **余事象**…事象 A に対して，事象 A が起こらないという事象を A の**余事象**といい，$\overline{A}$ で表す。
> - **確率**…1つの試行において，起こりうる場合がすべて同様に確からしく，その数を n とする。このうち，事象 E の起こる場合の数が r であるとき，$P(E)=\dfrac{r}{n}$ を事象 E の起こる**確率**という。また，$0 \leq P(E) \leq 1$ で，事象 E が必ず起こるとき $P(E)=1$，決して起こらないとき $P(E)=0$ である。

基本問題 ……………………………………………………………… 解答 → 別冊 p.53

296 男子8人，女子4人の部員の中から3人の代表を選ぶとき，男子が2人，女子が1人となる確率を求めよ。

297 2つのさいころを投げて出る目の和が8となる確率を求めよ。

298 30個の球の中に1個だけ赤球が混じっている。この30個の球の中から無作為に4個の球を取り出すとき，その4個の中に赤球が含まれていない確率を求めよ。

299 男女3人ずつが円陣をつくるとき，どの男どうしも隣り合わない確率を求めよ。 ◀テスト必出

300 3つのさいころを同時に投げたとき，目の数の和が15になる確率を求めよ。

301 A，Bの2人が1つのさいころをおのおの1回投げ，Aの出た目が5以上でBの出た目より大きいとき，Aの勝ちとする。Aの勝つ確率を求めよ。

302 1から240までの数が1つずつ書かれたカードが240枚ある。この中から1枚を取り出したとき，それが240の約数の書かれたカードである確率を求めよ。ただし，約数には1および240を含むものとする。

303 白球12個，赤球6個がはいっている箱から，同時に4個の球を取り出すとき，そのうちの3個が白球で1個が赤球である確率を求めよ。 ◀テスト必出

304 赤球3個，白球3個，青球3個の計9個から5個の球を取り出すとき，その中に同色の球が3個含まれている確率を求めよ。

305 10人の人がくじ引きで順番をきめて円形に並ぶとき，ある特定の2人が隣り合う確率を求めよ。 ◀テスト必出

例題研究▷ 自然数 1, 2, 3, 4, 5, 6, 7, 8, 9, 10 が1つずつ書いてあるカードが，それぞれ1枚ずつ，合計10枚ある。この中から2枚のカードを取り出す。このとき，次の□にあてはまる数を求めよ。
(1) 2枚のカードに書かれている数の和が10である確率は□である。
(2) 2枚のカードに書かれている数の和が5の倍数である確率は□である。

[着眼] 場合の数を正確に調べればよい。(2)は，和が5, 10, 15の3つの場合がある。

[解き方] 10枚のカードから2枚のカードの取り出し方は ${}_{10}C_2=45$（通り）ある。
(1) 2枚のカードの数の和が10となるのは，(1, 9), (2, 8), (3, 7), (4, 6) の4通りである。
 よって，求める確率は $\dfrac{4}{45}$ ……答
(2) 5の倍数となるのは，2枚のカードの数の和が5, 10, 15のいずれかになる場合である。
 5になるのは，(1, 4), (2, 3) の2通り。
 10になるのは，(1)より4通り。
 15になるのは，(5, 10), (6, 9), (7, 8) の3通り。
 よって，求める確率は $\dfrac{2+4+3}{45}=\dfrac{9}{45}=\dfrac{1}{5}$ ……答

---

306 大小2つのさいころを同時に投げるとき，出た目の数の和が4の倍数となる確率を求めよ。

33 確率の基本性質

◎ テストに出る重要ポイント

- **確率の基本性質**
  ① 任意の事象 A に対して　$0 \leq P(A) \leq 1$
  ② 全事象 U に対して　$P(U)=1$
  ③ 空事象 ϕ に対して　$P(\phi)=0$
- **確率の加法定理**
  ① A，B が互いに排反ならば，その和事象の確率は
  　$P(A \cup B) = P(A) + P(B)$
  ② A，B が互いに排反でないならば，その和事象の確率は
  　$P(A \cup B) = P(A) + P(B) - P(A \cap B)$
- **余事象の確率**
  A の余事象を $\overline{A}$ とすると　$P(\overline{A}) = 1 - P(A)$

基本問題　　　　　　　　　　　　解答 ➡ 別冊 p.54

307 10円硬貨1枚と50円硬貨1枚を同時に投げるとき，表が少なくとも1枚出る確率を求めよ。

308 袋の中に7個の白球と3個の黒球がある。この中から3個取り出したとき，白球が2個以上入っている確率を求めよ。

309 100本のくじの中に，1等が1本，2等が10本，3等が19本ある。このくじを1本引くとき，1等，2等，3等のどれかが当たる確率を求めよ。

310 1個のさいころを投げて，奇数の目か4以下の目が出る確率を求めよ。

311 箱の中に同じ形の白石が5個と黒石が6個入っている。この箱から任意に4個の石を取り出すとき，4個とも同色である確率を求めよ。

33 確率の基本性質

> **例題研究** 20本のくじのうち何本か当たりくじが入っている。このくじを続けて2本引くときに，そのうちの少なくとも1本が当たりくじである確率は $\dfrac{7}{19}$ である。当たりくじは何本あるか。
>
> **[着眼]** 余事象の確率 $P(\overline{A})=1-P(A)$ を利用する。少なくとも1本が当たる事象は，2本ともはずれる事象の余事象である。
>
> **[解き方]** x 本の当たりくじがあるとすると，少なくとも1本が当たる事象は，2本ともはずれる事象の余事象であるから，
> $$1-\dfrac{{}_{20-x}C_2}{{}_{20}C_2}=\dfrac{7}{19} \quad \text{よって} \quad \dfrac{(20-x)(19-x)}{20\cdot 19}=\dfrac{12}{19}$$
> 分母を払って整理すると $(x-4)(x-35)=0$
> $0<x<20$ だから $x=4$　　**答 4本**

312 あるくじでは，当たる確率が 0.16 であるという。このくじで当たらない確率を求めよ。

313 100本のうち10本が当たりであるくじがある。このくじから同時に3本引くとき，次の問いに答えよ。 **テスト必出**
(1) 1本だけ当たる確率を求めよ。
(2) 少なくとも1本当たる確率を求めよ。

314 10円硬貨4枚を同時に投げるとき，少なくとも1枚表が出る確率を求めよ。

315 10円硬貨1枚と50円硬貨1枚と100円硬貨1枚を同時に投げるとき，少なくとも1枚表が出る確率を求めよ。

316 トランプのダイヤのカード13枚の中から，任意に2枚ぬき出すとき，絵札が少なくとも1枚入っている確率を求めよ。
　ガイド 絵札が1枚も入っていない確率を求めて，余事象の確率を考えよ。

応用問題

317 Aが問題を解く確率は $\frac{3}{5}$，Bが問題を解く確率は $\frac{3}{4}$ で，AとBがともに問題を解く確率は $\frac{2}{5}$ であるという。AとBのうち少なくとも一方が問題を解く確率はいくらか。

318 ある製品10個のうちには3個の不良品がある。このうちからでたらめに2個取り出すとき，次の確率を求めよ。
- (1) 2個とも良品である。
- (2) 少なくとも1個は不良品である。

例題研究 2個のさいころを投げたとき，次の確率を求めよ。
(1) 出た目の数の和が9をこえない。　(2) 出た目の数の積が偶数になる。

着眼 事象 A については，A が起こるか A が起こらないかのいずれかであるから，$P(A)+P(\overline{A})=1$ である。$P(A)$ が直接求めにくいときは，$P(\overline{A})$ を求めるとよい。

解き方 全事象 U の要素の総数は $n(U)=6^2=36$ である。
(1) 目の数の和が9をこえない事象 A の余事象 $\overline{A}$ は，目の数の和が10以上である事象である。$\overline{A}=\{(6, 4), (5, 5), (4, 6), (6, 5), (5, 6), (6, 6)\}$ であるから

$n(\overline{A})=6$　　よって　$P(\overline{A})=\frac{6}{36}=\frac{1}{6}$

したがって，求める確率は　$P(A)=1-P(\overline{A})=1-\frac{1}{6}=\frac{5}{6}$ ……**答**

(2) 目の数の積が偶数になる事象 B の余事象 $\overline{B}$ は，目の数の積が奇数になる事象である。目の数の積が奇数になるのは，2つのさいころがともに奇数の目になるときであるから
→ この場合の数の方が簡単にわかる

$n(\overline{B})=3\times 3=9$　　よって　$P(\overline{B})=\frac{9}{36}=\frac{1}{4}$

したがって，求める確率は　$P(B)=1-P(\overline{B})=1-\frac{1}{4}=\frac{3}{4}$ ……**答**

---

319 2個のさいころを投げたとき，異なる数の目が出る確率を求めよ。

320 さいころを4回投げて，1の目が1回以上出る確率を求めよ。ただし，余事象の考え方を用いて求めよ。　**差がつく**

34 確率の計算

★ テストに出る重要ポイント

● **いろいろな事象の起こる確率**…いままでに習った次の事柄などを組み合わせて確率の計算をすることができる。

① 確率の基本性質：$0 \leq P(A) \leq 1$，$P(U)=1$，$P(\phi)=0$

② 確率の加法定理：2つの事象 A，B に対して
$$P(A \cup B) = P(A) + P(B) - P(A \cap B)$$
とくに，A，B が互いに排反であるとき，$P(A \cup B) = P(A) + P(B)$

③ 余事象の確率：$P(\overline{A}) = 1 - P(A)$

④ ド・モルガンの法則：ある試行における2つの事象 A，B に対して
$\overline{A \cap B} = \overline{A} \cup \overline{B}$，$\overline{A \cup B} = \overline{A} \cap \overline{B}$

基本問題　　　　　　　　　　　　　　　　　　　解答 → 別冊 p.56

321 A の袋には白球4個，赤球5個が，B の袋には白球3個，赤球4個が入っている。 ◀テスト必出

(1) A の袋から無作為に2個取り出した場合，その2個が
　(a) 白球2個　　(b) 白球1個，赤球1個　　(c) 赤球2個
となる確率をそれぞれ求めよ。

(2) A の袋から無作為に2個取り出して B の袋に入れ，よくかき混ぜてから B の袋から2個取り出して A の袋にもどす。このとき，A の袋の中の白球，赤球の数がはじめの数と変わらない確率を求めよ。

322 1，2，3，…，9 の9個の数の中からでたらめに2個の数を取り出して和をつくる。このとき，和が2または3の倍数となる確率を求めよ。

323 3人でじゃんけんをするとき，勝負がつく確率を求めよ。

324 1から20までの数を書いたカードから，1枚のカードを取り出すとき，その数が次のようになる確率を求めよ。 ◀テスト必出

(1) 3の倍数である。　　　　　　　(2) 2でも3でも割りきれない。

325 袋の中に等大等質の赤球4個，黄球3個，青球2個が入っている。この袋から無作為に
(1) 1球を取り出すとき，これが赤球である確率を求めよ。
(2) 同時に2球を取り出すとき，2球とも赤球である確率を求めよ。
(3) 同時に2球を取り出すとき，それが赤球と黄球である確率を求めよ。
(4) 同時に2球を取り出すとき，2球とも青球でない確率を求めよ。
(5) 同時に2球を取り出すとき，少なくとも1球は青球である確率を求めよ。

326 袋の中に，1から9までの番号を1つずつ記入した9枚のカードがある。この中から3枚取るとき，その番号の積が偶数である確率を求めよ。

例題研究 袋の中に，1，2，3，4，5の番号をつけた札が5枚ずつある。この中から無作為に5枚の札を取り出すとき，次の問いに答えよ。
(1) 1の番号をつけた札が少なくとも1枚入っている確率を求めよ。
(2) 1，2の番号をつけた札の少なくとも一方が入っている確率を求めよ。

[着眼] この問題のように，「少なくとも」ということばがあるときには，余事象の確率を用いて解く場合が非常に多いことに注意する。

[解き方] 全事象 U の要素の個数は $n(U) = {}_{25}C_5$
(1) 1の番号札が少なくとも1枚入っている事象 A は，1の番号札が1枚も入っていない事象 $\overline{A}$ の余事象である。
2，3，4，5の札各5枚ずつ計20枚の中から5枚取り出す場合の数は $n(\overline{A}) = {}_{20}C_5$
よって $P(\overline{A}) = \dfrac{{}_{20}C_5}{{}_{25}C_5} = \dfrac{2584}{8855}$
ゆえに，求める確率は $P(A) = 1 - P(\overline{A}) = 1 - \dfrac{2584}{8855} = \dfrac{\mathbf{6271}}{\mathbf{8855}}$ ……**答**

(2) 求める事象 B は，1，2の番号札が両方とも入っていない事象 $\overline{B}$ の余事象である。
3，4，5の番号札計15枚の中から5枚取り出す場合の数は $n(\overline{B}) = {}_{15}C_5$
よって $P(\overline{B}) = \dfrac{{}_{15}C_5}{{}_{25}C_5} = \dfrac{13}{230}$
ゆえに，求める確率は $P(B) = 1 - P(\overline{B}) = 1 - \dfrac{13}{230} = \dfrac{\mathbf{217}}{\mathbf{230}}$ ……**答**

---

327 袋の中に赤球6個，黒球4個，白球2個がはいっている。この袋から2個の球を無作為に取り出すとき，取り出された球が異なる色である確率を求めよ。

応用問題　　　　　　　　　　　　　　　　　　　　　　解答 ➡ 別冊 p.58

例題研究　さいころを3個投げるとき，出た目の最大数が他の2つの目の数の和より大きくなる確率を求めよ。

着眼　最大数が 3, 4, 5, 6 の各場合に分けて考える。これらの各場合は互いに排反である。したがって，求める確率はこれらの確率の和になる。

解き方　(i) 最大数が3のとき，他の2数はともに1でなければならない。
　　→ 最大数が 1, 2 のときは条件を満たすことはない

この場合の起こる確率は $\dfrac{3}{6^3} = \dfrac{3}{216}$

(ii) 最大数が4のとき，他の2数は (1, 1), (1, 2) である。

この場合の起こる確率は $\dfrac{3+6}{6^3} = \dfrac{9}{216}$

(iii) 最大数が5のとき，他の2数は (1, 1), (1, 2), (1, 3), (2, 2) である。

この場合の起こる確率は $\dfrac{3+6+6+3}{6^3} = \dfrac{18}{216}$

(iv) 最大数が6のとき，他の2数は (1, 1), (1, 2), (1, 3), (1, 4), (2, 2), (2, 3) である。

この場合の起こる確率は $\dfrac{3+6+6+6+3+6}{6^3} = \dfrac{30}{216}$

この(i)〜(iv)の4つの事象は互いに排反であるから，求める確率は

$\dfrac{3}{216} + \dfrac{9}{216} + \dfrac{18}{216} + \dfrac{30}{216} = \dfrac{60}{216} = \boldsymbol{\dfrac{5}{18}}$　……**答**

328　A, B, C, D, E, F, G, H の8チームで試合をする。試合の方法はトーナメント形式で，その組み合わせは抽選によることにした。　**差がつく**

(1) A, B 両チームが1回戦で当たる確率を求めよ。

(2) 8チームの実力には優劣はないものとして，A, B 両チームが優勝戦で当たる確率を求めよ。

329　3つのさいころを投げるとき，次の事象の確率を求めよ。

(1) 最大値が4である事象

(2) 最小値が2である事象

330　白球5個，赤球4個が入っている袋から2個の球を取り出すとき，少なくとも1個は白球である確率を求めよ。

35 試行の独立と確率

> ★ **テストに出る重要ポイント**
>
> ● **独立な試行**…2つの試行 T_1, T_2 において，それぞれの試行の結果が他の試行の結果と無関係である（影響されない）とき，試行 T_1 と T_2 は**独立である**という。
>
> ● **独立な試行における乗法定理**
> 独立な試行 T_1, T_2 について，試行 T_1 で事象 A_1 が起こり，試行 T_2 で事象 A_2 が起こる確率は $\boldsymbol{P(A_1) \times P(A_2)}$ である。

基本問題 ……………………………………………………… 解答 → 別冊 p.58

331 1つのさいころを2回投げるとき，次の確率を求めよ。 ◀ テスト必出
(1) 2回とも偶数の目が出る確率   (2) 目の積が偶数である確率

332 甲，乙2つの袋があり，甲には赤球5個と白球3個が入っており，乙には赤球3個と白球5個が入っている。いま，甲の袋からは2個の球を取り出し，乙の袋からは1個の球を取り出すとき，3個の球とも赤球である確率を求めよ。

333 3本の当たりくじがはいっている10本のくじがある。いま，このくじを，引いたくじをもとにもどして1本ずつ3回引くとき，3回とも当たる確率を求めよ。

応用問題 ……………………………………………………… 解答 → 別冊 p.59

334 5人の生徒が同じ問題を解こうとしている。それぞれの解く確率を $\dfrac{3}{4}$, $\dfrac{2}{3}$, $\dfrac{1}{2}$, $\dfrac{1}{3}$, $\dfrac{1}{4}$ として，次の問いに答えよ。 ◀ 差がつく
(1) 5人とも解く確率を求めよ。
(2) 少なくとも2人が解く確率を求めよ。

335 ある地方の天気を数年観測した結果，天気の状態を晴，曇，雨として整理したとき，右の表のようになった。表は，たとえば，ある日の天気が雨のとき，その翌日の天気が，晴，曇，雨となる確率がそれぞれ 0.3，0.5，0.2 であることを示している。

翌日＼当日	晴	曇	雨
晴	0.6	0.3	0.1
曇	0.4	0.3	0.3
雨	0.3	0.5	0.2

☐ (1) 5月3日が晴のとき，5月5日の天気の状態の確率はそれぞれいくらか。

☐ (2) ある日から同じ天気が3日間続く確率はいくらか。ただし，最初の日の天気の状態の確率は，晴，曇，雨それぞれ 0.5，0.3，0.2 であるとする。

336 あるゲームでAがBに勝つ確率は 0.4，BがCに勝つ確率は 0.5，CがAに勝つ確率は 0.6 である。ゲームは次の順序で行われるものとする。
第1回戦：AとB
第2回戦：第1回戦の勝者とC
第3回戦：第2回戦の勝者と第1回戦の敗者
第4回戦：第3回戦の勝者と第2回戦の敗者
このとき，次の確率を求めよ。

☐ (1) Bが4連勝する。

☐ (2) Cが3連勝する。

337 ある競技で，2チーム A，B が，続けて試合をして先に3勝した方を勝ちとする約束で勝敗を争うことにした。毎回の試合で，A が勝つ確率は $\frac{1}{3}$，B が勝つ確率は $\frac{2}{3}$，引き分けは起こらないものとする。このとき，A が勝ちとなる確率を求めよ。

338 8チーム A，B，C，D，E，F，G，H がトーナメント形式で試合をする。1，2回戦とも対戦相手は無作為に決めるものとする。また，A チームは他のどのチームにも勝ち，B チームは A チーム以外のどのチームにも勝つものとする。このとき，次の問いに答えよ。引き分け，不戦勝はない。 **差がつく**

☐ (1) 1回戦の組み合わせ方は何通りあるか。

☐ (2) 1回戦でBチームが負ける組み合わせ方は何通りあるか。

☐ (3) Bチームが決勝戦に進出する確率を求めよ。

36 反復試行の確率

★ テストに出る重要ポイント

● 反復試行の確率
① 同じ試行をくり返す試行を**反復試行**または**重複試行**という。
② 反復試行において，1回の試行で事象 A の起こる確率が p，A の起こらない確率が q のとき $(p+q=1)$
　n 回の試行で A が r 回起こる確率は　${}_n C_r p^r q^{n-r}$

基本問題 .... 解答 → 別冊 *p.60*

339 1つのさいころを5回投げるとき，次の問いに答えよ。
(1) 1または2の目が2回出る確率を求めよ。
(2) 1または2の目が3回出る確率を求めよ。
(3) 1または2の目が少なくとも2回出る確率を求めよ。

340 1枚の硬貨を5回投げるとき，次の問いに答えよ。◁ テスト必出
(1) 表が2回出る確率を求めよ。
(2) 表が3回出る確率を求めよ。
(3) 表が少なくとも2回出る確率を求めよ。

341 6個の白球と4個の赤球が入っている袋から1球取り出し，色を調べてもとにもどす。これを5回くり返すとき，ちょうど3回赤球が出る確率を求めよ。

342 1つのさいころを5回投げるとき，次の問いに答えよ。
(1) 奇数の目が3回出る確率を求めよ。
(2) 偶数の目が2回出る確率を求めよ。
(3) 偶数の目が4回以上出る確率を求めよ。
(4) 3の倍数の目が2回以上出る確率を求めよ。
(5) 偶数の目か5以上の目が2回以上出る確率を求めよ。

応用問題

343 1つのさいころを4回投げるとき，次の確率を求めよ
- (1) 1または6の目が少なくとも1回出る確率
- (2) 目の数の和が4になる確率
- (3) 目の数の和が5になる確率
- (4) 目の数の和が6になる確率

344 1つのさいころを続けて3回投げるとき，出る目の数をそれぞれ x, y, z とする。$x+y+z$ が偶数である確率を求めよ。また，x, y, z の少なくとも1つが偶数である確率を求めよ。 ❰差がつく❱

345 1つのさいころを4回投げ，1回目，2回目，3回目，4回目に出た目の数をそれぞれ a, b, c, d で表すとき，次の確率を求めよ。
- (1) $a+b+c+d$ が偶数となる確率
- (2) $abcd$ が偶数となる確率

例題研究　A，Bの2人があるゲームをして，先に3勝した方を優勝とし，ゲームをやめる。1回のゲームでAが勝つ確率は $\dfrac{2}{3}$ で，引き分けはないものとする。このとき，Aが3勝1敗で優勝する確率を求めよ。

着眼　Aが3勝1敗で優勝するのは，3ゲーム目までAの2勝1敗で，4ゲーム目にAが勝つときである。

解き方　3ゲーム目までAの2勝1敗である確率は
$$_3C_2\left(\dfrac{2}{3}\right)^2 \cdot \dfrac{1}{3}$$
4ゲーム目にAが勝つので，求める確率は
$$_3C_2\left(\dfrac{2}{3}\right)^2 \cdot \dfrac{1}{3} \times \dfrac{2}{3} = \dfrac{8}{27} \quad \cdots\cdots\text{答}$$

---

346 上の 例題研究 の問題において，Aが勝つ確率を求めよ。

347 1つのさいころを3回投げて出た目の数の最小値を m とする。
(1) $m \geqq 3$ である確率を求めよ。
(2) $m = 3$ である確率を求めよ。

348 5題のうち3題以上を解けた者を合格にするという試験がある。5題のうち平均3題を解ける学生が，この試験に合格する確率を求めよ。

例題研究 原点Oから出発して，数直線上を動く点Pがある。1個のさいころを投げて，3以上の目が出るとPは $+2$ だけ移動し，2以下の目が出ると -1 だけ移動する。さいころを6回投げたとき，点Pの座標が3である確率を求めよ。

着眼 3以上の目が何回出たのかすぐにはわからないので，x 回出たとして条件を書いてみる。

解き方 3以上の目が x 回出たとすると，Pの座標は $2x-(6-x)$
よって $2x-(6-x)=3$ $3x=9$ $x=3$
したがって $\displaystyle {}_6C_3\left(\frac{2}{3}\right)^3\left(\frac{1}{3}\right)^3 = 20 \times \frac{2^3}{3^6} = \boldsymbol{\frac{160}{729}}$ ……**答**

---

349 1枚の硬貨を投げて，表が出たら10円，裏が出たら5円もらえるとき，この硬貨を10回投げて，もらった金額の合計が60円になる確率を求めよ。

350 右の図のように，東西，南北に通ずる道路がある。各分岐点でさいころを1回投げて，1または6の目が出れば北へ，それ以外の目が出れば東へそれぞれ次の分岐点まで1区画だけ進むものとする。分岐点Xを出発した人が，さいころを6回投げたとき，分岐点Yに到達する確率を求めよ。 **◀差がつく**

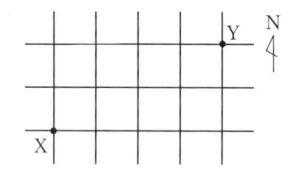

ガイド 東へ4区画，北へ2区画進めばよい。

37 条件付き確率と乗法定理

テストに出る重要ポイント

- **条件付き確率**…事象 A が起こったという条件のもとで事象 B の起こる条件付き確率 $P_A(B)$ は

$$P_A(B) = \frac{P(A \cap B)}{P(A)}$$

- **乗法定理**… $P(A \cap B) = P(A) \cdot P_A(B)$

基本問題 ……… 解答 → 別冊 p.62

351 トランプの絵札 12 枚をよくきってから,2 枚を続けて引くとき,1 枚目のカードがスペードである事象を A,2 枚目のカードがスペードである事象を B とする。このとき,$P_A(B)$ を求めよ。 ◀テスト必出

352 1 個のさいころを投げるとき,目が偶数であるという事象を A,3 の倍数であるという事象を B とするとき,次の確率を求めよ。 ◀テスト必出
(1) $P(A \cap B)$ (2) $P(A \cup B)$ (3) $P_A(B)$

353 袋の中に赤球 5 個と白球 4 個が入っている。袋の中から球をもとにもどさずに 1 個ずつ取り出すとき,次の確率を求めよ。
(1) 1 回目に白球が出て,2 回目に赤球が出る確率
(2) 2 回目に赤球が出る確率

354 ある学校の生徒を調査したところ,音楽が好きな生徒が 80%,体育が好きな生徒が 60%,どちらも好きな生徒が 40% いることがわかった。1 人の生徒を無作為に選んだとき,次の確率を求めよ。
(1) その生徒が音楽が好きであるとわかったとき,体育も好きである確率
(2) その生徒が体育が好きであるとわかったとき,音楽も好きである確率

応用問題

355 10本のくじの中に4本の当たりくじがある。甲，乙，丙の3人がこの順にくじを引くとき，丙の当たる確率を求めよ。（引いたくじはもとにもどさない。） ◀差がつく

例題研究▶ 1つの試行によって起こる2つの事象 A，B に対して，
$P(A)=\dfrac{1}{3}$，$P_B(A)=\dfrac{1}{4}$，$P(\overline{A}\cap\overline{B})=\dfrac{1}{3}$ のとき，$P(B)$ を求めよ。

[着眼] $\overline{A}\cap\overline{B}=\overline{A\cup B}$ であるから，$P(\overline{A}\cap\overline{B})=P(\overline{A\cup B})=1-P(A\cup B)$ である。
$P(A\cup B)=P(A)+P(B)-P(A\cap B)$，$P(A\cap B)=P(B)\cdot P_B(A)$ を用いる。

[解き方] $P(\overline{A}\cap\overline{B})=1-P(A\cup B)=\dfrac{1}{3}$ より $P(A\cup B)=\dfrac{2}{3}$

また $P(A\cup B)=P(A)+P(B)-P(A\cap B)$ ……①
$P(A\cap B)=P(B)\cdot P_B(A)$ ……②

①，②より $P(A\cup B)=P(A)+P(B)-P(B)\cdot P_B(A)$
$\dfrac{2}{3}=\dfrac{1}{3}+P(B)-\dfrac{1}{4}P(B)$ よって $P(B)=\dfrac{4}{9}$ ……**答**

---

356 1つの試行によって起こる2つの事象 A，B に対して，$P(A)=\dfrac{1}{2}$，$P(B)=\dfrac{1}{3}$，$P_A(B)=\dfrac{1}{5}$ のとき，次の確率を求めよ。

(1) $P(A\cup B)$　　(2) $P_B(A)$

357 赤球4個と白球3個の入っている袋から，1個ずつもとにもどさないで2個球を取り出すとき，次の確率を求めよ。

(1) 白球，赤球の順に出る。　　(2) 2個とも白球が出る。

358 大中小3個のさいころを同時に投げて，それらの目の数の和が10になるという事象を A，3個とも偶数の目が出るという事象を B とするとき，次の確率を求めよ。

(1) $P(B)$　　(2) $P_B(A)$

359 同じ製品を製造している A，B 2 つの機械がある。A は全製品の 35%，B は 65% を製造している。また，A の製品の中には 5%，B の製品の中には 3% の不良品が混じっている。
- (1) 1 個の製品を取り出したとき，それが不良品である確率を求めよ。
- (2) 不良品を選んだとき，それが A の機械で製造されたものである確率を求めよ。

360 A，B 2 つの袋があり，A には白球 5 個と赤球 3 個，B には白球 4 個と赤球 4 個が入っている。2 つの袋から任意に 1 つの袋を選び，球を 1 個取り出したところ，白球であった。このとき，A の袋を選んだ確率を求めよ。

361 A の袋には赤球 3 個と白球 2 個，B の袋には赤球 4 個と白球 1 個が入っている。
- (1) A の袋から 1 個の球を取り出して B の袋に入れて，よく混ぜてから，B の袋から 1 個の球を取り出して A の袋にもどすとき，A の袋の赤球が増える確率を求めよ。
- (2) A の袋から同時に 2 個の球を取り出して B の袋に入れて，よく混ぜてから，B の袋から同時に 2 個の球を取り出して A の袋にもどすとき，A の袋の赤球が増える確率を求めよ。

362 A，B 2 つの袋の中に，それぞれ 5 本のくじが入っている。A の袋には当たりくじが 1 本，B の袋には当たりくじが 2 本含まれている。まず，甲が A の袋から 1 本のくじを引く。乙は，甲が当たりくじを引いたときは B の袋から，はずれくじを引いたときは A の袋から 1 本のくじを引く。ただし，甲が引いたくじはもとにもどさないものとする。このとき，次の確率を求めよ。
- (1) 甲だけが当たる確率
- (2) 1 人だけが当たる確率

38 三角形の辺と角の大小

★ テストに出る重要ポイント

● 三角形の辺と角の大小
① 三角形の1辺は他の2辺の和より小さく，差より大きい。
   $|b-c|<a<b+c$
② △ABC において
   AB>AC ならば ∠B<∠C　　∠B<∠C ならば AB>AC
   AB=AC ならば ∠B=∠C　　∠B=∠C ならば AB=AC
   AB<AC ならば ∠B>∠C　　∠B>∠C ならば AB<AC

基本問題　　　　　　　　　　　　　　　　　解答 ➡ 別冊 *p.64*

363 次のような △ABC について，3つの角の大小を調べよ。
(1) AB=3, BC=4, CA=5
(2) ∠A=100°, AB=7, AC=9

364 次の長さの線分を3辺とする三角形が存在するような x の値の範囲を求めよ。◀ テスト必出
(1) x, 3, 7
(2) 7, $2x$, $5-x$

365 右の図において，点 P が線分 CD 上を動くとき，線分の長さの和 AP+PB の最小値とそのときの CP の長さを求めよ。
◀ テスト必出

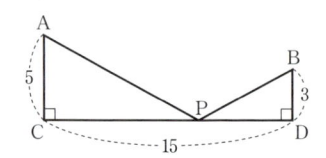

366 △ABC において AC>AB とし，A から BC へ垂線 AD をおろせば，∠DAC>∠DAB，DC>DB であることを証明せよ。

367 △ABC の ∠A の外角の二等分線上の任意の1点を P とすれば，PB+PC>AB+AC であることを証明せよ。

39 角の二等分線と対辺の分割

> ★ **テストに出る重要ポイント**
>
> ● **∠Aの二等分線と比**
> △ABCの∠Aの二等分線と対辺BCとの交点をDとすれば，点DはBCを **AB：AC に内分**する。**BD：DC＝AB：AC**
> △ABCの∠Aの外角の二等分線と対辺BCの延長との交点をEとすれば，点EはBCを **AB：AC に外分**する。**BE：EC＝AB：AC**

基本問題 ……………………………………………………… 解答 → 別冊 p.65

368 次の図の △ABC において，次のものを求めよ。
(1) BD の長さ　　　　　　(2) PQ の長さ

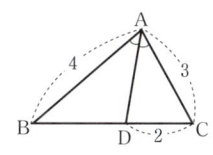

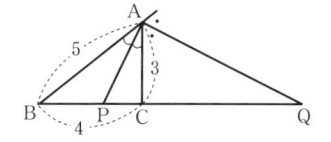

369 △ABC において，∠A の二等分線と BC の交点を D，∠A の外角の二等分線と BC の延長との交点を E とする。AB＝14，BC＝12，CA＝10 のとき，BD，CE の長さを求めよ。

370 右の図において，∠ABF＝∠FBD，∠CAD＝∠DAG のとき，EC，CD の長さを求めよ。

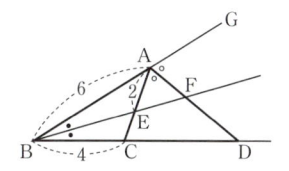

371 AB＝3，AC＝2，BC＝2 の △ABC において，∠A およびその外角の二等分線が，BC およびその延長と交わる点をそれぞれ D，E とするとき，DE の長さを求めよ。

372 △ABC の底辺 BC の中点を D とし，∠ADB および ∠ADC の二等分線が AB，AC と交わる点をそれぞれ E，F とすれば，直線 EF は底辺 BC に平行であることを証明せよ。

40 三角形の重心・外心・内心

テストに出る重要ポイント

- **三角形の重心**…三角形の3つの**中線**は**1点で交わる**。この点を**重心**という。頂点から重心までの長さは，その中線の長さの3分の2に等しい。
- **三角形の外心**…三角形の3辺の**垂直二等分線**は**1点で交わる**。この点を**外心**という。外心から3つの頂点への距離は等しい。
- **三角形の内心**…三角形の3つの**内角の二等分線**は**1点で交わる**。この点を**内心**という。内心から3つの辺への垂線の長さは等しい。
- **三角形の垂心**…三角形の3つの**垂線**は**1点で交わる**。この点を**垂心**という。

基本問題

解答 → 別冊 p.66

373 下の図において，点Oは△ABCの外心である。角 α, β を求めよ。

(1) (2)

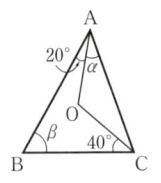

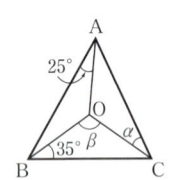

374 下の図において，点Iは△ABCの内心である。角 α, β を求めよ。

(1) (2)

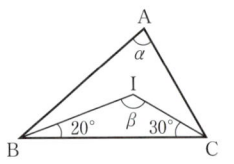

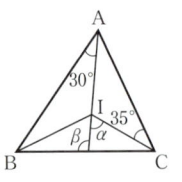

375 △ABCの内心をIとし，直線AIと辺BCの交点をDとする。AB=8，AC=4，BC=6のとき，次のものを求めよ。

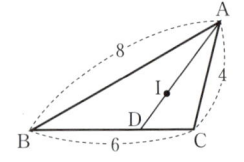

(1) 線分BDの長さ　　(2) AI：ID

376 右の図において，H は △ABC の垂心である。
$\angle A=55°$，$\angle ABC=65°$ のとき，
$\angle BHC$ および $\angle DEB$ を求めよ。

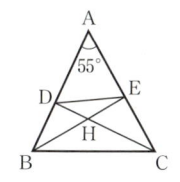

377 △ABC の内心を I とすれば，$\angle BIC=90°+\dfrac{1}{2}\angle A$ であることを証明せよ。

◀ テスト必出

応用問題 ………………………………………… 解答 ➡ 別冊 $p.67$

> **[例題研究]** △ABC の内接円が辺 BC と接する点を D とすると，△ABD の内接円 O と △ACD の内接円 O′ は互いに接することを証明せよ。
>
> [着眼] 円 O，O′ が AD に接する点をそれぞれ P，P′ とし，P，P′ が一致することは AP−AP′=0 であることを示せばよい。
>
> [解き方] BC=a，CA=b，AB=c，AD=d とおき，△ABC の周の長さの半分を s とする。円 O，O′ が AD と接する点をそれぞれ P，P′ とすると
> $$AP=\frac{1}{2}(c+d-BD),\quad AP'=\frac{1}{2}(b+d-CD)$$
> よって $AP-AP'=\dfrac{1}{2}\{(c+CD)-(b+BD)\}$ ……①
> また，△ABC とその内接円より BD=$s-b$，CD=$s-c$ だから
> $b+BD=c+CD=s$ ……②
> ②を①に代入すると $AP-AP'=0$
> したがって，P と P′ は一致する。
> ゆえに，円 O，O′ は P で互いに接する。 〔証明終〕

378 △ABC の内心を I とし，直線 AI が △ABC の外接円と交わる点を D とすれば，DI=DB=DC であることを証明せよ。

379 △ABC の垂心を H とし，直線 AH が辺 BC および外接円と交わる点をそれぞれ D，E とすれば，HD=DE であることを証明せよ。

41 三角形の比の定理

> **テストに出る重要ポイント**
>
> ● **メネラウスの定理**
>   △ABC の 3 辺 AB, BC, CA またはその延長
>   と直線 ℓ がそれぞれ P, Q, R で交わるとき 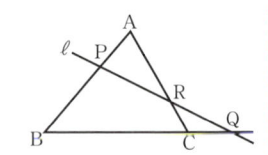
> $$\frac{AP}{PB} \cdot \frac{BQ}{QC} \cdot \frac{CR}{RA} = 1$$
>
> ● **メネラウスの定理の逆**
>   △ABC の 3 辺 AB, BC, CA またはその延長上にそれぞれ点 P, Q, R
>   があり，この 3 点のうち 1 つまたは 3 つが辺の延長上にあるとき
> $\dfrac{AP}{PB} \cdot \dfrac{BQ}{QC} \cdot \dfrac{CR}{RA} = 1$ が成り立てば，3 点 P, Q, R は一直線上にある。
>
> ● **チェバの定理**
>   △ABC の 3 辺 AB, BC, CA 上にそれぞれ点 P, Q, R
>   があり，3 直線 AQ, BR, CP が点 X で交われば 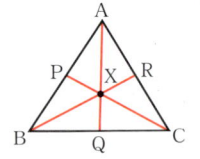
> $$\frac{AP}{PB} \cdot \frac{BQ}{QC} \cdot \frac{CR}{RA} = 1$$
>
> ● **チェバの定理の逆**
>   △ABC の 3 辺 AB, BC, CA 上にそれぞれ点 P, Q, R があり，
> $\dfrac{AP}{PB} \cdot \dfrac{BQ}{QC} \cdot \dfrac{CR}{RA} = 1$ が成り立てば，3 直線 AQ, BR, CP は 1 点で交わる。

基本問題 　　　　　　　　　　　　　　　　　解答 ➡ 別冊 p.67

380 次の図の △ABC において，次の比を求めよ。

☐ (1) AR : CR 　　☐ (2) RA : AC 　　☐ (3) BP : PC

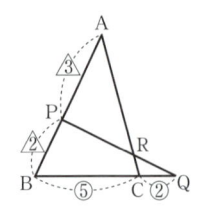

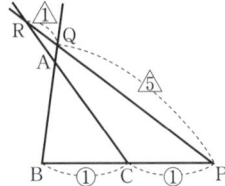

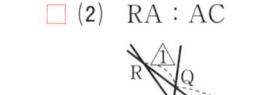

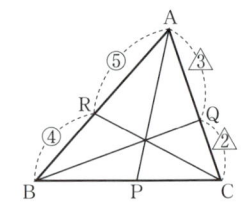

41 三角形の比の定理　**101**

381 右の図の △ABC において，次の比を求めよ． 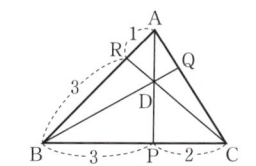
- (1) AQ：QC
- (2) AD：DP
- (3) △BDP：△BDR

382 右の図の △ABC において，次の比を求めよ． 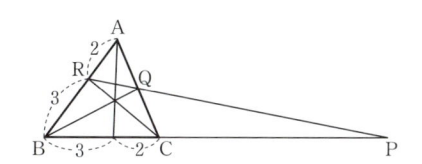
- (1) CQ：QA
- (2) BP：PC
- (3) PQ：QR

383 △ABC において，辺 AB を 4：3 の比に内分する点を D，辺 AC を 2：5 の比に内分する点を E とする．BE，CD の交点を P とするとき，△PBC：△ABC の値を求めよ．

応用問題　　　解答 ⇒ 別冊 *p.68*

384 △ABC で，辺 CA，CB 上にそれぞれ D，E を CD=2AD，EB=2CE であるようにとる．このとき，点 P が線分 DE の中点で，点 F が辺 BC の中点ならば，PF∥AB であることを証明せよ．

385 △ABC の各頂角の外角の二等分線が対辺の延長と交わる点は一直線上にあることを証明せよ．

　📖 *ガイド*　メネラウスの定理の逆により，3点が一直線上にあることを示す．

386 チェバの定理の逆を使って，三角形の頂点から対辺にひいた3つの垂線は1点で交わることを証明せよ．

　📖 *ガイド*　△ABC の 3 つの垂線を AD，BE，CF とすると，∠BEC=∠BFC=90° だから △AFC∽△AEB であり，AF：AE=AC：AB となる．

42 円に内接する四角形

★ テストに出る重要ポイント

◉ **円周角**
① 円周角は同じ弧に対する**中心角の半分**に等しい。
② 同じ円または半径の等しい円において，等しい弧に対する円周角は等しい。逆に，等しい円周角に対する弧は等しい。
③ 直径に対する円周角は直角である。逆に，直角の円周角に対する弦は直径である。
④ 円の中心から弦へひいた垂線は，弦の中点を通る。円の中心と弦の中点を結ぶ線分は，弦に垂直である。

◉ **円に内接する四角形の性質**
① 対角の和は $180°$ である。
② 1つの外角は，それに隣り合う内角の対角に等しい。

◉ **四角形が円に内接する条件**
① 1組の対角の和が $180°$ である四角形は，円に内接する。
② 1つの外角が，それと隣り合う内角の対角に等しい四角形は，円に内接する。

基本問題 …………………………………………………… 解答 → 別冊 *p.69*

387 次の図の ∠x の大きさを求めよ。

(1) (2) 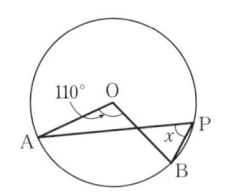 (3)

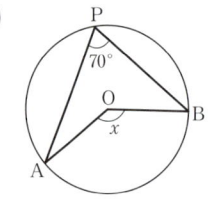

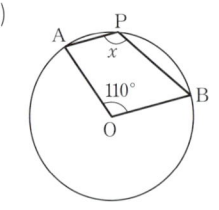

388 円Oの周上に3点 A, B, C をとり，$\stackrel{\frown}{AB} : \stackrel{\frown}{BC} : \stackrel{\frown}{CA} = 2 : 3 : 4$ とするとき，∠ACB の大きさは何度か。 ◀テスト必出

📖 **ガイド** まず，中心角 ∠AOB を求める。全円周を 2+3+4 とすると，弧 AB は 2 となる。

42 円に内接する四角形

例題研究 右の図において、BC は円 O の直径で、∠AOB=76°, ∠DOC=34° である。
(1) ∠ADB の大きさは何度か。
(2) ∠BAD の大きさは何度か。

着眼 円周角は中心角の半分であることが急所である。

解き方 (1) ∠ADB は $\stackrel{\frown}{AB}$ に対する円周角で、$\stackrel{\frown}{AB}$ に対する中心角は 76° である。
よって、∠ADB=76°÷2=**38°** ……**答**
(2) ∠BAD は $\stackrel{\frown}{BCD}$ に対する円周角で、$\stackrel{\frown}{BCD}$ に対する中心角は 180°+34°=214°
よって、∠BAD=214°÷2=**107°** ……**答**

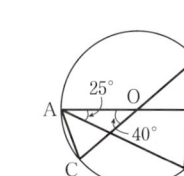

---

389 右の図で、AB と CD は円 O の直径、∠BAE=25°, ∠AOC=40° である。
これについて、次の問いに答えよ。
(1) ∠CDE は何度か。
(2) ∠AED は何度か。

390 △ABC の頂点 B, C からそれぞれ向かい合う辺 AC, AB に垂線をひき、AC, AB との交点を D, E とする。このとき、4点 B, C, D, E は同じ円周上にあることを証明せよ。

391 次の ∠x, ∠y の大きさを求めよ。 **テスト必出**
(1) (2) (3)

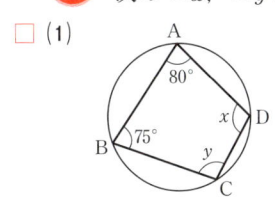

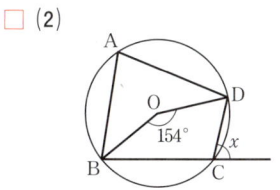

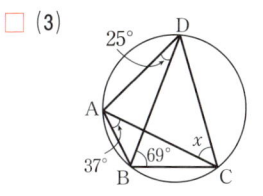

392 円に内接する四角形 ABCD で ∠A, ∠B, ∠C の大きさが、2, 3, 4 の割合であるとき、四角形 ABCD の 4 つの角の大きさを求めよ。

393 円に内接する平行四辺形の 4 つの内角の大きさを求めよ。

394 右の図のように,点Pを通る直線 ℓ_1, ℓ_2 はそれぞれ点A, Bで円Oと接している。
また,点Cは直線ABに関して,点Pと反対側にある円周上の点である。
∠APB＝50°のとき,次のものを求めよ。

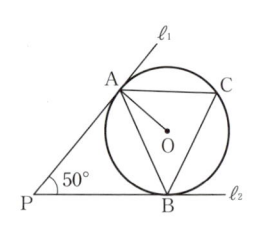

☐ (1) ∠ACB　　　　　　　　　☐ (2) ∠OAB

例題研究 △ABCの∠Cの外角の二等分線と,この三角形の外接円との交点をDとするとき,AD＝BDであることを証明せよ。

着眼 結論から証明のすじ道を予想しよう。結論はAD＝BDで,△ADBが二等辺三角形であるということである。∠DAB＝∠DBAを示せばよいことになる。四角形ABCDが円に内接していることを利用。

解き方 DCは,∠ACBの外角の二等分線だから
　　　∠DCE＝∠DCA　……①
四角形ABCDは円に内接するから
　　　∠DCE＝∠DAB　……②
　　　∠DCA＝∠DBA　……③
①,②,③から,∠DAB＝∠DBA
△ADBが二等辺三角形になるから,AD＝BD　　〔証明終〕

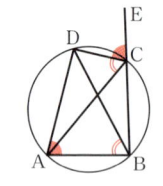

☐ **395** 右の図の円に内接している四角形ABCDで,∠BADの二等分線が円周と交わる点をEとするとき,CEは頂点Cにおける外角∠DCFを2等分することを証明せよ。

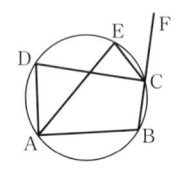

応用問題　　　　　　　　　　　　　　　　　　　　　　　解答 ➡ 別冊 *p.70*

☐ **396** 正三角形ABCの外接円の弧AB, ACの中点をそれぞれM, Nとすると,弦MNはAB, ACによって3等分されることを証明せよ。

43 円と直線

★ テストに出る重要ポイント

◉ 接　線
① 円の接線は接点を通る半径に垂直である。
② 円外の点からこの円にひいた2つの接線の長さは等しい。
③ 弦とその一端を通る接線とのなす角は，その角内にある弧に対する円周角に等しい。逆も成り立つ。

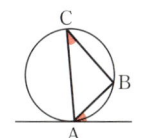

◉ 円に外接する四角形の性質
円に外接する四角形の対辺の和は等しい。
逆に，対辺の和が等しい四角形は円に外接する。

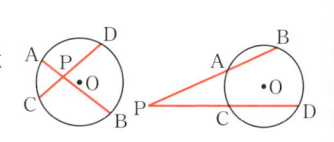

◉ 方べきの定理
① 円の2つの弦 AB，CD の交点，またはそれらの延長の交点を P とすると
$$PA \cdot PB = PC \cdot PD$$
② 円の外部の点 P から円にひいた接線の接点を T とする。
P を通って円と2点 A，B で交わる直線をひくと
$$PA \cdot PB = PT^2$$

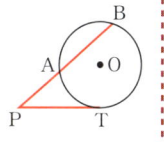

基本問題　　　　　　　　　　　　　　　　　　　　　　解答 ➡ 別冊 *p. 70*

397 円外の1点から，この円にひいた2つの接線の長さは等しいことを証明せよ。

398 右の図において，PA，PB，DE はそれぞれ A，B，C を接点とする円 O の接線である。PA=15 であるとき，△DPE の周の長さを求めよ。

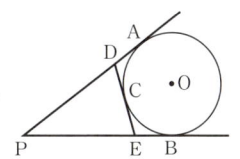

399 円に外接する四角形の2組の対辺の長さの和は等しいことを証明せよ。

400 円に外接する平行四辺形はどんな四角形か。

第6章 図形の性質

例題研究 右の図で,四角形 ABCD は円 O に内接し,TT′ は接点を A とする円 O の接線である。四角形 ABCD の4つの内角を求めよ。

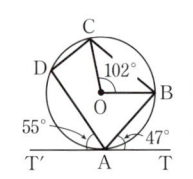

着眼 円周角の定理,接線と弦のつくる角の定理を利用する。

解き方 A と C を結ぶと, ∠ACB＝∠BAT＝$47°$
  ∠ACD＝∠DAT′＝$55°$
よって,∠C＝∠ACB＋∠ACD＝$47°+55°=102°$
B と D を結ぶと, ∠ADB＝∠BAT＝$47°$, ∠BDC＝$\frac{1}{2}$∠BOC＝$51°$
よって,∠D＝∠ADB＋∠BDC＝$47°+51°=98°$
∠A を求めると ∠A＝$180°-∠C=180°-102°=78°$
∠B を求めると ∠B＝$180°-∠D=180°-98°=82°$

答 **∠A＝$78°$, ∠B＝$82°$, ∠C＝$102°$, ∠D＝$98°$**

---

401 次の図の ∠x および ∠y の大きさを求めよ。ただし,直線 AT は A を接点とする接線である。 **テスト必出**

(1) (2) (3)

---

402 円 O の半径に等しい長さの弦 AB をとり,半径 OB の延長上に点 C をとり,BC=OB とする。このとき,A と C を結べば AC はこの円の接線となることを証明せよ。

---

403 次の図で x, y, z の値を求めよ。 **テスト必出**

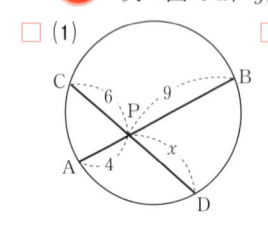

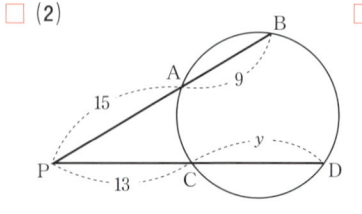

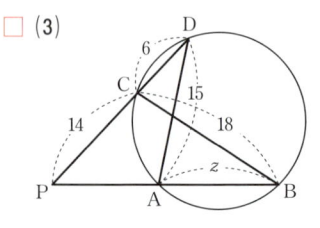

(1) (2) (3)

43 円と直線

404 下の図において，x の値を求めよ。

(1) (2)

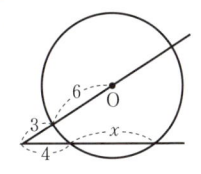

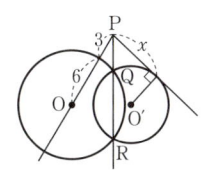

405 直径 a の円 O の周上の点 T から，長さ b の接線 PT をひく。線分 PO と円 O の交点を A とすれば，PA の長さ x は，2次方程式 $x^2+ax-b^2=0$ の解であることを示せ。

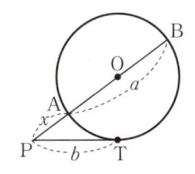

406 右の図で，円 O の半径は 6，弦 AB の長さは 6，CD：DB＝2：1 である。このとき，次のものを求めよ。
(1) ∠E 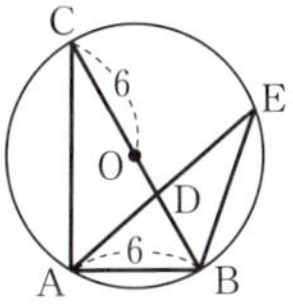
(2) 線分 AD の長さ
(3) 線分 AE の長さ

407 △ABC の内部に点 P があり，∠PAB＝∠PBC，∠PAC＝∠PCB ならば，直線 AP は辺 BC の中点を通ることを証明せよ。

応用問題　　　　　　　　　　　　　　　　　　　　　解答 ➡ 別冊 p.72

例題研究▷ 円の弧 BC の中点 A より2つの弦 AD，AE をひき，弦 BC との交点を F，G とすれば，D，E，F，G は同一円周上にあることを証明せよ。

〔着眼〕 4点 D，E，F，G が同一円周上にあることをいうには，AF・AD＝AG・AE になることをいえばよい。

〔解き方〕 A は弧 BC の中点より $\overparen{AB}=\overparen{AC}$ だから
　　AB＝AC ……①　　∠ABC＝∠ACB ……②
また，∠BDA＝∠ACB ……③　（AB に対する円周角）
②，③より　∠BDA＝∠ABC
したがって，AB は △BDF の外接円の接線であるから
　　　　$AB^2=AF \cdot AD$ ……④
同様にして　$AC^2=AG \cdot AE$ ……⑤　①，④，⑤より　AF・AD＝AG・AE
よって，方べきの定理の逆より，D，E，F，G は同一円周上にある。〔証明終〕

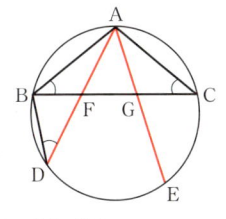

408 半円の直径を AB，弦 AC，BD の交点を E とすれば AE・AC＋BE・BD＝AB^2 であることを証明せよ。

44　2円の位置関係

★ テストに出る重要ポイント

- **2円の位置関係**…2つの円の半径を r, r', 中心間の距離を d とすると, 次の5通りある。
  - (1) 互いに外部にある　$d > r + r'$
  - (2) 外接する　$d = r + r'$
  - (3) 2点で交わる　$|r - r'| < d < r + r'$
  - (4) 内接する　$d = |r - r'|$
  - (5) 一方が他方を含む　$d < |r - r'|$

  注 交わる2つの円の中心線 OO′ は, 共通弦を垂直に2等分する。
  　接するとき, 接点 P, O, O′ は一直線上にある。

- **共通接線**…1本の直線が2つの円の両方に接する接線である。
  - (1) **共通外接線**の長さ
    $$TT' = O'H = \sqrt{d^2 - (r - r')^2}$$
  - (2) **共通内接線**の長さ
    $$TT' = O'H = \sqrt{d^2 - (r + r')^2}$$

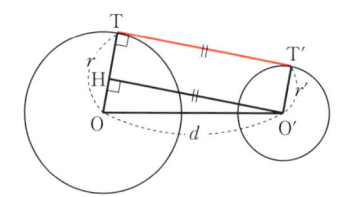

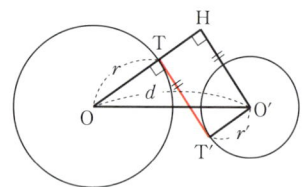

- **2円の弦の平行**…2円 O, O′ が2点 A, B で交わるとき, A を通る任意の直線が円 O, O′ と交わる点を P, P′ とし, B を通る任意の直線が円 O, O′ と交わる点を Q, Q′ とすれば, PQ∥P′Q′ となる。

基本問題　　　　　　　　　　　　　　　　　　　　解答 → 別冊 p.72

409 半径が 12cm と 7cm の2つの円の中心間の距離が次のとき, 2つの円の位置関係をいえ。 ◀テスト必出

- (1) 5cm
- (2) 7cm
- (3) 19cm
- (4) 20cm

410 2つの円 O, O′ の半径をそれぞれ r, r', 中心間の距離を d とするとき, 次の場合の共通外接線と共通内接線の本数を求めよ。 ◀テスト必出

- (1) $r = 13$cm, $r' = 5$cm, $d = 10$cm
- (2) $r = 6$cm, $r' = 3$cm, $d = 9$cm

411 右の図において、直線 ℓ_1 は点 A, C で, 直線 ℓ_2 は点 B, D でそれぞれ円 O, O′ に接し, ℓ_1 と ℓ_2 は E で交わっている。円 O の半径は 15, 円 O′ の半径は 9, 中心間の距離 OO′ は 30 である。次の線分の長さを求めよ。

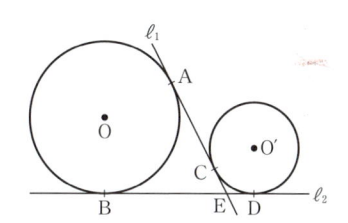

☐ (1) AC　　　☐ (2) BD　　　☐ (3) CE

例題研究▶ △ABC で AB=7cm, BC=8cm, CA=9cm とする。A, B, C を中心として 3 つの円をかき, 2 つずつ外接するようにしたい。各円の半径を求めよ。

[着眼] 2 円が接するとき、中心線は接点を通る。

[解き方] 2 つずつ外接する円の接点を図のように P, Q, R とすると, P, Q, R はそれぞれ中心線 AB, BC, CA 上にある。円 A, 円 B, 円 C の半径をそれぞれ x cm, y cm, z cm とすると
　　AB=$x+y$=7　……①
　　BC=$y+z$=8　……②
　　CA=$z+x$=9　……③
これを解けばよい。
③-② より　$x-y$=1　……④
①+④ より　$2x$=8　よって　x=4
x=4 を①に代入して　$4+y$=7　よって　y=3
x=4 を③に代入して　$z+4$=9　よって　z=5
　[答] 円 A の半径は 4cm, 円 B の半径は 3cm, 円 C の半径は 5cm

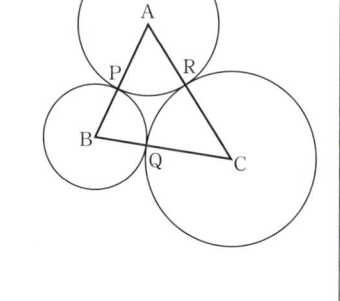

☐ **412** A, B, C を中心とする 3 つの円 A, B, C が互いに外接している。これらの円の半径の比が 1:2:3 であるとき, AB:BC:CA を求めよ。

45 作図

✪ テストに出る重要ポイント

○ **作図**…定規とコンパスだけを用いて，与えられた条件を満たす図形をかくことを**作図**という。すなわち作図では，
・与えられた2点を通る直線を引くこと
・与えられた点を中心として，与えられた半径の円をかくこと
だけにより，条件を満たす図形をかく。

基本問題 ……………………………… 解答 ➡ 別冊 p.72

413 次の図形を作図せよ。
(1) 与えられた線分 AB の垂直二等分線
(2) 与えられた角 ∠AOB の二等分線
(3) 与えられた点 A を通り，与えられた直線 ℓ に垂直な直線
(4) 与えられた点 A を通り，与えられた直線 ℓ に平行な直線
(5) 与えられた半直線 OA と，与えられた角 ∠XO'Y と等しい角をなす半直線

414 与えられた線分 AB について，次の点を作図せよ。 〈テスト必出〉
(1) 線分 AB を 1:2 に内分する点
(2) 線分 AB を 5:1 に外分する点

415 与えられた三角形 ABC の外心を作図せよ。

416 長さ1の線分と，長さ a の線分が与えられたとき，長さ $\sqrt{a}$ の線分を作図せよ。

応用問題 ……………………………… 解答 ➡ 別冊 p.74

417 与えられた三角形 ABC の内接円を作図せよ。

418 与えられた円 O の周上の点 A における接線を作図せよ。

419 与えられた長方形と等しい面積をもつ正方形を作図せよ。 〈差がつく〉

46 空間図形

❖ テストに出る重要ポイント

● 2直線の位置関係
(1) 交わる　　(2) 平行　　(3) ねじれの位置

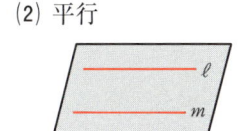

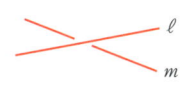

● 直線と平面の位置関係
(1) 交わる　　(2) 平行　　(3) 直線が平面に含まれる

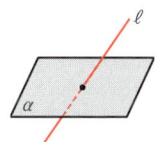

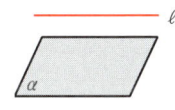

● 2平面の位置関係
(1) 交わる　　(2) 平行

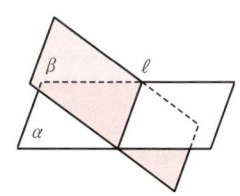

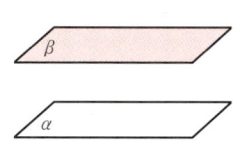

● 三垂線の定理
平面 α 上の直線を ℓ, α 上にない点を P, ℓ 上の点を Q, α 上にあって ℓ 上にない点を O とするとき
(1) $PQ \perp \ell$, $OQ \perp \ell$, $PO \perp OQ \Rightarrow PO \perp \alpha$
(2) $PO \perp \alpha$, $OQ \perp \ell \Rightarrow PQ \perp \ell$
(3) $PO \perp \alpha$, $PQ \perp \ell \Rightarrow OQ \perp \ell$

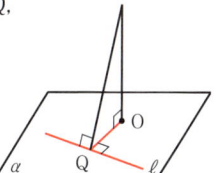

● 正多面体
…各面が合同な正多角形で，各頂点に集まる面の数がすべて等しい凸多面体を**正多面体**という。正多面体は次の5種類しかない。
　・正四面体　・正六面体　・正八面体　・正十二面体　・正二十面体

● オイラーの多面体定理
…凸多面体の頂点，辺，面の数をそれぞれ v, e, f とすると，$v - e + f = 2$ が成り立つ。

基本問題

420 直方体 ABCD-EFGH において，次の問いに答えよ。
(1) 辺 AD と平行な辺をすべて答えよ。
(2) 線分 AC とねじれの位置にある辺をすべて答えよ。
(3) 辺 AE と垂直な面をすべて答えよ。
(4) 面 ABCD と平行な辺をすべて答えよ。
(5) 平行な位置関係にある面は何組あるか。

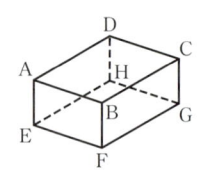

421 1辺の長さが9の正八面体がある。次の問いに答えよ。
(1) 正八面体の体積を求めよ。
(2) 正八面体に内接する球の半径を求めよ。

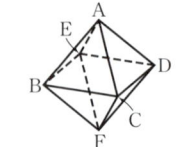

422 多面体の面の数を f，辺の数を e とする。すべての面が三角形である多面体では $2e=3f$ が成り立つことを示せ。

応用問題

423 1辺の長さが4の正六面体の各面の対角線の交点を頂点とする正八面体の1辺の長さを求めよ。また，その体積を求めよ。

424 正多面体について，次の問いに答えよ。
(1) 正多面体の各面の正多角形は，正三角形，正四角形，正五角形のいずれかでなければならないことを示せ。
(2) 正多面体の各面が正三角形の場合，1つの頂点に集まる正三角形の個数は，3，4，5のいずれかであることを示せ。
(3) (2)で1つの頂点に集まる正三角形の個数が3，4，5のそれぞれの場合について，正多面体の形はどうなるか。

425 各頂点に集まる面の数が3で，各面が五角形か六角形でできている凸多面体において，五角形の面の数はいくつか。

47 約数と倍数

★ テストに出る重要ポイント

- **約数と倍数**…2つの整数 a, b について，ある整数 k を用いて $a=bk$ と表されるとき，b を a の**約数**といい，a は b の**倍数**であるという。特に，0 はすべての数の倍数であり，1 はすべての数の約数である。

- **倍数の判定法**
  2 の倍数 $\Leftrightarrow$ 一の位の数が偶数
  3 の倍数 $\Leftrightarrow$ 各位の数の和が3の倍数
  4 の倍数 $\Leftrightarrow$ 下2桁が4の倍数または00
  5 の倍数 $\Leftrightarrow$ 一の位の数が0または5
  8 の倍数 $\Leftrightarrow$ 下3桁が8の倍数または000
  9 の倍数 $\Leftrightarrow$ 各位の数の和が9の倍数

- **素数**…2以上の自然数で，1とその数以外に正の約数をもたない数。2以上の自然数で，素数でないものを**合成数**という。

- **素因数分解**…整数がいくつかの整数の積で表されるとき，積を作る1つ1つの整数を**因数**という。素数である因数を**素因数**という。自然数を素数だけの積の形に表すことを**素因数分解**という。任意の自然数の素因数分解は，積の順序の違いを除けばただ1通りである。（**素因数分解の一意性**）

- **約数の個数**…自然数 n が，$n=p^a q^b r^c$ と素因数分解されていれば，その正の約数の個数は $(a+1)(b+1)(c+1)$

基本問題 …………………………………………………… 解答 → 別冊 p.76

426 次の問いに答えよ。
- (1) 18 の正の約数をすべて求めよ。
- (2) 72 の正の約数はいくつあるか。

427 a, b, c は整数とする。
- (1) a と b が5の倍数ならば，$2a+3b$ は5の倍数であることを証明せよ。
- (2) b が a の倍数であり，c が b の倍数であるならば，c は a の倍数であることを証明せよ。

428 次の問いに答えよ。
- (1) 5桁の整数 34□52 が 9 の倍数であるとき，□にはいる数を求めよ。
- (2) 3桁の整数 73□ が 4 の倍数であるとき，□にはいる数をすべて求めよ。

429 次の問いに答えよ。 テスト必出
- (1) 500 の正の約数の個数を求めよ。
- (2) 500 の正の約数の総和を求めよ。

430 次の問いに答えよ。
- (1) 24 の倍数で，正の約数が 10 個である自然数を求めよ。
- (2) 100 以下の自然数で，正の約数の個数が 12 個であるものを求めよ。

431 次の問いに答えよ。
- (1) $\sqrt{\dfrac{600}{n}}$ が自然数となるような自然数 n を求めよ。
- (2) $\sqrt{7875n}$ が自然数となる 100 以下の自然数 n を求めよ。

応用問題 ……………………………………… 解答 → 別冊 p.77

432 $n^2-8n+15$ が素数となる自然数 n を求めよ。

433 50! を素因数分解したときの素因数 2 の指数を求めよ。 差がつく

434 正の約数の個数が 28 個である最小の正の整数を求めよ。

435 5桁の自然数 $abcba$ が 11 で割り切れるための必要十分条件は，$2a-2b+c$ が 11 で割り切れることであることを示せ。

48 最大公約数と最小公倍数

✪ テストに出る重要ポイント

- **最大公約数と最小公倍数**…2つ以上の整数に共通な約数を，それらの整数の**公約数**といい，公約数のうち最大のものを**最大公約数**という。また，2つ以上の整数に共通な倍数を，それらの整数の**公倍数**といい，公倍数のうち正で最小のものを**最小公倍数**という。

  任意の公倍数は，最小公倍数の倍数であり，任意の公約数は，最大公約数の約数である。

- **互いに素**…2つの整数 a, b の最大公約数が1のとき，a と b は**互いに素**であるという。

- **互いに素な数の性質**…2つの整数 a, b が互いに素で，a が bc を割り切るならば，a は c を割り切る。

- **最大公約数，最小公倍数の性質**…2つの自然数 a, b の最大公約数を g，最小公倍数を l として，$a=ga'$, $b=gb'$ であるとする。このとき次の性質が成り立つ。
  ① a' と b' は互いに素
  ② $l=ga'b'$
  ③ $ab=gl$

基本問題　　　　　　　　　　　　　　　　　　　解答 ➡ 別冊 p.77

436 次の数の組の最大公約数と最小公倍数を求めよ。
(1) 180, 600
(2) 90, 150, 392

437 自然数 n と84の最小公倍数が504であるという。n を求めよ。 ◀テスト必出

438 n を整数とする。$n+2$ が5の倍数かつ $n+3$ が7の倍数ならば，$n+17$ は35の倍数であることを示せ。

439 n を整数とする。n と $n+1$ が互いに素であることを示せ。

440 次の各問いについて，条件を満たす自然数の組 (a, b) $(a<b)$ をすべて求めよ。
- (1) 最大公約数が 6，最小公倍数が 252
- (2) 最大公約数が 14，最小公倍数が 1176

441 次の問いに答えよ。◀テスト必出
- (1) 2つの分数 $\dfrac{25}{8}$, $\dfrac{35}{18}$ のどちらに掛けても積が自然数となるような分数のうち，最小のものを求めよ。
- (2) 3つの分数 $\dfrac{21}{8}$, $\dfrac{15}{14}$, $\dfrac{6}{49}$ のどれに掛けても積が自然数となるような分数のうち，最小のものを求めよ。

442 2つの自然数 a, b が互いに素であるとき，$7a+8b$ と $6a+7b$ も互いに素であることを示せ。◀テスト必出

応用問題 ………………………………………………… 解答 ➡ 別冊 $p.78$

443 2つの整数 a, b に対して，次の命題を証明せよ。
- (1) a, b が互いに素ならば，$a+b$, ab は互いに素
- (2) $a+b$, ab が互いに素ならば，a, b は互いに素

444 自然数 m, n $(m \geqq n > 0)$ がある。$m+n$ と $m+4n$ の最大公約数が 3 で，最小公倍数が $4m+16n$ であるという。このような m, n をすべて求めよ。

49 整数の割り算と商および余り

★ テストに出る重要ポイント

- **割り算の原理**…整数 a と正の整数 b に対して，
  $$a = bq + r \quad (0 \leq r < b)$$
  を満たす整数 q, r がただ 1 通りに決まる。このとき，q を a を b で割ったときの**商**，r を**余り**という。$r=0$ のとき，a は b で**割り切れる**という。

- **余りによる分類**…任意の整数 n は，正の整数 m で割ったときの余り 0, 1, 2, …, $m-1$ により，m 個の類に分類される。

- **連続整数の積**
  ① 連続する 2 つの整数の積は 2 の倍数である。
  ② 連続する 3 つの整数の積は 6 の倍数である。

- **合同式**…自然数 m を固定する。このとき，任意の整数 a, b について，$a-b$ が m の倍数であるとき，a と b は m を**法**として**合同**であるといい，$a \equiv b \pmod{m}$ と表す。次のことが成り立つ。
  ① $a \equiv a \pmod{m}$
  ② $a \equiv b \pmod{m}$ ならば，$b \equiv a \pmod{m}$
  ③ $a \equiv b \pmod{m}$, $b \equiv c \pmod{m}$ ならば，$a \equiv c \pmod{m}$

- **合同式の性質**…$a \equiv b \pmod{m}$, $c \equiv d \pmod{m}$ のとき，次のことが成り立つ。
  ① $a+c \equiv b+d \pmod{m}$
  ② $a-c \equiv b-d \pmod{m}$
  ③ $ac \equiv bd \pmod{m}$
  ④ 自然数 n に対し，$a^n \equiv b^n \pmod{m}$

基本問題　　　　　　　　　　　　　　　　　　　　　　　解答 ➡ 別冊 p.79

445 次の a, b について，a を b で割ったときの商と余りを求めよ。
(1) $a=23$, $b=4$
(2) $a=93$, $b=7$
(3) $a=-65$, $b=6$
(4) $a=-87$, $b=5$

446 a, b は整数で，a を 7 で割ると 3 余り，b を 7 で割ると 5 余る。次の数を 7 で割った余りを求めよ。 ◀テスト必出
- (1) $a-b$
- (2) $2a+b$
- (3) $2a-3b$
- (4) a^2+b^2

447 次のことを証明せよ。 ◀テスト必出
- (1) 奇数の 2 乗を 4 で割ると 1 余る。
- (2) 連続する 2 つの偶数の 3 乗の差は 8 の倍数であるが，16 の倍数ではない。

448 n を整数とする。次のことを証明せよ。
n が 3 の倍数でないなら，n^2+2 は 3 の倍数である。

449 n を整数とする。次のことを証明せよ。
- (1) n^2+7n+2 は偶数である。
- (2) n^3-7n は 6 の倍数である。

応用問題 ……………………………………………………… 解答 ➡ 別冊 $p.80$

450 n を整数とする。次のことを証明せよ。 ◀差がつく
- (1) n が奇数のとき，n^2-1 は 8 の倍数である。
- (2) n^2+2 は 4 の倍数でない。

451 任意の自然数 n に対し，$28n+5$ と $21n+4$ は互いに素であることを証明せよ。

452 正の整数 a, b, c, d が等式 $a^2+b^2+c^2=d^2$ を満たすとき，d が 3 の倍数でないならば，a, b, c の中に，3 の倍数がちょうど 2 つあることを示せ。

453 合同式を用いて，次のものを求めよ。
- (1) 22^{100} を 7 で割った余り
- (2) 2^{2011} を 5 で割った余り
- (3) 3^{100} を 13 で割った余り
- (4) 37^{100} の一の位の数
- (5) 7^{200} の下 2 桁

454 n が自然数のとき，$2^{4n}-1$ は 15 の倍数であることを示せ。

455 次の数を 8 で割り，余りを求めよ。ただし，n は自然数である。
- (1) 3^{2n}
- (2) $3^{2n-1}+1$
- (3) 3^n

456
- (1) n を整数とする。n を 5 で割った余りが 3 であるとき，n^2 を 5 で割った余りを求めよ。
- (2) p を整数とする。方程式 $x^2+4x-5p+2=0$ を満足する整数 x は存在しないことを証明せよ。

457
- (1) n を自然数とする。このとき，n^2 を 4 で割った余りは 0 または 1 であることを証明せよ。
- (2) 3 つの自然数 a，b，c が $a^2+b^2=c^2$ を満たしている。このとき，a，b の少なくとも一方は偶数であることを証明せよ。

458 a，b，c は $a^2-3b^2=c^2$ を満たす整数とするとき，次のことを証明せよ。
- (1) a，b の少なくとも一方は偶数である。
- (2) a，b がともに偶数なら，少なくとも一方は 4 の倍数である。
- (3) a が奇数なら，b は 4 の倍数である。

50 ユークリッドの互除法

★ テストに出る重要ポイント

- **ユークリッドの互除法の原理**…a, b を 2 つの自然数とし，a を b で割ったときの商を q, 余りを r とすると，$a=bq+r$, $0\leq r<b$ であり，
  $r\neq 0$ ならば，a と b の最大公約数は，b と r の最大公約数に等しい。
  $r=0$ ならば，a と b の最大公約数は b である。
- **最大公約数と不定方程式**…整数 a, b の最大公約数を d とするとき，$ax+by=c$ を満たす整数 x, y が存在するための必要十分条件は，c が d の倍数であることである。

基本問題　　　　　　　　　　　　　　　　　　　解答 ➡ 別冊 *p.81*

459 次の 2 つの整数の最大公約数を，ユークリッドの互除法を用いて求めよ。
- (1) 187, 143
- (2) 238, 182
- (3) 1374, 288
- (4) 1734, 612

460 次の等式を満たす整数 x, y の組を 1 つ見つけよ。
- (1) $112x+51y=1$
- (2) $231x+39y=3$
- (3) $429x+207y=3$
- (4) $1001x+522y=1$

461 次の方程式の整数解をすべて求めよ。
- (1) $5x+7y=1$
- (2) $7x-3y=1$
- (3) $11x+13y=1$
- (4) $6x-7y=3$

462 $3n+14$ と $4n+17$ の最大公約数が 5 となるような 20 以下の自然数 n をすべて求めよ。

応用問題

463 次の問いに答えよ。
- (1) $7n+18$ と $8n+20$ が互いに素となるような 100 以下の自然数 n は何個あるか。
- (2) $6n+18$ と $5n+16$ が互いに素となるような 100 以下の自然数 n は何個あるか。
- (3) $5n+19$ と $4n+18$ の最大公約数が 7 となる 100 以下の自然数 n は何個あるか。

464 n^2+4n+9 と $n+3$ の最大公約数として考えられる数をすべて求めよ。

465 次の方程式の自然数解をすべて求めよ。 **差がつく**
- (1) $3x+2y=15$
- (2) $3x+4y=36$
- (3) $4x+5y=50$
- (4) $3x+2y+5z=20$

466 次の問いに答えよ。 **差がつく**
- (1) 5 で割ると 4 余り，7 で割ると 2 余る自然数のうち，2 桁で最大のものを求めよ。
- (2) 3 で割ると 2 余り，5 で割ると 1 余り，7 で割ると 6 余る自然数のうち，3 桁で最小のものを求めよ。

467 $x,\ y$ についての 1 次不定方程式 $9x+11y=n$ が，ちょうど 10 個の負でない整数解をもつような自然数 n のうち，最小のものを求めよ。

第7章 整数の性質

例題研究▷ 整数全体の集合を A とする。A の部分集合 M を
$M=\{6x+9y\,|\,x\in A,\ y\in A\}$ と定める。次の問いに答えよ。
(1) $a\in M$, $b\in M$ のとき，$a+b\in M$ であることを示せ。
(2) $k\in A$, $a\in M$ のとき，$ka\in M$ であることを示せ。
(3) d を M の要素の中で正の最小の数とする。このとき，$d=3$ であることを示せ。
(4) M は 3 の倍数全体の集合になることを示せ。

[着眼] M の正の最小の要素がもつ性質に着目する。余りが 0 以上で割る数より小さいことを用いる。

[解き方] (1) $a=6x_1+9y_1$, $b=6x_2+9y_2$ ($x_1\in A$, $x_2\in A$, $y_1\in A$, $y_2\in A$) とすると
$a+b=6(x_1+x_2)+9(y_1+y_2)$　$x_1+x_2\in A$, $y_1+y_2\in A$ だから　$a+b\in M$
(2) $ka=6(kx_1)+9(ky_1)$　$kx_1\in A$, $ky_1\in A$ だから　$ka\in M$
(3) 6 を d で割った商を q，余りを r とすると，$6=dq+r$, $0\leq r<d$ である。
$x=1$, $y=0$ とすれば $6\in M$ だから，$r=6-dq$ より　$r\in M$
d は M に含まれる正の最小の数だから　$r=0$
すなわち，d は 6 の約数。同様に，9 の約数となる。よって，6 と 9 の最大公約数 3 の約数。また，$d=6x+9y=3(2x+3y)$ となる整数 x, y があるので，3 の倍数である。
したがって，$d=3$ である。
(4) c を M の任意の要素とし，$x_0\in A$, $y_0\in A$ とすると，$c=6x_0+9y_0=3(2x_0+3y_0)$ より，c は 3 の倍数。逆に(3)より，3 は M の要素であるから，(2)より，3 の倍数はすべて M の要素。よって，M は 3 の倍数全体の集合。

468 整数全体の集合を A とする。A の部分集合 M を
$M=\{12x+18y\,|\,x\in A,\ y\in A\}$ と定める。次の問いに答えよ。
□(1) $a\in M$, $b\in M$ のとき，$a+b\in M$ であることを示せ。
□(2) $k\in A$, $a\in M$ のとき，$ka\in M$ であることを示せ。
□(3) d を M の要素の中で正の最小の数とする。d を求めよ。
□(4) M は d の倍数全体の集合になることを示せ。

469 a, b は 0 でない整数の定数とし，$ax+by$（x, y は整数）の形の数全体の集合を M とする。M に属する最小の正の整数を d とするとき，
□(1) M の要素はすべて d で割り切れることを示せ。
□(2) d は a, b の最大公約数であることを示せ。
□(3) a, b が互いに素な整数のときは，$as+bt=1$ となるような整数 s, t が存在することを示せ。

51 整数の性質の応用

★ テストに出る重要ポイント

- **n 進法**…2 以上の自然数 n を位取りの基礎として数を表す方法を **n 進法**といい，n 進法で表された数を **n 進数**という。n 進数の各位の数は 0 以上 $n-1$ 以下の整数である。n 進数では，その数の右下に $_{(n)}$ と書く。
  例　$212_{(3)} = 2 \cdot 3^2 + 1 \cdot 3^1 + 2 \cdot 3^0$

- **n 進法の小数**…n 進法では，小数点以下の位は $\frac{1}{n^1}$ の位，$\frac{1}{n^2}$ の位，$\frac{1}{n^3}$ の位，…となる。

- **2 進数の四則計算**…2 進数の四則計算では次の計算を基本に行う。
  足し算　$0+0=0$，$0+1=1$，$1+0=1$，$1+1=10$
  掛け算　$0 \times 0=0$，$0 \times 1=0$，$1 \times 0=0$，$1 \times 1=1$

- **分数と小数**…小数には，小数部分が小数第何位かで終わる**有限小数**と，**無限小数**がある。無限小数のうち，いくつかの数字の配列がくり返されるものを**循環小数**という。

- **有限小数と循環小数**…有理数を小数で表すと，有限小数または循環小数となる。既約分数が有限小数になる必要十分条件は，分母の素因数が 2 と 5 だけであることである。

基本問題　　　　　　　　　　　　　　　　　　解答 → 別冊 p.85

470 次の(ア)〜(ウ)で示した数を 10 進法で表せ。　テスト必出
- (ア)　$10111_{(2)}$
- (イ)　$3401_{(5)}$
- (ウ)　$265_{(8)}$

471 次の 10 進数を [ ] 内の表し方で表せ。　テスト必出
- (ア)　54 [2 進法]
- (イ)　563 [3 進法]

応用問題

472 次の問いに答えよ。
(1) 次の(ア), (イ)で示した数を 10 進法の小数で表せ。
(ア) $0.1011_{(2)}$　　　(イ) $0.3401_{(5)}$
(2) 次の10進数を [　] 内の表し方で表せ。
(ア) 0.632 [5 進法]　　　(イ) 0.8125 [2 進法]

473 次の計算の結果を, 2 進数で表せ。
(1) $10101_{(2)}+11011_{(2)}$　　　(2) $10111_{(2)}-1010_{(2)}$
(3) $1101_{(2)} \times 1011_{(2)}$　　　(4) $1011011_{(2)} \div 1101_{(2)}$

474 次の計算を行え。
(1) $2012_{(3)}+1022_{(3)}$　　　(2) $4431_{(5)}-2403_{(5)}$
(3) $3213_{(5)} \times 1323_{(5)}$　　　(4) $112111_{(3)} \div 122_{(3)}$

475 次の問いに答えよ。
(1) $\dfrac{11}{41}$ を小数で表せ。
(2) $\dfrac{11}{41}$ を小数で表したとき, 小数第 23 位の数を求めよ。

476 10 進法で表すと 2 桁である自然数 n を 7 進法で表したところ, 各位の数の並びが逆になった。n を 10 進法で表せ。

52 整数のいろいろな問題

✪ テストに出る重要ポイント

● **1次以外の不定方程式**…1次以外の不定方程式のいくつかのパターンを見てみよう。

① $xy+ax+by=c$
  $(x+b)(y+a)=d$ と変形する。

② $\dfrac{1}{x}+\dfrac{1}{y}+\dfrac{1}{z}=a$
  大小関係をつけて範囲を絞る。

③ $x,\ y$ の2次方程式
  判別式を利用。
  $D\geqq 0$ から有限個の値に絞り込めるなら，あとは個別に調べる。
  $D\geqq 0$ が無限個の値を許すときは，根号がはずれる条件 $D=N^2$ を解く。

基本問題

477 次の方程式を満たす正の整数 $x,\ y$ の組をすべて求めよ。 テスト必出
- (1) $xy+2x-3y=12$
- (2) $xy+3x-4y=18$
- (3) $2xy-3x-y=16$
- (4) $2xy+x-3y=3$

478 次の方程式を満たす正の整数 $x,\ y$ の組をすべて求めよ。
- (1) $\dfrac{1}{x}+\dfrac{1}{y}=\dfrac{1}{6}$
- (2) $\dfrac{1}{x}+\dfrac{2}{y}=1$
- (3) $\dfrac{4}{x}-\dfrac{1}{y}=1$
- (4) $\dfrac{x-y}{xy}+\dfrac{1}{6}=0$

479 $\sqrt{n^2+15}$ が自然数となるような自然数 n をすべて求めよ。

480 次の方程式を満たす整数 $x,\ y$ の組をすべて求めよ。
- (1) $x^2=y^2+7\ (x,\ y\ は正)$
- (2) $x^2-y^2+2x-2y-5=0$

応用問題　　　　　　　　　　　　　　　　　　　　解答 ➡ 別冊 p.88

例題研究　方程式 $x^2+2x+(y-10)^2=0$ を満たす整数 x, y の組をすべて求めよ。

[着眼] 整数は実数なので，実数解をもつ条件 $D≧0$ から，y が有限個の可能性に絞り込める。

[解き方] x についての2次方程式として判別式 D を考えると，x は実数だから

$$\frac{D}{4}=1-(y-10)^2≧0 \quad (y-10+1)(y-10-1)≦0 \quad 9≦y≦11$$

よって　$y=9$, 10, 11

このとき，$x=-1±\sqrt{\dfrac{D}{4}}$ より，x を求めると

$$(x,\ y)=(-1,\ 9),\ (0,\ 10),\ (-2,\ 10),\ (-1,\ 11) \quad \cdots\cdots \text{答}$$

481 次の方程式を満たす整数 x, y の組をすべて求めよ。　◀差がつく

(1) $10x^2-4xy+y^2-13x+2y-5=0$

(2) $2x^2+xy+y^2-x+2y+1=0$

例題研究　方程式 $x^2+(y-5)x+y=0$ を満たす整数 x, y の組をすべて求めよ。

[着眼] 整数になるためには根号がはずれなくてはならないので，D が平方数になることが必要。すなわち，0以上の整数 N を用いて，$D=N^2$ と表される。

[解き方] 判別式 $D=(y-5)^2-4y$ は，解が整数であることより，平方数でなければならない。よって，$(y-5)^2-4y=N^2$（N は整数で，$N≧0$）とおくことができる。

$y^2-10y+25-4y-N^2=0$
$y^2-14y+25-N^2=0$
$(y-7)^2-N^2=24$
$(y-7+N)(y-7-N)=24$

ここで，$N≧0$ より　$y-7+N≧y-7-N$
　　　　　　　　　かつ，$y-7+N$, $y-7-N$ はともに偶数かともに奇数

よって

$y-7+N$	12	6	-2	-4
$y-7-N$	2	4	-12	-6

これらを解いて　$(y,\ N)=(14,\ 5),\ (12,\ 1),\ (0,\ 5),\ (2,\ 1)$

$\begin{cases} y=14,\ N=5 \text{ のとき } \quad x=-2,\ -7 \\ y=12,\ N=1 \text{ のとき } \quad x=-3,\ -4 \\ y=0,\ N=5 \text{ のとき } \quad x=0,\ 5 \\ y=2,\ N=1 \text{ のとき } \quad x=1,\ 2 \end{cases}$

したがって　$(x,\ y)=(-2,\ 14),\ (-7,\ 14),\ (-3,\ 12),\ (-4,\ 12),\ (0,\ 0),$
　　　　　　　　　　$(5,\ 0),\ (1,\ 2),\ (2,\ 2) \quad \cdots\cdots \text{答}$

482 $x^2+5xy+6y^2-3x-7y=0$ を満たす整数 x, y の組をすべて求めよ。

＜差がつく

483 $x^2-xy-6y^2-2x+11y+5=0$ を満たす自然数 x, y の組をすべて求めよ。

484 次の等式を満たす自然数 x, y, z の組をすべて求めよ。

$$\frac{1}{x}+\frac{1}{y}+\frac{1}{z}=\frac{1}{2} \quad (4\leqq x\leqq y\leqq z)$$

485 $\dfrac{m^2+17m-29}{m-5}$ の値が自然数となるような整数 m は□個ある。

486 次の問いに答えよ。
(1) $30!$ は一の位から数えていくつの 0 が続くか。
(2) $30!$ は一の位から順に見て，最初に現れる 0 でない数字は何であるか。

487 自然数 a, b, c, d に $\dfrac{b}{a}=\dfrac{c}{a}+d$ の関係があるとき，a と c が互いに素ならば，a と b も互いに素であることを証明せよ。

488 2 以上の自然数 n に対し，n と n^2+2 がともに素数になるのは $n=3$ の場合に限ることを示せ。

489 直角三角形の 3 辺の長さがすべて整数のとき，面積は 2 の整数倍であることを示せ。

490 p を素数，n を p で割り切れない自然数とする。1 から $p-1$ までの自然数の集合を A とおく。
(1) 任意の $k\in A$ に対し，nk を p で割った余りを r_k とする。このとき，集合 $\{r_k|k\in A\}$ は A と一致することを示せ。
(2) $n^{p-1}-1$ は p で割り切れることを示せ。

執筆協力	植田隆巳
編集協力	(有)四月社
図版	デザインスタジオエキス

シグマベスト
シグマ基本問題集
数学Ⅰ＋A

本書の内容を無断で複写(コピー)・複製・転載することは，著作者および出版社の権利の侵害となり，著作権法違反となりますので，その場合は前もって小社あて許諾を求めて下さい。

編　者　文英堂編集部
発行者　益井英博
印刷所　中村印刷株式会社
発行所　株式会社　文英堂

東京都新宿区岩戸町17　〒 162-0832
電話(03)3269-4231(代) 振替 00170-3-82438
京都市南区上鳥羽大物町28　〒 601-8121
電話(075)671-3161(代) 振替 01010-1-6824

Ⓒ BUN-EIDO 2012　　Printed in Japan

●落丁・乱丁はおとりかえします。

シグマ 基本問題集
数学Ⅰ+A

正解答集

- ➔ 検討 で問題の解き方が完璧にわかる
- ➔ テスト対策 で定期テスト対策も万全

文英堂

1 整式の計算

基本問題 ……………………… 本冊 p.4

1
[答] (1) 5次式 (2) 5次式 (3) 2次式
(4) 3次式 (5) 5次式 (6) 4次式

[検討] (1) 5個の文字からできているから5次式
(2) 5個の文字からできているから5次式
(3) $4x^2$ の次数が最高の次数。2次式
(4) x^3 の次数だから3次式
(5) $3ax^4$ の次数だから5次式
(6) x^4 の次数だから4次式

2
[答] (1) 4次式, y については3次式
(2) 5次式, b については1次式
(3) 3次式, x についても3次式
(4) 4次式, a については3次式
(5) 2次式, a については1次式
(6) 3次式, y についても3次式

[検討] (1) y に着目すると $3x$ は係数となるから 3次式
(2) $-a^4b+(a^2+1)$ より b については1次式
(5) $(y-b)a+(y^2-by)$ より a については1次式

3
[答] (1) $-5x$ (2) y (3) $-2x^2+x+7$
(4) $-a^2b+2ab^2$

[検討] (1) 与式 $=(-3+4-6)x=-5x$
(2) 与式 $=(1-6+8-2)y=y$
(3) 与式 $=x^2-3x^2-7x+8x+8-1$
  $=-2x^2+x+7$
(4) 与式 $=4a^2b-5a^2b-ab^2+3ab^2$
  $=-a^2b+2ab^2$

> **テスト対策**
> 同類項をまとめるには、次の**分配法則**を用いる。
> $ma+na=(m+n)a$, $ma-na=(m-n)a$

4
[答] (1) $-x^3+2x^2+4x-6$, 3次の項 -1,
2次の項 2, 1次の項 4, 定数項 -6
(2) $(a+c-e)x-b+d-f$
1次の項 $a+c-e$, 定数項 $-b+d-f$
(3) $x^2-4yx-2$, 2次の項 1,
1次の項 $-4y$, 定数項 -2
(4) $-x^3-14ax+2a^2$, 3次の項 -1,
1次の項 $-14a$, 定数項 $2a^2$
(5) x^3-5x^2-5x-6, 3次の項 1,
2次の項 -5, 1次の項 -5, 定数項 -6

[検討] (2) x について整理すると
$(a+c-e)x-b+d-f$
これは x についての1次式
(3) 与式 $=2x^2-x^2-xy-3xy+5-7$
  $=x^2-4xy-2$
(4) 与式 $=2x^3-3x^3-8ax-6ax-3a^2+5a^2$
  $=-x^3-14ax+2a^2$
(5) 与式 $=x^3+3x^3-3x^3-4x^2-x^2+3x$
  $-6x-2x-6+1-1$
  $=x^3-5x^2-5x-6$

5
[答] (1) 和 $5x-9y-4z$,
差 $3x-3y+10z$
(2) 和 $-5x+13y+3z$,
差 $-x+7y+11z$
(3) 和 $7x^2-11x-12$,
差 $-3x^2+9x+18$
(4) 和 $-x^2+xy+6y^2$,
差 $3x^2+11xy+4y^2$
(5) 和 $-\dfrac{3}{4}x^2-\dfrac{2}{15}xy+\dfrac{6}{5}y^2$,
差 $\dfrac{1}{4}x^2+\dfrac{8}{15}xy+\dfrac{4}{5}y^2$

[検討] (1) 和 $(4x-6y+3z)+(x-3y-7z)$
$=4x+x-6y-3y+3z-7z=5x-9y-4z$
差 $(4x-6y+3z)-(x-3y-7z)$
$=4x-6y+3z-x+3y+7z=3x-3y+10z$
(2) 和 $(-3x+10y+7z)+(-2x+3y-4z)$
$=-3x+10y+7z-2x+3y-4z$
$=-5x+13y+3z$

差 $(-3x+10y+7z)-(-2x+3y-4z)$
$=-3x+10y+7z+2x-3y+4z$
$=-x+7y+11z$

(3) 和 $(2x^2-x+3)+(5x^2-10x-15)$
$=2x^2-x+3+5x^2-10x-15=7x^2-11x-12$
差 $(2x^2-x+3)-(5x^2-10x-15)$
$=2x^2-x+3-5x^2+10x+15$
$=-3x^2+9x+18$

(4) 和 $(x^2+6xy+5y^2)+(-2x^2-5xy+y^2)$
$=x^2+6xy+5y^2-2x^2-5xy+y^2$
$=-x^2+xy+6y^2$
差 $(x^2+6xy+5y^2)-(-2x^2-5xy+y^2)$
$=x^2+6xy+5y^2+2x^2+5xy-y^2$
$=3x^2+11xy+4y^2$

(5) 和
$\left(-\dfrac{1}{4}x^2+\dfrac{1}{5}xy+y^2\right)+\left(-\dfrac{1}{2}x^2-\dfrac{1}{3}xy+\dfrac{1}{5}y^2\right)$
$=-\dfrac{1}{4}x^2+\dfrac{3}{15}xy+y^2-\dfrac{2}{4}x^2-\dfrac{5}{15}xy+\dfrac{1}{5}y^2$
$=-\dfrac{3}{4}x^2-\dfrac{2}{15}xy+\dfrac{6}{5}y^2$
差
$\left(-\dfrac{1}{4}x^2+\dfrac{1}{5}xy+y^2\right)-\left(-\dfrac{1}{2}x^2-\dfrac{1}{3}xy+\dfrac{1}{5}y^2\right)$
$=-\dfrac{1}{4}x^2+\dfrac{3}{15}xy+y^2+\dfrac{2}{4}x^2+\dfrac{5}{15}xy-\dfrac{1}{5}y^2$
$=\dfrac{1}{4}x^2+\dfrac{8}{15}xy+\dfrac{4}{5}y^2$

6

答 (1) $x^2-7xy+5y^2$ (2) $x-9y$ (3) x^2

検討 (1) 与式
$=2x^2-4xy+3y^2-x^2-3xy+2y^2$
$=x^2-7xy+5y^2$

(2) 与式 $=6x-2y-2x-4y-3x-3y$
$=6x-2x-3x-2y-4y-3y=x-9y$

(3) 与式
$=3x^2-x+1+2x^2-x+3-4x^2+2x-4$
$=3x^2+2x^2-4x^2-x-x+2x+1+3-4$
$=x^2$

7

答 (1) a^4 (2) x^6 (3) a^6 (4) $-x^5$

(5) $-a^6$ (6) x^4y^6 (7) $6x^5y^5$ (8) $-8x^2y^4$
(9) x^9

検討 (1) 与式 $=a^{1+3}=a^4$ (2) 与式 $=x^{2+4}=x^6$
(3) 与式 $=a^{3\times2}=a^6$
(4) 与式 $=(-1)\times x^{2+3}=-x^5$
(5) 与式 $=(-1)^3(a^2)^3=-a^{2\times3}=-a^6$
(6) 与式 $=(x^2)^2(y^3)^2=x^{2\times2}y^{3\times2}=x^4y^6$
(7) 与式 $=2\times3\times x^{2+3}y^{4+1}=6x^5y^5$
(8) 与式 $=(-2)(-2)^2x^{1+1}y^{3+1}=-8x^2y^4$
(9) 与式 $=(-1)(-1)^2(-1)x^2x^{3\times2}x$
$=(-1)^{1+2+1}x^{2+6+1}=(-1)^4x^9=x^9$

8

答 (1) $6x^2+x-12$
(2) $acx^2+(ad+bc)x+bd$
(3) $6a^3+20a^2+13a-4$
(4) $3x^3+20x^2-8$
(5) $a^3-3a^2b+3ab^2-b^3$
(6) a^3+b^3 (7) $a^3+3a^2b+3ab^2+b^3$
(8) $-x^4+4x^3-x^2-7x+5$

検討 (1) 与式 $=(2x+3)(3x)+(2x+3)(-4)$
$=6x^2+9x-8x-12=6x^2+x-12$
(3) 与式 $=(3a+4)(2a^2)+(3a+4)(4a)-(3a+4)$
$=6a^3+8a^2+12a^2+16a-3a-4$
$=6a^3+20a^2+13a-4$
(5) 与式 $=a(a^2-2ab+b^2)-b(a^2-2ab+b^2)$
$=a^3-2a^2b+ab^2-a^2b+2ab^2-b^3$
$=a^3-3a^2b+3ab^2-b^3$
(7) 与式 $=a(a^2+2ab+b^2)+b(a^2+2ab+b^2)$
$=a^3+2a^2b+ab^2+a^2b+2ab^2+b^3$
$=a^3+3a^2b+3ab^2+b^3$

9

答 (1) x^2+4x+4 (2) $x^2+4xy+4y^2$
(3) $4x^2-4xy+y^2$ (4) $4x^2+12xy+9y^2$
(5) $9x^2-12xy+4y^2$
(6) $a^2x^2+2abxy+b^2y^2$ (7) x^2-4
(8) $9x^2-4$ (9) $4x^2-9y^2$

検討 (6) 与式 $=(ax)^2+2\cdot ax\cdot by+(by)^2$
$=a^2x^2+2abxy+b^2y^2$
(8) 与式 $=(3x)^2-2^2=9x^2-4$

(9) 与式$=(2x)^2-(3y)^2=4x^2-9y^2$

❿

答 (1) x^2+5x+6 (2) x^2-x-6
(3) $x^2+5xy+6y^2$ (4) $x^2-xy-6y^2$
(5) $6x^2+17x+7$ (6) $15x^2-29xy+12y^2$

検討 展開公式をそのまま適用すればよい問題である。

⓫

答 (1) $x^2+y^2+z^2-2xy+2yz-2zx$
(2) $x^2+4y^2+9z^2-4xy-12yz+6zx$
(3) $x^4+x^2y^2+y^4$
(4) x^4-8x^2+16
(5) $4a^2-b^2+2bc-c^2$
(6) $a^2+b^2-c^2-d^2-2ab+2cd$

検討 (2) 与式$=x^2+(-2y)^2+(3z)^2$
$\qquad +2\cdot x(-2y)+2(-2y)(3z)+2(3z)x$
$=x^2+4y^2+9z^2-4xy-12yz+6zx$
(3) 与式$=\{(x^2+y^2)+xy\}\{(x^2+y^2)-xy\}$
$\qquad =(x^2+y^2)^2-(xy)^2$
$\qquad =x^4+2x^2y^2+y^4-x^2y^2$
$\qquad =x^4+x^2y^2+y^4$
(4) 与式$=\{(x-2)(x+2)\}^2=(x^2-4)^2$
$\qquad =x^4-8x^2+16$
(5) 与式$=\{2a+(b-c)\}\{2a-(b-c)\}$
$\qquad =(2a)^2-(b-c)^2$
$\qquad =4a^2-b^2+2bc-c^2$
(6) 与式$=\{(a-b)-(c-d)\}\{(a-b)+(c-d)\}$
$\qquad =(a-b)^2-(c-d)^2$
$\qquad =a^2+b^2-c^2-d^2-2ab+2cd$

応用問題 ・・・・・・・・・・・ 本冊 *p. 7*

⓬

答 (1) 1 (2) $9x-7y+z$ (3) $8a-3b$

検討 (1) 与式$=2x-(3x+1-x-2)$
$\qquad\qquad =2x-(2x-1)=2x-2x+1=1$
(2) 与式$=6x-(3y-4z-x+4y)-3z+2x$
$\qquad =6x-(-x+7y-4z)+2x-3z$
$\qquad =6x+x-7y+4z+2x-3z$
$\qquad =9x-7y+z$

(3) 与式$=7a-\{3a+c-(4a-3b+c)\}$
$\qquad =7a-(3a+c-4a+3b-c)$
$\qquad =7a-(-a+3b)=7a+a-3b$
$\qquad =8a-3b$

⓭

答 (1) $x^3+6x^2+12x+8$
(2) $x^3-9x^2+27x-27$
(3) x^3-8 (4) x^3+8

検討 (3)は $(a-b)(a^2+ab+b^2)=a^3-b^3$,
(4)は $(a+b)(a^2-ab+b^2)=a^3+b^3$ を用いる。

⓮

答 (1) $a^2-b^2-2c^2+ca+3bc$
(2) $4a^2+12ab+9b^2+2a+3b-6$
(3) x^8-256
(4) $-2x^2+2ax+2bx-2ab$

検討 (1) 与式$=\{a+(-b+2c)\}\{a+(b-c)\}$
$\qquad\qquad =a^2+ca-(b-2c)(b-c)$
$\qquad\qquad =a^2+ca-(b^2-3bc+2c^2)$
$\qquad\qquad =a^2-b^2-2c^2+ca+3bc$
(2) 与式$=\{(2a+3b)-2\}\{(2a+3b)+3\}$
$\qquad =(2a+3b)^2+(2a+3b)-6$
$\qquad =4a^2+12ab+9b^2+2a+3b-6$
(3) 与式$=(x^2-4)(x^2+4)(x^4+16)$
$\qquad =(x^4-16)(x^4+16)$
$\qquad =x^8-256$
(4) 与式$=(x-a)^2+(x-b)^2-\{(x-a)+(x-b)\}^2$
$\qquad =(x-a)^2+(x-b)^2-(x-a)^2$
$\qquad\qquad -2(x-a)(x-b)-(x-b)^2$
$\qquad =-2(x-a)(x-b)$
$\qquad =-2(x^2-ax-bx+ab)$
$\qquad =-2x^2+2ax+2bx-2ab$

⓯

答 (1) x^4-5x^2+4
(2) $4x^4-28x^3+67x^2-63x+18$
(3) $4ac$
(4) $x^8+x^4y^4+y^8$

検討 (1) 与式$=(x-1)(x+1)\times(x-2)(x+2)$
$\qquad\qquad =(x^2-1)(x^2-4)=x^4-5x^2+4$

(2) 与式 $=(x-2)(2x-3)\times(x-3)(2x-1)$
   　　　$=(2x^2-7x+6)(2x^2-7x+3)$
   　　　$=(2x^2-7x)^2+9(2x^2-7x)+18$
   　　　$=4x^4-28x^3+49x^2+18x^2-63x+18$
   　　　$=4x^4-28x^3+67x^2-63x+18$

(3) 与式 $=\{(a+c)+b\}\{(a+c)-b\}$
   　　　$\quad-\{(a-c)+b\}\{(a-c)-b\}$
   　　　$=(a+c)^2-b^2-(a-c)^2+b^2$
   　　　$=(a^2+2ac+c^2)-(a^2-2ac+c^2)=4ac$

(4) 与式 $=\{(x^2+y^2)+xy\}\{(x^2+y^2)-xy\}$
   　　　$\quad\times(x^4-x^2y^2+y^4)$
   　　　$=\{(x^2+y^2)^2-(xy)^2\}(x^4-x^2y^2+y^4)$
   　　　$=\{(x^4+y^4)+x^2y^2\}\{(x^4+y^4)-x^2y^2\}$
   　　　$=(x^4+y^4)^2-(x^2y^2)^2=x^8+x^4y^4+y^8$

> **テスト対策**
> 3項以上の多項式の展開は，①式をおき換える，②くくる，③項の組み合わせを考える，④かける順序を考えるなどの工夫が必要である。

16

答 (1) $4a^2+4b^2+4c^2$
(2) $12xy-4x$

検討 (1) 与式 $=(a+b)^2+2c(a+b)+c^2$
   　　　　$+(a+b)^2-2c(a+b)+c^2$
   　　　　$+(a-b)^2+2c(a-b)+c^2$
   　　　　$+(a-b)^2-2c(a-b)+c^2$
   　　　$=2\{(a+b)^2+(a-b)^2\}+4c^2$
   　　　$=4a^2+4b^2+4c^2$

(2) 与式 $=x^2+2(2y+1)x+(2y+1)^2$
   　　　$\quad-\{x^2-2(2y+1)x+(2y+1)^2\}$
   　　　$\quad-\{x^2-2(y-2)x+(y-2)^2\}$
   　　　$\quad+x^2+2(y-2)x+(y-2)^2$
   　　　$=4(2y+1)x+4(y-2)x$
   　　　$=8xy+4x+4xy-8x=12xy-4x$

2 因数分解

基本問題 ……………… 本冊 p. 9

17

答 (1) $3b(a-1)$ (2) $xy(x^2-z)$
(3) $xy(x^2-x+1)$ (4) $(x+3)^2$
(5) $\left(x+\dfrac{1}{2}\right)^2$ (6) $\left(x-\dfrac{1}{3}\right)^2$ (7) $(3x-2)^2$
(8) $(x+3)(x-3)$ (9) $(3a+2b)(3a-2b)$

18

答 (1) $(a-b)(x+y)$
(2) $3(x+y)^2(x+y+9)$
(3) $(a+2b)(a-4b)$
(4) $(a-1)(x+2y)(x-2y)$
(5) $(-a+3b)(7a+b)$
(6) $(a+b)^2(a-b)^2$

検討 (1) 与式 $=(a-b)x+(a-b)y$
   　　　　$=(a-b)(x+y)$
(2) 与式 $=3(x+y)^2(x+y+9)$
(3) 与式 $=(a-b)^2-(3b)^2$
   　　　$=(a-b+3b)(a-b-3b)$
   　　　$=(a+2b)(a-4b)$
(4) 与式 $=(a-1)x^2-(a-1)(2y)^2$
   　　　$=(a-1)(x+2y)(x-2y)$
(5) 与式 $=\{(3a+2b)+(-4a+b)\}$
   　　　　$\times\{(3a+2b)-(-4a+b)\}$
   　　　$=(-a+3b)(7a+b)$
(6) 与式 $=(a^2+b^2+2ab)(a^2+b^2-2ab)$
   　　　$=(a+b)^2(a-b)^2$

19

答 (1) $(x+2)(x-1)$ (2) $(x-2)(x-3)$
(3) $(x+2)(x+3)$ (4) $(2x+1)(x+2)$
(5) $(2x-1)(3x-1)$ (6) $(2x-1)(3x+1)$
(7) $(x-3a)(x-5a)$ (8) $(3x+2y)(2x+y)$
(9) $(2x+3y)(7x-y)$ (10) $(2x-5y)(4x-3y)$
(11) $(x-a)(x-1)$ (12) $(ax+1)(bx+1)$

20 〜 23 の答え　5

> **テスト対策**
> 〔px^2+qx+r の因数分解〕
> $px^2+qx+r=(ax+b)(cx+d)$
>
> ```
>     a        b    ……  bc
>     c   ×    d    ……  ad
>    ―――――――――――――――――――
>     ac      bd        ad+bc
> ```
>
> x^2 の係数　定数項　x の係数
>
> まず，p, r の因数を調べ，$p=ac$,
> $r=bd$ となる a, c と b, d の組を見つけ，
> その中から $ad+bc=q$ となるようなもの
> を探す。

20

答 (1) $(x+y+2)(x+y-1)$
(2) $(a-b-5)(a-b+2)$
(3) $-(x-3y)(3x-y)$
(4) $(x+2)(x-1)(x^2+x+5)$
(5) $(x+3)(x-2)$
(6) $(a+b)(a-b)(x^2-a^2-b^2)$

検討 (1) $x+y=X$ とおくと
　与式$=X^2+X-2=(X+2)(X-1)$
　　　$=(x+y+2)(x+y-1)$
(2) $a-b=X$ とおくと，与式$=X^2-3X-10$
　$=(X-5)(X+2)=(a-b-5)(a-b+2)$
(3) $x+y=X$, $x-y=Y$ とおくと
　与式$=X^2-4Y^2=(X+2Y)(X-2Y)$
　　　$=(x+y+2x-2y)(x+y-2x+2y)$
　　　$=(3x-y)(-x+3y)$
　　　$=-(x-3y)(3x-y)$
(4) $x^2+x=X$ とおくと，与式$=X^2+3X-10$
　$=(X-2)(X+5)=(x^2+x-2)(x^2+x+5)$
　$=(x+2)(x-1)(x^2+x+5)$
(5) $x-1=X$ とおくと，与式$=X^2+3X-4$
　$=(X+4)(X-1)=(x-1+4)(x-1-1)$
　$=(x+3)(x-2)$
(6) 展開して x について整理すると
　与式$=(a^2-b^2)x^2-(a^4-b^4)$
　　　$=(a^2-b^2)x^2-(a^2-b^2)(a^2+b^2)$
　　　$=(a^2-b^2)(x^2-a^2-b^2)$
　　　$=(a+b)(a-b)(x^2-a^2-b^2)$

21

答 (1) $(x+y+1)(x+y-1)$
(2) $(x+y-3)(x-y+3)$
(3) $(a+1)(a-1)(b+1)$
(4) $(a+b)(a+b+2c)$

検討 (1) 与式$=(x+y)^2-1$
　　　　　　$=(x+y+1)(x+y-1)$
(2) 与式$=x^2-(y^2-6y+9)$
　　　$=x^2-(y-3)^2$
　　　$=(x+y-3)(x-y+3)$
(3) 与式$=(a^2-1)b+a^2-1$
　　　$=(a^2-1)(b+1)$
　　　$=(a+1)(a-1)(b+1)$
(4) 与式$=(a^2+2ab+b^2)+2(a+b)c$
　　　$=(a+b)^2+2(a+b)c$
　　　$=(a+b)(a+b+2c)$

応用問題 ……………………… 本冊 p.11

22

答 (1) $(x+1)(y+1)$
(2) $(x+y-z)(x-y+z)$
(3) $-(x-y-2)(x-y+1)$
(4) $(x+1)(x-1)(x+3y)$
(5) $(a-b)(b-c)(c+a)$

検討 (1) 与式$=x(y+1)+y+1=(y+1)(x+1)$
(2) 与式$=x^2-(y^2-2yz+z^2)=x^2-(y-z)^2$
　　　$=(x+y-z)(x-y+z)$
(3) 与式$=-x^2+(2y+1)x-y^2-y+2$
　　　$=-\{x^2-(2y+1)x+(y+2)(y-1)\}$
　　　$=-\{x-(y+2)\}\{x-(y-1)\}$
　　　$=-(x-y-2)(x-y+1)$
(4) 与式$=3(x^2-1)y+x(x^2-1)$
　　　$=(x^2-1)(3y+x)$
　　　$=(x+1)(x-1)(x+3y)$
(5) 与式$=(b-c)a^2-(b^2-2bc+c^2)a-bc(b-c)$
　　　$=(b-c)\{a^2-(b-c)a-bc\}$
　　　$=(b-c)(a-b)(a+c)$
　　　$=(a-b)(b-c)(c+a)$

23

答 (1) $(x^2+x+1)(x^2-x+1)$

(2) $(x^2+4x-1)(x^2-4x-1)$
(3) $(x^2+2x+2)(x^2-2x+2)$
(4) $(x^2+4)(x^2+1)$
(5) $(x+1)(x-1)(x^2+4)$
(6) $(x^2+5xy-y^2)(x^2-5xy-y^2)$

検討 (1) 与式$=x^4+2x^2+1-x^2=(x^2+1)^2-x^2$
$=\{(x^2+1)+x\}\{(x^2+1)-x\}$
$=(x^2+x+1)(x^2-x+1)$

(2) 与式$=x^4-2x^2+1-16x^2=(x^2-1)^2-(4x)^2$
$=(x^2-1+4x)(x^2-1-4x)$
$=(x^2+4x-1)(x^2-4x-1)$

(3) 与式$=x^4+4x^2+4-4x^2=(x^2+2)^2-(2x)^2$
$=(x^2+2+2x)(x^2+2-2x)$
$=(x^2+2x+2)(x^2-2x+2)$

(4) 与式$=(x^2)^2+5x^2+4=(x^2+4)(x^2+1)$

(5) 与式$=(x^2)^2+3x^2-4=(x^2-1)(x^2+4)$
$=(x+1)(x-1)(x^2+4)$

(6) 与式$=x^4-2x^2y^2+y^4-25x^2y^2$
$=(x^2-y^2)^2-(5xy)^2$
$=(x^2-y^2+5xy)(x^2-y^2-5xy)$
$=(x^2+5xy-y^2)(x^2-5xy-y^2)$

テスト対策
複2次式 ax^4+bx^2+c の形の式の因数分解は，$x^2=X$ とおいて 2 次 3 項式にするか，適当な 2 次の項を加減して X^2-Y^2 の形，すなわち平方の差の形になおす。

24
答 (1) $(x+y+z)(xy+yz+zx)$
(2) $(xy+x+1)(xy+y+1)$
(3) $-(x-y)(y-z)(z-x)$
(4) $(a+b)(b+c)(c+a)$

検討 (1) 与式$=(x+y)\{xy+(x+y)z+z^2\}+xyz$
$=(x+y)z^2+\{(x+y)^2+xy\}z+xy(x+y)$
$=\{(x+y)z+xy\}\{z+(x+y)\}$
$=(x+y+z)(xy+yz+zx)$

(2) 与式$=\{yx^2+(y+1)x+1\}(y+1)+xy$
$=y(y+1)x^2+\{(y+1)^2+y\}x+y+1$
$=\{(y+1)x+1\}\{yx+(y+1)\}$
$=(xy+x+1)(xy+y+1)$

(3) 展開して x について整理すると
与式$=(y-z)x^2-(y^2-z^2)x+yz(y-z)$
$=(y-z)\{x^2-(y+z)x+yz\}$
$=(y-z)(x-y)(x-z)$
$=-(x-y)(y-z)(z-x)$

(4) 与式$=\{a+(b+c)\}\{(b+c)a+bc\}-abc$
$=(b+c)a^2+\{(b+c)^2+bc\}a+(b+c)bc-abc$
$=(b+c)a^2+(b+c)^2a+(b+c)bc$
$=(b+c)\{a^2+(b+c)a+bc\}$
$=(b+c)(a+b)(a+c)$
$=(a+b)(b+c)(c+a)$

25
答 (1) $(x-1)(x^2+x+1)$
(2) $(x+2y)(x^2-2xy+4y^2)$
(3) $(x+2y)^3$ (4) $(2x-3)^3$
(5) $(a+b+c)(a^2+b^2+c^2-ab-bc-ca)$
(6) $(2x-3y-1)(4x^2+9y^2+6xy+2x-3y+1)$

検討 (1) 与式$=x^3-1^3=(x-1)(x^2+x+1)$

(2) 与式$=x^3+(2y)^3=(x+2y)(x^2-2xy+4y^2)$

(3) 与式$=x^3+3\cdot x^2\cdot 2y+3\cdot x(2y)^2+(2y)^3$
$=(x+2y)^3$

(4) 与式$=(2x)^3-3(2x)^2\cdot 3+3\cdot 2x\cdot 3^2-3^3$
$=(2x-3)^3$

(5) 与式$=(a+b)^3-3ab(a+b)+c^3-3abc$
$=(a+b)^3+c^3-3ab(a+b+c)$
$=(a+b+c)\times\{(a+b)^2-(a+b)c+c^2\}$
$\quad -3ab(a+b+c)$
$=(a+b+c)(a^2+2ab+b^2-ac-bc+c^2-3ab)$
$=(a+b+c)(a^2+b^2+c^2-ab-bc-ca)$

(6) 与式
$=(2x)^3+(-3y)^3+(-1)^3-3\cdot 2x\cdot(-3y)\cdot(-1)$
$=(2x-3y-1)(4x^2+9y^2+1+6xy-3y+2x)$
$=(2x-3y-1)(4x^2+9y^2+6xy+2x-3y+1)$

3 実 数

基本問題 ……… 本冊 p.12

26
答 (1) $-2<-\dfrac{1}{2}$ (2) $2-\sqrt{2}<1$

27〜32 の答え　7

(3) $-\dfrac{1}{\sqrt{5}}<-\dfrac{1}{3}$　(4) $3+\sqrt{3}<3+2\sqrt{3}$

(5) $1+\dfrac{1}{\sqrt{2}}>2-\dfrac{1}{\sqrt{2}}$

検討　数直線上で考えれば明らかである。

27

答　(1) $\dfrac{7}{11}$　(2) $\dfrac{11}{37}$

検討　(1) $x=0.\dot{6}\dot{3}$ とおくと
$100x=63.6363\cdots$ ……①
$x=0.6363\cdots$ ……②
①－②より，$99x=63$
$$x=\dfrac{63}{99}=\dfrac{7}{11}$$

(2) $x=0.\dot{2}9\dot{7}$ とおくと
$1000x=297.297297\cdots$ ……①
$x=0.297297\cdots$ ……②
①－②より，$999x=297$
$$x=\dfrac{297}{999}=\dfrac{11}{37}$$

28

答　自然数：8，$(\sqrt{3})^2$
整数：-2，0，8，$(\sqrt{3})^2$
有理数：-2，0，8，$\dfrac{2}{3}$，$-\dfrac{4}{5}$，$(\sqrt{3})^2$，$\sqrt{0.25}$
無理数：$\sqrt{3}$，π，$\sqrt{5}-1$，$\sqrt{\dfrac{1}{2}}$

29

答　(1) $a+1$　(2) $-a+2$　(3) $3a$

検討　(1) $a+1$ は正だから，与式＝$a+1$
(2) $a-2$ は負だから，与式＝$-(a-2)=-a+2$
(3) (1)(2) の結果より
与式＝$2(a+1)-(-a+2)=3a$

4　根号を含む式の計算

基本問題 ……… 本冊 *p.13*

30

答　(1) ×，$x=\pm\sqrt{3}$
(2) ×，$\sqrt{(-3)^2}=3$
(3) ×，$\sqrt{25}=5$
(4) ×，49の平方根は± 7　(5) 〇
(6) ×，$\sqrt{5+4}=3$

31

答　(1) 10　(2) 6　(3) $\dfrac{5\sqrt{6}}{8}$
(4) $-\sqrt{3}$　(5) $4\sqrt{5}$　(6) $3\sqrt{2}+2\sqrt{3}$

検討　(1) 与式＝$\sqrt{5\times 20}=\sqrt{100}=\sqrt{10^2}=10$
(2) 与式＝$\sqrt{180\div 5}=\sqrt{36}=\sqrt{6^2}=6$
(3) 与式＝$\dfrac{5\sqrt{27}}{2\sqrt{72}}=\dfrac{5}{2}\sqrt{\dfrac{9\cdot 3}{9\cdot 8}}=\dfrac{5}{2}\sqrt{\dfrac{3}{8}}$
$=\dfrac{5\sqrt{3}}{4\sqrt{2}}=\dfrac{5\sqrt{6}}{8}$
(4) 与式＝$2\sqrt{3}-3\sqrt{3}=-\sqrt{3}$
(5) 与式＝$\sqrt{5}+3\sqrt{5}=4\sqrt{5}$
(6) 与式＝$\sqrt{18}+\sqrt{12}=3\sqrt{2}+2\sqrt{3}$

32

答　(1) $\dfrac{\sqrt{2}}{5}$　(2) $4+2\sqrt{3}$
(3) $5-2\sqrt{6}$

検討　(1) 与式＝$\dfrac{2\sqrt{2}}{5\sqrt{2}\sqrt{2}}=\dfrac{2\sqrt{2}}{5\cdot 2}=\dfrac{\sqrt{2}}{5}$
(2) 与式＝$\dfrac{2(2+\sqrt{3})}{(2-\sqrt{3})(2+\sqrt{3})}=\dfrac{4+2\sqrt{3}}{4-3}$
$=4+2\sqrt{3}$
(3) 与式＝$\dfrac{(\sqrt{3}-\sqrt{2})^2}{(\sqrt{3}+\sqrt{2})(\sqrt{3}-\sqrt{2})}=\dfrac{3-2\sqrt{6}+2}{3-2}$
$=5-2\sqrt{6}$

> **テスト対策**
> 〔分母の有理化〕
> $$\frac{1}{\sqrt{a}} = \frac{\sqrt{a}}{\sqrt{a}\times\sqrt{a}} = \frac{\sqrt{a}}{a}$$
> $$\frac{1}{\sqrt{a}+\sqrt{b}} = \frac{\sqrt{a}-\sqrt{b}}{(\sqrt{a}+\sqrt{b})(\sqrt{a}-\sqrt{b})}$$
> $$= \frac{\sqrt{a}-\sqrt{b}}{a-b}$$

❸❸

[答] (1) $\dfrac{1}{2}$ (2) $-2\sqrt{15}$ (3) $\dfrac{\sqrt{21}}{2}$

(4) $\dfrac{\sqrt{3}}{18}$

[検討] (1) 与式 $= \dfrac{\sqrt{5}+1-(\sqrt{5}-1)}{(\sqrt{5}-1)(\sqrt{5}+1)} = \dfrac{2}{5-1} = \dfrac{1}{2}$

(2) 与式 $= \dfrac{(\sqrt{5}-\sqrt{3})^2-(\sqrt{5}+\sqrt{3})^2}{(\sqrt{5}+\sqrt{3})(\sqrt{5}-\sqrt{3})} = \dfrac{-4\sqrt{15}}{5-3}$
$= -2\sqrt{15}$

(3) 与式 $= \dfrac{\sqrt{3}(\sqrt{7}-\sqrt{3})+\sqrt{3}(\sqrt{7}+\sqrt{3})}{(\sqrt{7}+\sqrt{3})(\sqrt{7}-\sqrt{3})}$
$= \dfrac{2\sqrt{21}}{7-3} = \dfrac{\sqrt{21}}{2}$

(4) 与式 $= \dfrac{\sqrt{3}}{3} - \dfrac{2\sqrt{3}}{12} - \dfrac{3\sqrt{3}}{27} = \dfrac{\sqrt{3}}{3} - \dfrac{\sqrt{3}}{6} - \dfrac{\sqrt{3}}{9}$
$= \dfrac{6\sqrt{3}-3\sqrt{3}-2\sqrt{3}}{18} = \dfrac{\sqrt{3}}{18}$

❸❹

[答] (1) $2+\sqrt{6}$ (2) $\dfrac{1}{2}$

[検討] 有理化と通分が同時にできないときは，有理化してから通分．

(1) 与式 $= \dfrac{(1+\sqrt{2}+\sqrt{3})^2}{\{(1+\sqrt{2})-\sqrt{3}\}\{(1+\sqrt{2})+\sqrt{3}\}}$
$+ \dfrac{(1-\sqrt{2}-\sqrt{3})^2}{\{(1-\sqrt{2})+\sqrt{3}\}\{(1-\sqrt{2})-\sqrt{3}\}}$
$= \dfrac{1+2+3+2\sqrt{2}+2\sqrt{6}+2\sqrt{3}}{2\sqrt{2}}$
$- \dfrac{1+2+3-2\sqrt{2}+2\sqrt{6}-2\sqrt{3}}{2\sqrt{2}}$
$= \dfrac{4\sqrt{2}+4\sqrt{3}}{2\sqrt{2}} = \dfrac{8+4\sqrt{6}}{4} = 2+\sqrt{6}$

(2) 与式 $= \dfrac{1+\sqrt{2}-\sqrt{3}}{\{(1+\sqrt{2})+\sqrt{3}\}\{(1+\sqrt{2})-\sqrt{3}\}}$
$+ \dfrac{\sqrt{6}-\sqrt{2}}{4} = \dfrac{1+\sqrt{2}-\sqrt{3}}{2\sqrt{2}} + \dfrac{\sqrt{6}-\sqrt{2}}{4}$
$= \dfrac{\sqrt{2}+2-\sqrt{6}}{4} + \dfrac{\sqrt{6}-\sqrt{2}}{4} = \dfrac{1}{2}$

❸❺

[答] 10

[検討] $x+y=2\sqrt{3}$，$xy=1$ より
与式 $=(x+y)^2-2xy=(2\sqrt{3})^2-2\times 1$
$=12-2=10$

> **テスト対策**
> 対称式の値を求めるときは，
> $$x^2+y^2=(x+y)^2-2xy$$
> $$x^3+y^3=(x+y)^3-3xy(x+y)$$
> を利用する。

応用問題 •••••••••• 本冊 p.14

❸❻

[答] (1) $|a|$ (2) $|a+2|$
(3) $|x-2|$

[検討] (1) 与式 $=|-a|=|a|$
(2) 与式 $=|-a-2|=|a+2|$ (3) 与式 $=|x-2|$

❸❼

[答] 289

[検討] x, y の分母を有理化すれば $x=5-2\sqrt{6}$
$y=5+2\sqrt{6}$ $x+y=10$ $xy=5^2-(2\sqrt{6})^2=1$
$3x^2-5xy+3y^2=3(x+y)^2-11xy$ に代入する。

❸❽

[答] (1) $\sqrt{3}+\sqrt{2}$
(2) $2-\sqrt{3}$
(3) $\dfrac{\sqrt{10}-\sqrt{6}}{2}$

[検討] (1) 与式 $=\sqrt{(\sqrt{3}+\sqrt{2})^2}=\sqrt{3}+\sqrt{2}$
(2) 与式 $=\sqrt{7-2\sqrt{12}}=\sqrt{(\sqrt{4}-\sqrt{3})^2}=2-\sqrt{3}$
(3) 与式 $=\sqrt{\dfrac{8-2\sqrt{15}}{2}}=\sqrt{\dfrac{(\sqrt{5}-\sqrt{3})^2}{2}}$

$$= \frac{\sqrt{5}-\sqrt{3}}{\sqrt{2}} = \frac{\sqrt{10}-\sqrt{6}}{2}$$

39

答 $\dfrac{1}{a}$

検討 $\sqrt{x+2} = \sqrt{\dfrac{(a+1)^2}{a}} = \dfrac{|a+1|}{\sqrt{a}} = \dfrac{a+1}{\sqrt{a}}$

$\sqrt{x-2} = \sqrt{\dfrac{(a-1)^2}{a}} = \dfrac{|a-1|}{\sqrt{a}} = \dfrac{1-a}{\sqrt{a}}$

与式 $= \dfrac{\dfrac{a+1}{\sqrt{a}}+\dfrac{1-a}{\sqrt{a}}}{\dfrac{a+1}{\sqrt{a}}-\dfrac{1-a}{\sqrt{a}}}$

40

答 5

検討 $\dfrac{1}{2-\sqrt{3}} = 2+\sqrt{3}$, $3 < 2+\sqrt{3} < 4$ より

$a=3$, $b=(2+\sqrt{3})-a=\sqrt{3}-1$

$a+2b+b^2 = a+(b+1)^2-1 = 3+3-1$

5 不等式とその性質

基本問題 ……………… 本冊 p.16

41

答 (1) $>$ (2) $>$ (3) $>$
(4) $>$ (5) $>$ (6) $<$ (7) $<$

検討 不等式の変形では，負の数の乗除のときだけ不等号の向きが変わることが急所である。

42

答 (1) $x>y$ (2) $x<y$ (3) $x<y$
(4) $x \leqq y$ (5) $x \geqq y$ (6) $x<y$

検討 それぞれの式の両辺を x と y だけにするにはどうすればよいかを考える。もちろん，不等式の性質を使う。

応用問題 ……………… 本冊 p.16

43

答 (1) $2<x+3\leqq 6$ (2) $-3<x-2\leqq 1$

(3) $-4<4x\leqq 12$ (4) $3>-3x\geqq -9$
(5) $3>-2x+1\geqq -5$

検討 与えられた不等式 $-1<x\leqq 3$ は $-1<x$ と $x\leqq 3$ とに分けて考えてよいので，$-1<x$ と $x\leqq 3$ のそれぞれについて，不等式の性質を使って考えればよい。特に負の数の乗除のときだけ注意すること。また，最後にまとめて表現することを忘れないように。

6 1次不等式

基本問題 ……………… 本冊 p.17

44

答 (1) $x>-23$ (2) $x\geqq \dfrac{11}{7}$ (3) $x\geqq -\dfrac{2}{5}$
(4) $x<\dfrac{3}{2}$ (5) $x<\dfrac{19}{9}$ (6) $x>\dfrac{1}{5}$
(7) $x\leqq \dfrac{15}{2}$ (8) $x<\dfrac{2}{3}$

検討 (1)〜(4)は，かっこをはずしてから解く。かっこをはずすときは，符号に注意。
(5)〜(8)の小数，分数を含む不等式では，両辺に適当な数をかけて，整数にしてから解く。

> **テスト対策**
> 1次不等式 $ax>b$ ($a\neq 0$) は，
> $a>0$ のとき，$x>\dfrac{b}{a}$
> $a<0$ のとき，$x<\dfrac{b}{a}$

45

答 1350m 以上 1800m 以下

検討 走った道のりを xm とすると

$\dfrac{1800-x}{75} + \dfrac{x}{150} \leqq 15$ から両辺 150 倍すれば

$3600-2x+x\leqq 150\times 15$ $x\geqq 1350$

ただし，1800m 以下であることを忘れるな。

46

答 10 と 26

47〜51 の答え

[検討] 小さい方を x とすると，大きい方は $36-x$ で，題意より，$(36-x)-x>14$
$x<11$
x は 2 けたの整数なので $x=10$

応用問題 ・・・・・・・・・・・・ 本冊 p.18

47

[答] できない。

[検討] 十の位の数を x とすると，①の条件から一の位の数は $13-x$ となる。
もとの整数は $10x+(13-x)$
十の位と一の位を入れかえた整数は
$10(13-x)+x$
したがって，②の条件から次の不等式ができる。
$10(13-x)+x>2\{10x+(13-x)\}$
$130-10x+x>20x+26-2x$
$-10x+x-20x+2x>26-130$
$-27x>-104$
$x<\dfrac{104}{27}=3\dfrac{23}{27}$

x は 1 以上 9 以下の整数だから，上の不等式から $x=1$, 2, 3 となる。ところが，これらの場合，一の位の数はそれぞれ 12, 11, 10 となるので，一の位の数としては適さない。すなわち，このような整数をつくることはできない。

48

[答] **9 か月後**

[検討] x か月後の貯金額の差が 3000 円以上になるものとする。x か月後の兄の貯金額は $2500+500x$(円)，弟の貯金額は $1200+300x$(円)となり，題意より
$(2500+500x)-(1200+300x) \geqq 3000$
$x \geqq 8\dfrac{1}{2}$
よって，x は整数であるから上式を満たす最小のものは $x=9$

49

[答] (1) $x<-\dfrac{1}{3}$, $x>1$ (2) $x<\dfrac{2}{3}$

[検討] (1) $x<\dfrac{1}{3}$ のとき
$-(3x-1)>2$ $-3x>1$ $x<-\dfrac{1}{3}$
これは条件 $x<\dfrac{1}{3}$ に適する。
$x \geqq \dfrac{1}{3}$ のとき $3x-1>2$ $x>1$
これは条件 $x \geqq \dfrac{1}{3}$ に適する。

(2) $x<-1$ のとき
$-(x+1)+(x-2)<-x+1$ よって $x<4$
これと条件 $x<-1$ より $x<-1$ ……①
$-1 \leqq x<2$ のとき
$(x+1)+(x-2)<-x+1$ よって $x<\dfrac{2}{3}$
これと条件 $-1 \leqq x<2$ より
$-1 \leqq x<\dfrac{2}{3}$ ……②
$x \geqq 2$ のとき
$(x+1)-(x-2)<-x+1$ よって $x<-2$
これは条件 $x \geqq 2$ に適さない。
よって，①，②より $x<\dfrac{2}{3}$

50

[答] $1 \leqq x<\dfrac{5}{2}$

[検討] ①より $-x+2 \leqq 2x-1$
$-3x \leqq -3$ よって $x \geqq 1$ ……③
②の分母を払い，$4x-4+3<2x+4$
$2x<5$ よって $x<\dfrac{5}{2}$ ……④

③，④より共通部分をとって $1 \leqq x<\dfrac{5}{2}$

7 集 合

基本問題 ・・・・・・・・・・・・ 本冊 p.20

51

[答] (1) $\{x|x<7,\ x$ は自然数$\}$
$\{1,\ 2,\ 3,\ 4,\ 5,\ 6\}$
(2) $\{x|0<x \leqq 10,\ x$ は偶数$\}$

$\{2, 4, 6, 8, 10\}$
(3) $\{x|-4 \leq x \leq 2,\ x$ は整数$\}$
$\{-4, -3, -2, -1, 0, 1, 2\}$

52

答 (1) $\in$, $\notin$, $\notin$　(2) $\in$, $\notin$, $\in$

53

答 (1) $B \subset A$　(2) $B \subset A$
(3) $A \subset B$
検討 各集合の要素を調べればよい。

54

答 (1) $A \cap B = \{3, 5\}$
$A \cup B = \{1, 2, 3, 4, 5, 6, 7, 9\}$
(2) $A \cap B = \{1, 2\}$
$A \cup B = \{1, 2, 3, 4, 6, 8\}$
(3) $A \cap B = \{2, 4\}$
$A \cup B = \{1, 2, 3, 4, 6, 8\}$
検討 (2) $A = \{1, 2, 4, 8\}$, $B = \{1, 2, 3, 6\}$
(3) $A = \{1, 2, 3, 4\}$, $B = \{2, 4, 6, 8\}$

55

答 (1) $\{2, 3, 4, 6\}$　(2) $\{2, 4, 6\}$
(3) $\{1, 2, 3, 4, 5, 6\}$

56

答 ● は含み，○ は含まない。
(1) $A \cap B$

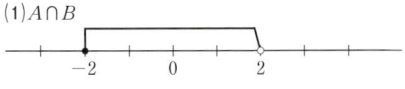

$A \cup B$

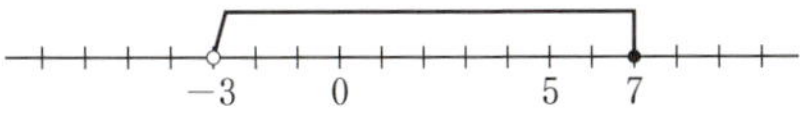

(2) $A \cap B$

$A \cup B$

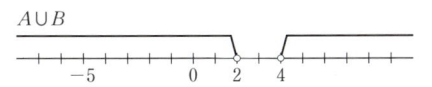

57

答 (1) $\{1, 2, 3, 4, 5, 7, 8\}$
(2) $\{4, 5\}$　(3) $\{1, 3, 8\}$
(4) $\{1, 2, 5, 6, 7, 8, 9, 10\}$
(5) $\{5\}$　(6) $\{2, 3, 4, 7\}$

応用問題 ……………… 本冊 p.21

58

答 m, n は整数だから，$7m+5n$ も整数である。よって　$7m+5n \in Z$
より　$P \subset Z$　……①
一方 $x \in Z$ とすると，$1 = 7 \cdot (-2) + 5 \cdot 3$ に注意すると，$x = 7 \cdot (-2x) + 5 \cdot 3x$
$-2x = m$, $3x = n$ とすると
$x = 7m + 5n$ となるので，$x \in P$
よって　$Z \subset P$　……②
①，②より　$P = Z$

59

答 $A \cup B = \{2, 3, 4, 5, 6, 7, 8, 9\}$,
$B = \{2, 4, 6, 8\}$,
$A = \{2, 3, 5, 7, 9\}$ 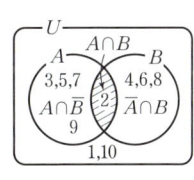
検討 要素を記入すると，右の図のようになる。

8 条件と集合

基本問題 ……………… 本冊 p.22

60

答 (1) $-3 < x \leq 0$
(2) x と y はともに 0 でない
$(x \neq 0$ かつ $y \neq 0)$

61

答 (1) 真　(2) 真　(3) 偽　(4) 真
検討 「$p(x)$ ならば $q(x)$」が真 $\Longleftrightarrow P \subset Q$

62

答 (1) ある実数 x について，$x^2 - 6x + 9 \leq 0$

(2) すべての実数 x について，$x^2 \neq -1$

63

答 (1) 十分 (2) 必要十分
(3) いずれでもない (4) 必要

検討 必要条件，十分条件の理解ができにくい人が多い。$p \Longrightarrow q$ が成り立つとき，q は p であるための必要条件，p は q であるための十分条件である。

応用問題 ……… 本冊 p.23

64

答 (1) ② (2) ②

検討 (1) $ab=0 \Longrightarrow a^2+b^2=0$ は $a=0$，$b=1$ を考えると偽
$a^2+b^2=0 \Longleftrightarrow a=0$ かつ $b=0$
よって，$a^2+b^2=0 \Longrightarrow ab=0$ は真
(2) $a+b+c=0$ ならば $a^2+b^2+c^2=0$ …Ⓐ
$a^2+b^2+c^2=0$ ならば $a+b+c=0$ …Ⓑ とおく。
Ⓐは $a=1$，$b=-1$，$c=0$ を考えると偽である。
Ⓑは a，b，c が実数より $a^2 \geq 0$，$b^2 \geq 0$，$c^2 \geq 0$
$a^2+b^2+c^2=0$ より $a^2=0$，$b^2=0$，$c^2=0$
すなわち $a=0$，$b=0$，$c=0$
これより $a+b+c=0$ よって，真である。
したがって，必要条件である。

> **テスト対策**
> $p \Longrightarrow q$ が真のとき，
> q は p であるための**必要条件**
> p は q であるための**十分条件**

9 命題と証明

基本問題 ……… 本冊 p.24

65

答 逆：$|a|>1$ または $|b|>1 \Longrightarrow a^2+b^2>2$
裏：$a^2+b^2 \leq 2 \Longrightarrow |a| \leq 1$ かつ $|b| \leq 1$
対偶：$|a| \leq 1$ かつ $|b| \leq 1 \Longrightarrow a^2+b^2 \leq 2$

66

答 (1) 逆：$x \leq 0$ または $y \leq 0$ ならば，$xy \leq 0$ である。（偽）
裏：$xy>0$ ならば，$x>0$ かつ $y>0$ である。（偽）
対偶：$x>0$ かつ $y>0$ ならば，$xy>0$ である。（真）
(2) 逆：$x+y=0$ ならば，$x=0$ かつ $y=0$ である。（偽）
裏：$x \neq 0$ または $y \neq 0$ ならば，$x+y \neq 0$ である。（偽）
対偶：$x+y \neq 0$ ならば，$x \neq 0$ または $y \neq 0$ である。（真）
(3) 逆：面積が等しい2つの三角形は合同である。（偽）
裏：2つの三角形が合同でないならば，その面積は等しくない。（偽）
対偶：面積が等しくない2つの三角形は合同でない。（真）
(4) 逆：$x^2-3x+2=0$ ならば，$x=2$ である。（偽）
裏：$x \neq 2$ ならば，$x^2-3x+2 \neq 0$ である。（偽）
対偶：$x^2-3x+2 \neq 0$ ならば，$x \neq 2$ である。（真）
(5) 逆：$-2<x<2$ ならば，$x^2<4$ である。（真）
裏：$x^2 \geq 4$ ならば，$x \geq 2$ または $x \leq -2$ である。（真）
対偶：$x \geq 2$ または $x \leq -2$ ならば，$x^2 \geq 4$ である。（真）
(6) 逆：$zx=zy$ ならば，$x=y$ である。（偽）
裏：$x \neq y$ ならば，$zx \neq zy$ である。（偽）
対偶：$zx \neq zy$ ならば，$x \neq y$ である。（真）
(7) 逆：$x=0$ または $y=0$ または $z=0$ ならば，$xyz=0$ である。（真）
裏：$xyz \neq 0$ ならば，$x \neq 0$ かつ $y \neq 0$ かつ $z \neq 0$ である。（真）
対偶：$x \neq 0$ かつ $y \neq 0$ かつ $z \neq 0$ ならば，$xyz \neq 0$ である。（真）

応用問題 ……………… 本冊 p. 25

❻❼
[答] $\sqrt{3}+\sqrt{2}$ が有理数 r と仮定して，
$\sqrt{3}+\sqrt{2}=r$ とおく。
両辺を 2 乗して
$3+2\sqrt{6}+2=r^2$
$\sqrt{6}=\dfrac{r^2-5}{2}$

ここで $\dfrac{r^2-5}{2}$ は有理数となり $\sqrt{6}$ が無理数であることと矛盾する。
よって，$\sqrt{3}+\sqrt{2}$ は無理数である。

❻❽
[答] n が奇数と仮定すると，k を整数として $n=2k+1$ と書ける。
$n^3=(2k+1)^3=8k^3+12k^2+6k+1$
$=2(4k^3+6k^2+3k)+1$
よって，n^3 も奇数になり，仮定に反する。
したがって，n は奇数でない。つまり，偶数。

10 関 数

基本問題 ……………… 本冊 p. 26

❻❾
[答] (1) $f(0)=3$, $f(-1)=4$, $f(2)=1$
(2) $f(0)=4$, $f(-1)=7$, $f(2)=4$
[検討] $f(0)$ は，$f(x)$ の $x=0$ のときの値である。

❼⓪
[答] $6a$
[検討] 前問と同様である。計算を間違えないようにすること。

❼❶
[答] (1) $-1 \leq f(x) \leq 5$
(2) $-1 \leq f(x) \leq 4$

応用問題 ……………… 本冊 p. 26

❼❷
[答] $a=\pm 1$
[検討] 明らかに $a \neq 0$
$a>0$ のとき，値域は $f(0) \leq f(x) \leq f(2)$
$f(0)=b=6$, $f(2)=2a+b=8$
よって，$a=1$ これは $a>0$ を満たす。
$a<0$ のとき，値域は $f(2) \leq f(x) \leq f(0)$
$f(2)=2a+b=6$, $f(0)=b=8$
よって，$a=-1$ これは $a<0$ を満たす。

> **テスト対策**
> 1 次関数 $y=ax+b$ $(a \neq 0)$ のグラフは直線で，
> $a>0$ のとき，右上がり
> $a<0$ のとき，右下がり

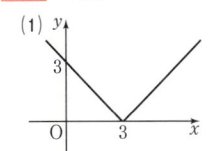

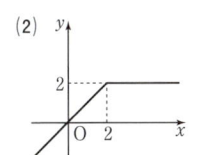

❼❸
[答] 下図
(1) グラフ：y軸に 3、x軸に 3 を通る V 字型
(2) グラフ：原点から傾き 1 で上昇し $x=2$ で $y=2$ となり以降水平

11 2次関数のグラフ

基本問題 ……………… 本冊 p. 27

❼❹
[答] (1) y 軸方向に -3 平行移動
(2) x 軸方向に 1 平行移動
(3) x 軸方向に -1, y 軸方向に -1 平行移動
(4) x 軸方向に 1, y 軸方向に -1 平行移動
[検討] (4)は $y=-2(x-1)^2-1$ と変形できる。

❼❺
[答] (1) $y=3(x-2)^2$
(2) $y=3x^2-1$
(3) $y=3(x+1)^2+2$

76

答 (1) $x=1$, $(1, 1)$

(2) $x=-\dfrac{1}{2}$, $\left(-\dfrac{1}{2}, -\dfrac{9}{2}\right)$

(3) $x=-\dfrac{3}{2}$, $\left(-\dfrac{3}{2}, \dfrac{17}{4}\right)$

(4) $x=\dfrac{5}{4}$, $\left(\dfrac{5}{4}, \dfrac{9}{8}\right)$

(5) $x=3$, $\left(3, \dfrac{11}{2}\right)$

(6) $x=3$, $(3, -2)$

検討 平方完成は重要である。この変形ができないと,あとあとまで困ることになる。

(1) $y=(x-1)^2+1$ (2) $y=2\left(x+\dfrac{1}{2}\right)^2-\dfrac{9}{2}$

(3) $y=-\left(x+\dfrac{3}{2}\right)^2+\dfrac{17}{4}$

(4) $y=-2\left(x-\dfrac{5}{4}\right)^2+\dfrac{9}{8}$

(5) $y=-\dfrac{1}{2}(x-3)^2+\dfrac{11}{2}$ (6) $y=\dfrac{1}{3}(x-3)^2-2$

77

答 下図

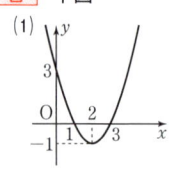

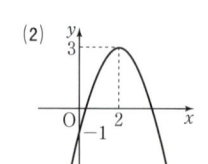

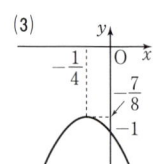

検討 (1) $y=x^2-4x+3=(x-2)^2-1$

(2) $y=-x^2+4x-1=-(x^2-4x+4)+4-1$
$=-(x-2)^2+3$

(3) $y=-2x^2-x-1=-2\left(x^2+\dfrac{1}{2}x+\dfrac{1}{16}\right)+\dfrac{1}{8}-1$
$=-2\left(x+\dfrac{1}{4}\right)^2-\dfrac{7}{8}$

テスト対策

2次関数のグラフをかくときは,標準形にして,**頂点の座標**と**軸の方程式**を調べる。

78

答 (1) 軸 $x=-1$, 頂点 $(-1, -8)$

(2) 軸 $x=-3$, 頂点 $(-3, 1)$

グラフは下図

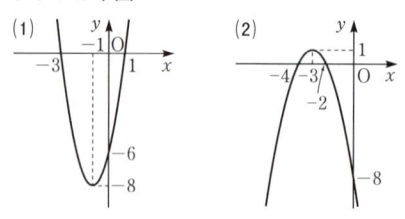

79

答 x軸方向に 4, y軸方向に 12 平行移動したもの。

検討 それぞれ平方完成すれば

$y=(x-1)^2+2$, $y=(x+3)^2-10$

前者の頂点の座標は $(1, 2)$,後者の頂点の座標は $(-3, -10)$ であるから,後者のグラフを x 軸方向に 4,y 軸方向に 12 平行移動すればよい。

80

答 $a=-4$, $b=3$

検討 $y=-(x-1)^2+1$,

$y=2\left(x+\dfrac{a}{4}\right)^2-\dfrac{a^2}{8}+b$

頂点の座標が一致することから

$1=-\dfrac{a}{4}$ ……① $1=-\dfrac{a^2}{8}+b$ ……②

①,②を解くと $a=-4$, $b=3$

81

答 $a=4$, $b=-7$

検討 $y=\left(x-\dfrac{a}{2}\right)^2-\dfrac{a^2}{4}-b$ だから,題意より

$\dfrac{a}{2}=2$ ……① $-\dfrac{a^2}{4}-b=3$ ……②

①,②を解くと $a=4$, $b=-7$

82〜86 の答え

82

[答] $a=19$, $b=-\dfrac{11}{2}$, $(-3, -7)$;
$a=-5$, $b=\dfrac{5}{2}$, $(1, -7)$

[検討] $y=3x^2+(a-1)x+a+1$ の頂点の座標は
$\left(-\dfrac{a-1}{6}, -\dfrac{(a-1)^2-12(a+1)}{12}\right)$

また，$y=2x^2-(2b-1)x-2b$ の頂点の座標は
$\left(\dfrac{2b-1}{4}, -\dfrac{(2b-1)^2+16b}{8}\right)$

であるから，2つの頂点が一致するためには
$-\dfrac{a-1}{6}=\dfrac{2b-1}{4}$ ……①
$-\dfrac{(a-1)^2-12(a+1)}{12}=-\dfrac{(2b-1)^2+16b}{8}$
……②

①より $2a+6b=5$ ……③
②より $2a^2-12b^2-28a-36b=25$ ……④
③，④より b を消去すると
$a^2-14a-95=0$ $(a-19)(a+5)=0$
$a=19, -5$
$a=19$ のとき $b=-\dfrac{11}{2}$，$a=-5$ のとき $b=\dfrac{5}{2}$
頂点の座標は，
$a=19$, $b=-\dfrac{11}{2}$ のとき $(-3, -7)$，
$a=-5$, $b=\dfrac{5}{2}$ のとき $(1, -7)$

83

[答] (1) $y=-x^2-2x$ (2) $y=x^2-2x$
(3) $y=-x^2+2x$ (4) $y=x^2-10x+24$
(5) $y=-x^2-2x+2$ (6) $y=-x^2+6x-4$

[検討] もとの関数は，$y=(x+1)^2-1$
よって，頂点の座標は $(-1, -1)$
移動した放物線の頂点と x^2 の係数がどうなるかで式を作る。
例えば(4)は，頂点の座標が $(5, -1)$ で，x^2 の係数は 1
(1), (2), (3)に関しては，「テストに出る重要ポイント」の①，②，③を使うと早い。

12　2次関数の最大・最小

基本問題 ●●●●●●●●●● 本冊 p.29

84

[答] (1) 最大値は 24，最小値は $\dfrac{2}{3}$
(2) 最大値は 54，最小値は 0

[検討] (1) $x=-1$ のとき y は最小となり，
$x=-6$ のとき y は最大となる。
(2) x の変域に 0 を含むから，$x=0$ のとき y は最小となり，$x=-9$ のとき y は最大となる。

85

[答] (1) 最小値 $-\dfrac{57}{8}$ $\left(x=-\dfrac{5}{4}\right)$
(2) 最大値 $\dfrac{17}{4}$ $\left(x=-\dfrac{3}{2}\right)$
(3) 最小値 $-\dfrac{25}{4}$ $\left(x=-\dfrac{1}{2}\right)$
(4) 最小値 $-\dfrac{a^2}{8}$ $\left(x=-\dfrac{3}{4}a\right)$

[検討] (1) $y=2\left(x+\dfrac{5}{4}\right)^2-\dfrac{57}{8}$
(2) $y=-\left(x+\dfrac{3}{2}\right)^2+\dfrac{17}{4}$ (3) $y=\left(x+\dfrac{1}{2}\right)^2-\dfrac{25}{4}$
(4) $y=2\left(x+\dfrac{3}{4}a\right)^2-\dfrac{a^2}{8}$

86

[答] (1) 最大値 4 $(x=5)$,
最小値 $-\dfrac{9}{4}$ $\left(x=\dfrac{5}{2}\right)$
(2) 最大値 8 $(x=-2)$，最小値 -1 $(x=1)$
(3) 最大値 4 $(x=1)$，最小値 3 $(x=0, 2)$
(4) 最大値 -4 $(x=1)$，最小値 -14 $(x=2)$

[検討] (1) $y=\left(x-\dfrac{5}{2}\right)^2-\dfrac{9}{4}$
(2) $y=-(x+2)^2+8$ (3) $y=-(x-1)^2+4$
(4) $y=-2(x+1)^2+4$
定義域の範囲でグラフをかき，最大・最小を求めればよい。

87～92 の答え

> **テスト対策**
> 2次関数の最大・最小は，グラフをかき，頂点と端点に注意して求める。

87
答 $c=3$, 最大値 3 $(x=4)$

検討 平方完成をし，どこで最小となるかがわかれば，最小値を c を含んだ式で表せる。

応用問題　　　　　　本冊 p.30

88
答 $0<a\leqq1$ のとき $-a^2+2a+1$ $(x=a)$
　　　$1<a$ のとき　　2　　$(x=1)$

検討 $y=-(x-1)^2+2$
グラフをかき，どこで最大になるかを考える。場合分けのさかい目の $a=1$ はどちらに含めてもよい。

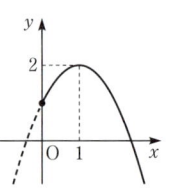

89
答 $1<a<3$ のとき　　-4　　$(x=1)$
　　　$a=3$ のとき　　-4　　$(x=1, 3)$
　　　$3<a$ のとき　a^2-4a-1　$(x=a)$

検討 $y=(x-2)^2-5$
グラフの対称性から，$x=1$ のときと同じ値をとるのは $x=3$ のときである。

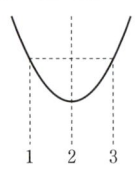

90
答 (1) $a<1$ のとき　　$1-2a$　$(x=1)$
　　　　$1\leqq a\leqq3$ のとき　$-a^2$　$(x=a)$
　　　　$3<a$ のとき　　$9-6a$　$(x=3)$
(2) $a<2$ のとき　　$9-6a$　$(x=3)$
　　$a=2$ のとき　　-3　$(x=1, 3)$
　　$2<a$ のとき　　$1-2a$　$(x=1)$

検討 $y=(x-a)^2-a^2$
軸が $x=a$ だから，軸と区間の位置関係で場合分け。

最小値のときは，区間の端とくらべる。

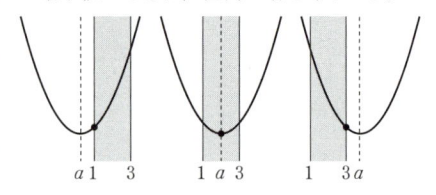

最大値のときは，区間の中央の2とくらべる。

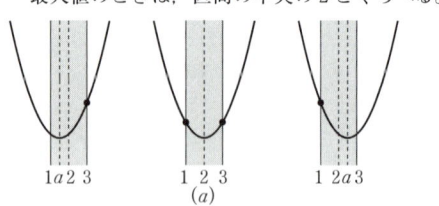

91
答 $a<0$ のとき　　a^2-2 $(x=a+2)$
　　　$0\leqq a\leqq2$ のとき　　-2 $(x=2)$
　　　$2<a$ のとき a^2-4a+2 $(x=a)$

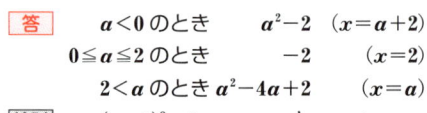

検討 $y=(x-2)^2-2$
区間の右端，左端と2をくらべる。
$a+2<2$ のとき，
$a\leqq2\leqq a+2$ のとき，
$2<a$ のときで場合を分ける。

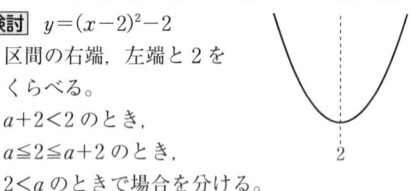

92
答 (1) $a<2$ のとき $-\dfrac{1}{2}a^2+3a$ $(x=a)$
　　　　$a=2$ のとき　　4　　$(x=2, 4)$
　　　　$2<a$ のとき $-\dfrac{1}{2}a^2+a+4$ $(x=a+2)$
(2) $a<1$ のとき $-\dfrac{1}{2}a^2+a+4$ $(x=a+2)$
　　$1\leqq a\leqq3$ のとき　　$\dfrac{9}{2}$　$(x=3)$
　　$3<a$ のとき　$-\dfrac{1}{2}a^2+3a$　$(x=a)$

検討 $y=-\dfrac{1}{2}(x-3)^2+\dfrac{9}{2}$
グラフが上に凸だから，下に凸のときと，最大値，最小値の場合分けの方法が異なる。

93

答

(1) $a<0$ のとき　$m(a)=a^2+2a-9$ $(x=a+3)$
　　$0\leqq a\leqq 3$ のとき　$m(a)=2a-9$ $(x=3)$
　　$3<a$ のとき　$m(a)=a^2-4a$ $(x=a)$

(2) $a=-1$

検討 $f(x)=(x-3)^2+2a-9$

$m(a)$ の最小値は、$m(a)$ のグラフをかいて最小になるところをさがす。範囲によって式が異なるので、3つの関数のグラフをつなぎ合わせる。

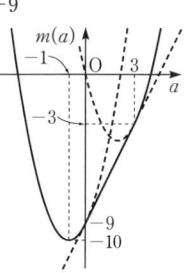

94

答

(1) 最小値 $\dfrac{16}{5}$ $\left(x=\dfrac{8}{5},\ y=-\dfrac{4}{5}\right)$

(2) 最大値 $\dfrac{1}{3}$ $\left(x=\dfrac{2}{3},\ y=-\dfrac{1}{3}\right)$

検討

(1) $x^2+y^2=x^2+(2x-4)^2=5\left(x-\dfrac{8}{5}\right)^2+\dfrac{16}{5}$

(2) $x^2-y^2=x^2-(-2x+1)^2=-3\left(x-\dfrac{2}{3}\right)^2+\dfrac{1}{3}$

95

答 74

検討 $y=12x-x^2$ のグラフは直線 $x=6$ について対称だから、$P(6-X,\ 0)$ とすると
$PS=36-X^2$,
$PQ=2X$

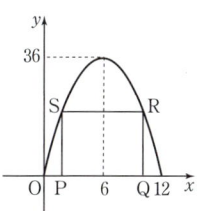

長方形 PQRS の周の長さを Y とすると
$Y=2\{2X+(36-X^2)\}=-2(X-1)^2+74$
よって、$X=1$, すなわち $P(5,\ 0)$ のとき Y は最大で、最大値は 74

13　2次関数の決定

基本問題　・・・・・・・・・・・・本冊 p.31

96

答 (1) $y=x^2+2x+3$　(2) $y=-x^2-2x-1$

検討 (1) 頂点の座標が $(-1,\ 2)$ だから、
$y=a(x+1)^2+2$ とおける。点 $(-2,\ 3)$ を通るので
　　$3=a(-2+1)^2+2$　$a=1$
よって $y=(x+1)^2+2$

(2) 軸の方程式が $x=-1$ だから、
$y=a(x+1)^2+b$ とおける。2点 $(0,\ -1)$, $(-3,\ -4)$ を通るので
$\begin{cases} -1=a+b & \cdots\cdots① \\ -4=4a+b & \cdots\cdots② \end{cases}$
①, ②を解くと $a=-1$, $b=0$
よって $y=-(x+1)^2$

97

答 (1) $y=\dfrac{4}{9}x^2-\dfrac{20}{9}x+\dfrac{25}{9}$

(2) $y=-\dfrac{2}{9}x^2-\dfrac{4}{3}x-2$,　$y=-2x^2+4x-2$

検討 (1) x 軸に接するので、$y=a(x-b)^2$ とおける。
2点 $(4,\ 1)$, $(1,\ 1)$ を通るので
$\begin{cases} 1=a(4-b)^2 & \cdots\cdots① \\ 1=a(1-b)^2 & \cdots\cdots② \end{cases}$
①, ②, $a\neq 0$ より $(4-b)^2=(1-b)^2$
$16-8b+b^2=1-2b+b^2$　$b=\dfrac{5}{2}$
これを①に代入して $a=\dfrac{4}{9}$
よって $y=\dfrac{4}{9}\left(x-\dfrac{5}{2}\right)^2$

(2) x 軸に接するので、$y=a(x-b)^2$ とおける。
2点 $(0,\ -2)$, $(3,\ -8)$ を通るので
$\begin{cases} -2=ab^2 & \cdots\cdots① \\ -8=a(3-b)^2 & \cdots\cdots② \end{cases}$
①より $ab^2\neq 0$　②÷①とすると
$4=\dfrac{(3-b)^2}{b^2}$

$4b^2=b^2-6b+9$
$3b^2+6b-9=0$
$b^2+2b-3=0$
$(b+3)(b-1)=0$
よって $b=-3$, 1
$b=-3$ のとき $a=-\dfrac{2}{9}$
$b=1$ のとき $a=-2$
よって $y=-\dfrac{2}{9}(x+3)^2$, $y=-2(x-1)^2$

98

答 (1) $y=-x^2+4x-3$
(2) $y=\dfrac{1}{2}x^2-x-\dfrac{3}{2}$

検討 (1) x 軸と 2 点 $(1, 0)$, $(3, 0)$ で交わるので, $y=a(x-1)(x-3)$ とおける。
点 $(0, -3)$ を通るので $-3=a(-1)(-3)$
よって $a=-1$
したがって $y=-(x-1)(x-3)$
(2) x^2 の係数は $\dfrac{1}{2}$ であり, x 軸と 2 点 $(-1, 0)$, $(3, 0)$ で交わるので
$y=\dfrac{1}{2}(x+1)(x-3)$

99

答 (1) $y=-2x^2+2x+1$ (2) $y=3x^2-6x+1$
(3) $y=-2x^2+4x+3$

検討 (1) $y=-2x^2+bx+c$ とおく。
2 点 $(1, 1)$, $(2, -3)$ を通るので
$\begin{cases} 1=-2+b+c & \cdots\cdots① \\ -3=-8+2b+c & \cdots\cdots② \end{cases}$
①, ② を解くと $b=2$, $c=1$
(2) $y=ax^2+bx+c$ とおく。
3 点 $(0, 1)$, $(1, -2)$, $(-1, 10)$ を通るので
$\begin{cases} 1=c & \cdots\cdots① \\ -2=a+b+c & \cdots\cdots② \\ 10=a-b+c & \cdots\cdots③ \end{cases}$
① を ②, ③ に代入して
$\begin{cases} -3=a+b \\ 9=a-b \end{cases}$
これを解くと $a=3$, $b=-6$

(3) $y=ax^2+bx+c$ に 3 点の座標を代入すると
$\begin{cases} -3=a-b+c & \cdots\cdots① \\ 5=a+b+c & \cdots\cdots② \\ 3=4a+2b+c & \cdots\cdots③ \end{cases}$
①〜③ を解くと $a=-2$, $b=4$, $c=3$

応用問題 ・・・・・・・・・・・・・・・ 本冊 $p.32$

100

答 $y=x^2$, $y=x^2-2x+4$

検討 $y=x^2+x$ を平行移動したものだから, 頂点の座標を $(a, 3a)$ とおくと, 方程式は $y=(x-a)^2+3a$ となる。点 $(2, 4)$ を通るから
$4=(2-a)^2+3a$
$a^2-a=0$ $a(a-1)=0$
よって $a=0$, 1
したがって $y=x^2$, $y=(x-1)^2+3$

101

答 (1) $f(x)=2x^2-4x-1$
(2) $f(x)=-x^2-2x+1$

検討 (1) $f(x)=a(x-1)^2-3$ とおける。
$f(2)=-1$ より $a-3=-1$ $a=2$
(2) $f(x)=a(x+1)^2+2$ とおける。
$f(1)=-2$ より $4a+2=-2$ $a=-1$

102

答 $a=2$, $b=-1$

検討 $y=ax^2+2ax+b=a(x+1)^2-a+b$
よって, $-2 \leqq x \leqq 1$ より, $x=-1$ で最小値, $x=1$ で最大値をとるから
$\begin{cases} 5=3a+b \\ -3=-a+b \end{cases}$
これを解いて $a=2$, $b=-1$

103

答 $y=-16x^2-16x+1$,
$y=-64x^2+32x+1$

検討 $y=ax^2+bx+c$ が 2 点 $(0, 1)$, $(1, -31)$ を通るので
$c=1$, $a+b+c=-31$

最大値が 5 より $-\dfrac{b^2-4ac}{4a}=5$
この 3 式を解くと
$a=-16$, $b=-16$, $c=1$
または $a=-64$, $b=32$, $c=1$

104

答 $a=-\dfrac{1}{10}$, $b=\dfrac{3}{5}$, $m=-\dfrac{8}{5}$

検討 $ax^2+bx+\dfrac{1}{4a}=a\left(x+\dfrac{b}{2a}\right)^2+\dfrac{1-b^2}{4a}$ が
$x=3$ で最大値 m をとるためには
$a<0$ …① $-\dfrac{b}{2a}=3$ …②
$\dfrac{1-b^2}{4a}=m$ …③
また, $x=1$ のとき $y=-2$ より
$a+b+\dfrac{1}{4a}=-2$ …④
②より $b=-6a$
これを④に代入して整理すると
$(10a+1)(2a-1)=0$
①より $a=-\dfrac{1}{10}$
②, ③より, b, m を求めればよい。

14 2次方程式

基本問題 ……………… 本冊 p.33

105

答 (1) $x=0$, 3 (2) $x=6$, -6
(3) $x=-4$ (4) $x=5$, -4 (5) $x=\dfrac{3}{2}$
(6) $x=3$, -2 (7) $x=7$, -5
(8) $x=8$, -2 (9) $x=6$, -2

検討 (1) $x(x-3)=0$ (2) $(x-6)(x+6)=0$
(3) $(x+4)^2=0$ (4) $(x-5)(x+4)=0$
(5) $(2x-3)^2=0$
(6) $x^2-x-6=0$ $(x-3)(x+2)=0$
(7) $x^2-2x-35=0$ $(x-7)(x+5)=0$
(8) $x^2-6x-16=0$ $(x-8)(x+2)=0$
(9) $x^2-4x-12=0$ $(x-6)(x+2)=0$

106

答 (1) $x=-7$, 6 (2) $x=\dfrac{2}{3}$, $\dfrac{8}{3}$
(3) $x=\dfrac{7\pm\sqrt{29}}{10}$ (4) $x=3\pm\sqrt{7}$
(5) $x=-\dfrac{5}{2}$ (6) 実数解をもたない
(7) 実数解をもたない (8) 実数解をもたない

検討 (1) $x=\dfrac{-1\pm\sqrt{1+4\cdot42}}{2}=\dfrac{-1\pm\sqrt{169}}{2}$
$=\dfrac{-1\pm13}{2}$ より $x=-7$, 6
(2) $x=\dfrac{15\pm\sqrt{225-9\cdot16}}{9}=\dfrac{15\pm\sqrt{81}}{9}=\dfrac{15\pm9}{9}$
より $x=\dfrac{2}{3}$, $\dfrac{8}{3}$
(3) $x=\dfrac{7\pm\sqrt{49-4\cdot5}}{10}=\dfrac{7\pm\sqrt{29}}{10}$
(4) $x=3\pm\sqrt{9-2}=3\pm\sqrt{7}$
(5) $x=\dfrac{-10\pm\sqrt{100-4\cdot25}}{4}=\dfrac{-10}{4}=-\dfrac{5}{2}$
(6) $D=0-4\cdot2=-8<0$ より実数解をもたない
(7) $D=9-4\cdot4=-7<0$ より実数解をもたない
(8) $D=16-4\cdot6\cdot3=-56<0$ より実数解をもたない

> **テスト対策**
> 2次方程式 $ax^2+bx+c=0$ $(a\ne0)$ は,
> $D=b^2-4ac\geqq0$ のとき, $x=\dfrac{-b\pm\sqrt{b^2-4ac}}{2a}$
> $D=b^2-4ac<0$ のとき, 実数解をもたない

107

答 (1) $D=37$, 異なる2つの実数解
(2) $D=-4$, 実数解をもたない
(3) $D=36$, 異なる2つの実数解
(4) $D=-7$, 実数解をもたない
(5) $D=204$, 異なる2つの実数解
(6) $D=0$, 重解

108

答 (1) $a=5$ のとき $x=\dfrac{1}{2}$,
$a=-3$ のとき $x=-\dfrac{1}{2}$
(2) $a=1$ $x=1$

検討 (1) $D=(a-1)^2-4\cdot 4=0$ より,
$a^2-2a-15=0$ $(a-5)(a+3)=0$
$a=5, -3$
重解は, $a=5$ のとき $x=\dfrac{a-1}{8}=\dfrac{5-1}{8}=\dfrac{1}{2}$
$a=-3$ のとき $x=\dfrac{a-1}{8}=\dfrac{-3-1}{8}=-\dfrac{1}{2}$
(2) $\dfrac{D}{4}=(a+1)^2-2(a^2+1)=0$ より,
$a^2-2a+1=0$ $(a-1)^2=0$ $a=1$
$x=\dfrac{a+1}{a^2+1}=\dfrac{1+1}{1^2+1}=1$

109

答 たて **6m**, 横 **13m**

検討 たてを x m とすると $x(x+7)=78$
$x^2+7x-78=0$ $(x-6)(x+13)=0$
$x=6, -13$
x は正であるから $x=-13$ は適さない。

110

答 **4cm**

検討 もとの正方形の 1 辺の長さを x cm とすると $(x+2)(x+4)=3x^2$ 整理すると
$x^2-3x-4=0$ $x=4, -1$
$x=-1$ は適さない。

応用問題 …… 本冊 *p.35*

111

答 (1) **2 秒後と 6 秒後** (2) **8 秒後**

検討 (1) $40t-5t^2=60$ を解く。
(2) $40t-5t^2=0$ を解くと, $t=0, 8$
$t=0$ は適さない。

112

答 **24 と 42**

検討 一の位の数字を x とすると, 十の位の数字は $6-x$ となり, 題意より
$\{10(6-x)+x\}\{10x+(6-x)\}=1008$
これを整理すると, $x^2-6x+8=0$
$x=2, 4$

113

答 $x=1, 5$ $a=-3$

検討 2 つの解を $x_1, x_2 (x_1>x_2)$ とすると
$x_1-x_2=4, x_1=5x_2$
これらから, $x_1=5, x_2=1$ となる。
与式に $x=5$ を代入して解くと $a=-3, -7$
また, $x=1$ を代入して解くと $a=1, -3$
したがって, $a=-3$

114

答 $x^2+7x-6=0$, $x=\dfrac{-7\pm\sqrt{73}}{2}$

検討 $x=p, q$ を解とする 2 次方程式は $(x-p)(x-q)=0$ であるから
A は $(x-2)(x+3)=0$ より $x^2+x-6=0$ の x の係数を書き間違ったので $n=-6$ である。
B は $(x-1)(x+8)=0$ より $x^2+7x-8=0$ の定数項を書き間違ったので $m=7$ である。
よって, 正しい方程式は $x^2+7x-6=0$
その解は解の公式を用いて求められる。

115

答 (1) $a\ne 0$ のとき異なる 2 つの実数解
$a=0$ のとき重解
(2) $a\ne 0$ のとき実数解をもたない
$a=0$ のとき重解
(3) $a\ne 1$ のとき実数解をもたない
$a=1$ のとき重解
(4) $b\ne 0$ のとき異なる 2 つの実数解
$b=0$ のとき重解

[検討] 与式の判別式を D とする。

(1) $\dfrac{D}{4}=4a^2-3a^2=a^2$

　$a\neq 0$ のとき，$D>0$ となるので異なる2つの実数解

　$a=0$ のとき，$D=0$ となるので重解

(2) $D=a^2-4a^2=-3a^2$

　$a\neq 0$ のとき，$D<0$ となるので実数解をもたない

　$a=0$ のとき，$D=0$ となるので重解

(3) $\dfrac{D}{4}=(a+1)^2-2(a^2+1)=-(a-1)^2$

　$a\neq 1$ のとき，$D<0$ となるので実数解をもたない

　$a=1$ のとき，$D=0$ となるので重解

(4) $\dfrac{D}{4}=a^2b^2+2a^2b^2=3a^2b^2$

　与式は2次方程式であるから $a\neq 0$ より，

　$b\neq 0$ のとき，$D>0$ となるので異なる2つの実数解

　$b=0$ のとき，$D=0$ となるので重解

116

[答] $a=4\pm\sqrt{7}$

[検討] 2次式 x^2+bx+c が完全平方式であるとは，$x^2+bx+c=(x+\alpha)^2$ と2乗の形になることである。

よって，完全平方式になることと，$x^2+bx+c=0$ が重解をもつことが同値である。

すなわち，$D=0$ となることが必要十分条件となる。

$\dfrac{D}{4}=9+a(a-8)=a^2-8a+9$

$\dfrac{D}{4}=0$ より　$a^2-8a+9=0$

$a=4\pm\sqrt{16-9}=4\pm\sqrt{7}$

117

[答] a と c は同符号であるから $ac>0$ となり，$D=b^2+4ac>0$

よって，異なる2つの実数解をもつ。

118

[答] $a<-\dfrac{3}{2}$ のとき **0個**，

$a=-\dfrac{3}{2}$，-1 のとき **1個**，

$-\dfrac{3}{2}<a<-1$，$-1<a$ のとき **2個**

[検討] $a+1=0$ のときは2次方程式にならない。
$2x=0$ となり，解は1個
$a+1\neq 0$ のとき
$\dfrac{D}{4}=(a+2)^2-(a+1)^2=2a+3$ より，D の正，負で判別する。

15 グラフと2次方程式

基本問題 ・・・・・・・・・・・・・・・本冊 $p.37$

119

[答] (1) 共有点なし　(2) 接する　(3) 交わる
(4) 接する　(5) 接する　(6) 交わる

[検討] (1) $x^2-2x+2=0$ の判別式を D とすると

$\dfrac{D}{4}=1-2=-1<0$　よって，共有点なし。

以下同様に判別式の符号を調べればよい。

120

[答] $\left(\dfrac{1\pm\sqrt{5}}{2},\ \dfrac{11\pm 3\sqrt{5}}{2}\right)$ (複号同順)

[検討] 連立方程式 $y=x^2+2x+3$，$y=3x+4$ を解くと $x=\dfrac{1\pm\sqrt{5}}{2}$，$y=\dfrac{11\pm 3\sqrt{5}}{2}$ (複号同順)

121

[答] $k>-\dfrac{13}{4}$

[検討] $D=(2k+1)^2-4(k^2-3)$
$=4k^2+4k+1-4k^2+12$
$=4k+13>0$

122
[答] $k<\dfrac{9}{8}$ のとき異なる 2 点で交わる。

$k=\dfrac{9}{8}$ のとき 1 点で接する。$k>\dfrac{9}{8}$ のとき共有点をもたない。

[検討] 2 次関数のグラフと x 軸の位置関係は,判別式 D の符号を調べればよい。

$D=3^2-4\cdot 2\cdot k=9-8k$

> **テスト対策**
>
> 2 次関数のグラフと x 軸の共有点の個数は,判別式を D として,
>
> $D>0$ のとき,2 個
> $D=0$ のとき,1 個
> $D<0$ のとき,0 個

123
[答] $a=-2$ のとき $x=-1$,
$a=3$ のとき $x=4$

[検討] 2 次関数が x 軸とただ 1 点を共有する条件は判別式 $D=0$ より

$\dfrac{D}{4}=(a+1)^2-(3a+7)=a^2-a-6=0$

$(a+2)(a-3)=0$ $a=-2, 3$

$a=-2$ のとき,$x^2-2(a+1)x+3a+7=0$
に代入して $(x+1)^2=0$ $x=-1$
$a=3$ のとき,同様にして $(x-4)^2=0$
$x=4$

応用問題 ······ 本冊 p.39

124
[答] $a<4$ のとき 2 個,$a=4$ のとき 1 個,$a>4$ のとき 0 個。

[検討] $x^2-x-3=x-a$ の判別式の符号を調べればよい。

125
[答] $a=-\dfrac{5}{2}$, $b=\dfrac{25}{16}$

[検討] x 軸に接することから,$x^2-ax+b=0$ の判別式が 0 になる。

よって $a^2-4b=0$ ……①
$y=x+1$ に接することから,
$x^2-ax+b=x+1$ の判別式が 0 になる。
よって $(a+1)^2-4(b-1)=0$ ……②

①,②より $a=-\dfrac{5}{2}$, $b=\dfrac{25}{16}$

126
[答] $y=2x^2-5x+3$

[検討] 平行移動した放物線の方程式は
$y-2a=2(x-a)^2-(x-a)-2$ ……①
これが $y=-x+1$ に接するので,y を消去した $2x^2-4ax+2a^2+3a-3=0$ が重解をもつ。
よって $4a^2-2(2a^2+3a-3)=0$ $a=1$
これを①に代入して整理すると
$y=2x^2-5x+3$

127
[答] 次の通り

	a	b	c	b^2-4ac	$a-b+c$
(1)	+	−	+	+	+
(2)	−	+	0	+	−
(3)	+	+	−	−	+
(4)	+	+	+	+	−
(5)	−	+	−	0	

[検討] (1) グラフが下に凸だから $a>0$

軸が y 軸の右側にあるから $-\dfrac{b}{2a}>0$

よって $b<0$
y 軸の正の部分と交わっているから $c>0$
また,グラフは x 軸と 2 点で交わっているから $b^2-4ac>0$
$f(x)=ax^2+bx+c$ とおく。$x=-1$ のとき y の値は正だから $f(-1)=a-b+c>0$
(2)〜(5)も同様に考えればよい。

16 グラフと2次不等式

基本問題 ······ 本冊 p.40

128
[答] (1) $x<-1$, $2<x$ (2) $2\leqq x\leqq 3$

(3) $x \leqq -4$, $5 \leqq x$ (4) $\dfrac{2}{3} < x < 1$

(5) $x < -2-\sqrt{7}$, $-2+\sqrt{7} < x$

(6) $\dfrac{3-\sqrt{17}}{4} \leqq x \leqq \dfrac{3+\sqrt{17}}{4}$

検討 (2)～(4) 因数分解して，およその様子のわかるグラフをかいて解く。

(2) $(x-2)(x-3) \leqq 0$
　よって　$2 \leqq x \leqq 3$

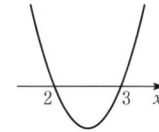

(3) $(x-5)(x+4) \geqq 0$
　よって　$x \leqq -4$, $5 \leqq x$

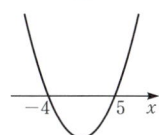

(4) $(x-1)(3x-2) < 0$
　よって　$\dfrac{2}{3} < x < 1$

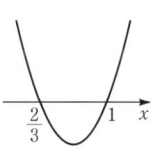

(5), (6)は解の公式を用いる。
ただし，解の公式は2次方程式の解を求めるものだから，

(5) 「$x = -2 \pm \sqrt{7}$　よって　$x < -2-\sqrt{7}$, $-2+\sqrt{7} < x$」などと解答してはいけない。
「2次方程式 $x^2+4x-3=0$ の解は
　　$x = -2 \pm \sqrt{7}$
よって，2次不等式の解は
　　$x < -2-\sqrt{7}$, $-2+\sqrt{7} < x$」
とちゃんと両者を区別して解答するようにしよう。

(6) 2次方程式 $2x^2-3x-1=0$ を解くと
　　$x = \dfrac{3 \pm \sqrt{17}}{4}$
よって，2次不等式の解は
　　$\dfrac{3-\sqrt{17}}{4} \leqq x \leqq \dfrac{3+\sqrt{17}}{4}$

129

答 (1) 解なし (2) すべての実数
(3) 4以外のすべての実数 ($x<4$, $4<x$ でもよい) (4) すべての実数 (5) 解なし
(6) $x = -3$

検討 グラフは省略する。

(1) $\dfrac{D}{4} = 4-5 < 0$　よって　解なし

(2) $\dfrac{D}{4} = 1-5 < 0$　よって　すべての実数

(3) $(x-4)^2 > 0$　よって　4以外のすべての実数

(4) $(x-2)^2 \geqq 0$　よって　すべての実数

(5) $D = 9-24 < 0$　よって　解なし

(6) $(x+3)^2 \leqq 0$　よって　$x = -3$

130

答 (1) $-5 < x \leqq -2$, $4 \leqq x < 7$

(2) $\dfrac{3}{2} < x < 2$

検討 (1) $(x-4)(x+2) \geqq 0$ より
　　$x \leqq -2$, $4 \leqq x$
$(x+5)(x-7) < 0$ より　$-5 < x < 7$

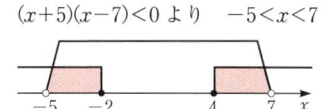

よって　$-5 < x \leqq -2$, $4 \leqq x < 7$

(2) $(x-2)(3x-1) < 0$ より
　　$\dfrac{1}{3} < x < 2$
$(2x-3)(3x+1) > 0$ より
　　$x < -\dfrac{1}{3}$, $\dfrac{3}{2} < x$

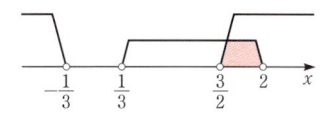

よって　$\dfrac{3}{2} < x < 2$

131

答 $k<-4$, $4<k$ のとき共有点2個, $k=\pm 4$ のとき共有点1個, $-4<k<4$ のとき共有点0個

検討 $x^2+kx+4=0$ の判別式を D とすると
$D = k^2-16$
x軸との共有点2個は $D>0$ のとき, 共有点1個は $D=0$ のとき, 共有点0個は $D<0$ のときである。

132

答 $-8 < a < 4$

検討 $x^2-(4+a)x+a+12=0$ において
$D=(4+a)^2-4(a+12)=a^2+4a-32<0$
$(a+8)(a-4)<0$ より $-8<a<4$

133

答 $-5 < a < 3$

検討 $x^2-(a+1)x+4>0$ がどんな実数値 x に対しても成り立つようにすればよい。
$x^2-(a+1)x+4=0$ において
$D=(a+1)^2-16=(a+5)(a-3)<0$
$-5<a<3$

134

答 $-1 < m < 3$

検討 $f(x)=0$ の判別式が負であればよい。
$\dfrac{D}{4}=m^2-(2m+3)<0$
$(m+1)(m-3)<0$ $-1<m<3$

テスト対策

2次不等式 $ax^2+bx+c>0$ がつねに成り立つ条件は,
$a>0$ かつ $D=b^2-4ac<0$

135

答 (1) $2 \leqq a < 3$ (2) $a \leqq -1$ (3) $a > 3$

検討 2次方程式の実数解は,2次関数のグラフと x 軸の共有点の x 座標だから,共有点が与えられた範囲に入るための条件を求める。2つの解がともにある範囲に入るためには,①判別式,②軸,③端点の3つの条件がすべて成り立つことが必要十分条件となる。
$f(x)=x^2-2(a-1)x-a+3$ とおく。
軸は $x=a-1$ である。

(1) $\dfrac{D}{4}=(a-1)^2-(-a+3)=a^2-a-2$
$\phantom{\dfrac{D}{4}}=(a+1)(a-2) \geqq 0$ より
$\phantom{\dfrac{D}{4}}a \geqq 2,\ a \leqq -1$ ……①
$f(0)=-a+3>0$ より $a<3$ ……②
$a-1>0$ より $a>1$ ……③

①,②,③より $2 \leqq a < 3$

(2) $D \geqq 0$ より $a \geqq 2,\ a \leqq -1$ ……①
$f(0)=-a+3>0$ より $a<3$ ……②
$a-1<0$ より $a<1$ ……③

①,②,③より $a \leqq -1$

(3) $f(0)=-a+3<0$ より $a>3$

応用問題 ……… 本冊 p.42

136

答 (1) $a \leqq -4$ (2) $4 \leqq a < 5$ (3) $a > 5$

検討 $f(x)=x^2+ax+4$ とおく。

軸は $x=-\dfrac{a}{2}$ である。

(1) $D=a^2-16 \geqq 0$ より $a \geqq 4,\ a \leqq -4$ ……①
$f(-1)=1-a+4=5-a>0$ より $a<5$ ……②
$-\dfrac{a}{2}>-1$ より $a<2$ ……③

①,②,③より $a \leqq -4$

(2) $D \geqq 0$ より $a \geqq 4,\ a \leqq -4$ ……①
$f(-1)>0$ より $a<5$ ……②
$-\dfrac{a}{2}<-1$ より $a>2$ ……③

①,②,③より $4 \leqq a < 5$

(3) $f(-1)<0$ より $a>5$

137

答 $a \geqq 5+2\sqrt{6}$

検討 $f(x)=ax^2+(1-5a)x+6a$ とおく。

軸は $x=\dfrac{5a-1}{2a}$ である。

$D=(1-5a)^2-24a^2=a^2-10a+1 \geqq 0$
$a \geqq 5+2\sqrt{6},\ a \leqq 5-2\sqrt{6}$ ……①
$f(1)=2a+1>0$ $a>-\dfrac{1}{2}$ ……②
$\dfrac{5a-1}{2a}>1,\ a>0$ より,両辺に $2a$ をかけて
$5a-1>2a$ $a>\dfrac{1}{3}$ ……③

①,②,③より $a \geqq 5+2\sqrt{6}$

138

答 $4 < a < 5$

|検討| $f(x)=2x^2-ax+2$ とおく。
グラフは下に凸だから，右図のようになる。 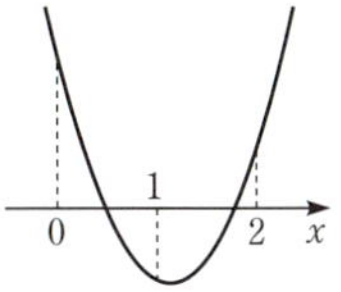
よって，$f(0)>0$ かつ $f(1)<0$ かつ $f(2)>0$ ……①
逆に①を満たせば，グラフは上図のようになる。よって①が必要十分条件である。
$f(0)=2>0$,
$f(1)=4-a<0$ より $a>4$,
$f(2)=10-2a>0$ より $a<5$
よって $4<a<5$

139

|答| $a>2$

|検討| $f(x)=ax^2-x-1$ とおく。
軸は $x=\dfrac{1}{2a}$ である。
$D=1+4a\geqq 0$ より $a\geqq -\dfrac{1}{4}$
$a\neq 0$ なので $-\dfrac{1}{4}\leqq a<0,\ 0<a$ ……①
$-1<\dfrac{1}{2a}<1$ において
$a>0$ のとき $-2a<1<2a$
$a<0$ のとき $-2a>1>2a$
まとめると $a<-\dfrac{1}{2},\ \dfrac{1}{2}<a$ ……②
①，②より $a>\dfrac{1}{2}$
よって $f(-1)=a>0$,
$f(1)=a-2>0$
ゆえに $a>2$ ……③
①，②，③より $a>2$

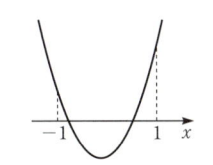

140

|答| $-6\leqq a<-5,\ 1<a\leqq 2$

|検討| $(x+a)(x-2)<0$
よって，
(i) $2<-a$ すなわち $a<-2$ のとき
解は $2<x<-a$ となる。

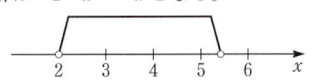

よって，$5<-a<6$ すなわち $-6<a<-5$
のときは，整数は 3, 4, 5 の 3 個が含まれているので題意を満たす。$-a$ が端の値 5, 6 になったときを考えよう。
$-a=6$ のときは，6 は解に含まれない。よって，整数は 3 個のままであるので題意を満たす。
$-a=5$ のときは，5 が解に含まれなくなる。よって，題意を満たさない。
したがって $-6\leqq a<-5$

(ii) $-a<2$ すなわち $a>-2$ のとき
解は $-a<x<2$ となる。

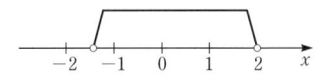

$-2<-a<-1$ すなわち $1<a<2$ は題意を満たす。
$-a=-1,\ -2$ のときを考えると，(i)と同様，$-a=-2$ は題意を満たし，$-a=-1$ は題意を満たさない。よって $1<a\leqq 2$

(i)，(ii)より $-6\leqq a<-5,\ 1<a\leqq 2$

141

|答| $k<2$

|検討| $f(x)=x^2-2kx-k+6$ とおく。
$1\leqq x\leqq 3$ を満たすすべての x について
$f(x)>0$
$\Leftrightarrow 1\leqq x\leqq 3$ における $f(x)$ の最小値 $m>0$
よって，$f(x)$ の最小値 m を求める。
$f(x)=(x-k)^2-k^2-k+6$ より，軸は $x=k$

(i) $k<1$ のとき
$m=f(1)$
$=1-2k-k+6>0$
$k<\dfrac{7}{3}$
よって，$k<1$

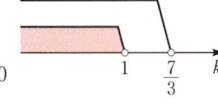

(ii) $1\leqq k\leqq 3$ のとき
$m=f(k)$
$=-k^2-k+6>0$
$k^2+k-6<0$
$(k+3)(k-2)<0$
$-3<k<2$
よって，$1\leqq k<2$

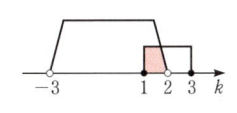

(iii) $3<k$ のとき
$m=f(3)$
$=9-6k-k+6>0$
$k<\dfrac{15}{7}$
よって，解なし 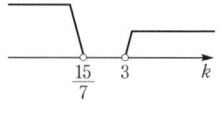
(i), (ii), (iii)をあわせて
$k<2$

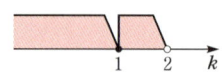

142

[答] 最大値 5 $(x=\pm\sqrt{3},\ y=1)$
　　　最小値 -4 $(x=0,\ y=-2)$

[検討] $x^2=4-y^2\geqq 0$ より
$-2\leqq y\leqq 2$
$z=x^2+2y=4-y^2+2y$
　$=-(y-1)^2+5$
よって，$y=1$ のとき
最大値 5 このとき
$x^2=3$ より　$x=\pm\sqrt{3}$
$y=-2$ のとき最小値 -4 このとき　$x=0$

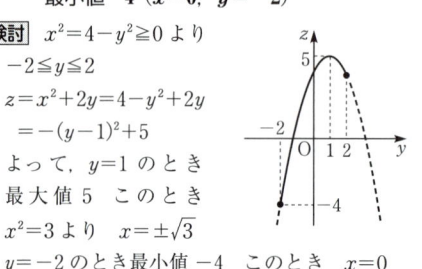

143

[答] 最大値 $\sqrt{3}$ $\left(x=\dfrac{2\sqrt{3}}{3},\ y=\dfrac{\sqrt{3}}{3}\right)$
　　　最小値 $-\sqrt{3}$ $\left(x=-\dfrac{2\sqrt{3}}{3},\ y=-\dfrac{\sqrt{3}}{3}\right)$

[検討] $x+y=k$ とおく．$y=k-x$ を条件式に代入して
$x^2+2(k^2-2kx+x^2)-2=0$
$3x^2-4kx+2k^2-2=0$ ……①
k を与えたとき，①を満たす実数 x が存在することが，k の満たすべき条件である．
よって　$\dfrac{D}{4}=(2k)^2-3(2k^2-2)\geqq 0$
$4k^2-6k^2+6\geqq 0$
$k^2\leqq 3$ 　$-\sqrt{3}\leqq k\leqq \sqrt{3}$
①より　$x=\dfrac{2k\pm\sqrt{\dfrac{D}{4}}}{3}$
$\dfrac{D}{4}=0$ のとき　$x=\dfrac{2}{3}k$
したがって，
$k=\sqrt{3}$ のとき　$x=\dfrac{2\sqrt{3}}{3}$,

$y=\sqrt{3}-\dfrac{2\sqrt{3}}{3}=\dfrac{\sqrt{3}}{3}$
$k=-\sqrt{3}$ のとき　$x=-\dfrac{2\sqrt{3}}{3}$,
$y=-\sqrt{3}+\dfrac{2\sqrt{3}}{3}=-\dfrac{\sqrt{3}}{3}$

144

[答] 下図
(1) (2) (3) (4)

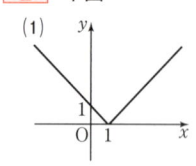

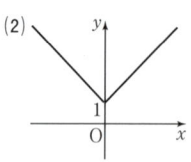

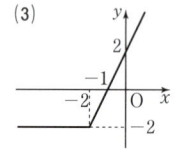

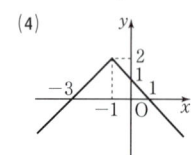

[検討] (1) $x\geqq 1$ のとき $y=x-1$，$x<1$ のとき $y=-x+1$
(2) $x\geqq 0$ のとき $y=x+1$，$x<0$ のとき $y=-x+1$
(3) $x\geqq -2$ のとき $y=2x+2$，$x<-2$ のとき $y=-2$
(4) $x\geqq -1$ のとき $y=-x+1$，$x<-1$ のとき $y=x+3$

145

[答] 右図

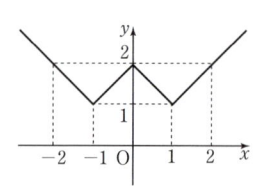

[検討] $x<-1$ のとき $y=-x$
$-1\leqq x<0$ のとき $y=x+2$
$0\leqq x<1$ のとき $y=-x+2$
$1\leqq x$ のとき $y=x$

146 答 下図

(1) [グラフ]

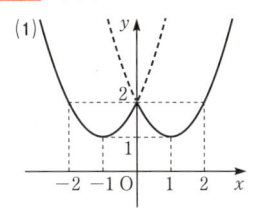

(2) [グラフ]

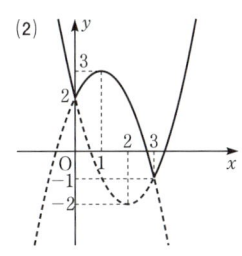

検討 (1) $x \geqq 0$ のとき
$y = x^2 - 2x + 2 = (x-1)^2 + 1$
$x < 0$ のとき
$y = x^2 + 2x + 2 = (x+1)^2 + 1$

(2) $x \leqq 0$, $x \geqq 3$ のとき
$y = x^2 - 3x - x + 2$
$= x^2 - 4x + 2 = (x-2)^2 - 2$
$0 < x < 3$ のとき
$y = -x^2 + 3x - x + 2$
$= -x^2 + 2x + 2 = -(x-1)^2 + 3$

17 直角三角形と三角比

基本問題 …… 本冊 p.44

147

答 (1) $\sin A = \dfrac{3\sqrt{34}}{34}$,
$\cos A = \dfrac{5\sqrt{34}}{34}$, $\tan A = \dfrac{3}{5}$

(2) $\sin A = \dfrac{3}{5}$, $\cos A = \dfrac{4}{5}$, $\tan A = \dfrac{3}{4}$

(3) $\sin A = \dfrac{\sqrt{133}}{13}$, $\cos A = \dfrac{6}{13}$, $\tan A = \dfrac{\sqrt{133}}{6}$

検討 (1) $AB = \sqrt{34}$

(2) $AC = 5$
(3) $BC = \sqrt{133}$

148

答 (1) **0.3090** (2) **0.9135** (3) **0.9004**
(4) **0.9397** (5) **0.4695** (6) **3.0777**

149

答 (1) **55°** (2) **66°** (3) **41°**
(4) **65°** (5) **29°** (6) **44°**

150

答 (1) $x = \dfrac{5}{2}$, $y = \dfrac{5\sqrt{3}}{2}$

(2) $x = \dfrac{10\sqrt{3}}{3}$, $y = \dfrac{5\sqrt{3}}{3}$

(3) $x = 4\sqrt{2}$, $y = 4$

151

答 **71.4m**

検討 ふ角が $35°$ であるから，右の図で 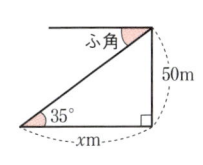
$\tan 35° = \dfrac{50}{x}$

$x = \dfrac{50}{\tan 35°} ≒ 71.4$

152

答 (1) $\sin 30° = \dfrac{1}{2}$, $\cos 30° = \dfrac{\sqrt{3}}{2}$,
$\tan 30° = \dfrac{\sqrt{3}}{3}$

(2) $\sin 45° = \dfrac{\sqrt{2}}{2}$, $\cos 45° = \dfrac{\sqrt{2}}{2}$,
$\tan 45° = 1$

(3) $\sin 60° = \dfrac{\sqrt{3}}{2}$, $\cos 60° = \dfrac{1}{2}$,
$\tan 60° = \sqrt{3}$

検討 下の図を覚えておく。

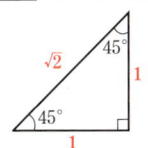

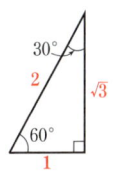

153〜**158** の答え

153

答 (1) $\dfrac{1}{2}$ (2) $\dfrac{\sqrt{6}-\sqrt{2}}{4}$ (3) **0**

(4) $1-\sqrt{3}$

検討 (1) 与式 $=\dfrac{\sqrt{3}}{2}\cdot\dfrac{\sqrt{3}}{2}-\dfrac{1}{2}\cdot\dfrac{1}{2}=\dfrac{3}{4}-\dfrac{1}{4}=\dfrac{1}{2}$

(2) 与式 $=\dfrac{\sqrt{2}}{2}\cdot\dfrac{\sqrt{3}}{2}-\dfrac{\sqrt{2}}{2}\cdot\dfrac{1}{2}=\dfrac{\sqrt{6}-\sqrt{2}}{4}$

(3) 与式 $=\left(\dfrac{\sqrt{2}}{2}+\dfrac{\sqrt{2}}{2}\right)\left(\dfrac{\sqrt{2}}{2}-\dfrac{\sqrt{2}}{2}\right)=\sqrt{2}\cdot 0=0$

(4) 与式 $=\left(\dfrac{1}{\sqrt{3}}-1\right)\cdot\sqrt{3}=1-\sqrt{3}$

18 正接・正弦・余弦の相互関係

基本問題 ……… 本冊 p.46

154

答 (1) $\cos 37°$ (2) $\sin 13°$

(3) $\dfrac{1}{\tan 26°}$

検討 (1) $\sin 53°=\sin(90°-37°)=\cos 37°$

(2) $\cos 77°=\cos(90°-13°)=\sin 13°$

(3) $\tan 64°=\tan(90°-26°)=\dfrac{1}{\tan 26°}$

155

答 $\cos\theta=\dfrac{5}{13}$, $\tan\theta=\dfrac{12}{5}$

検討 図をかいて求めると簡単である。 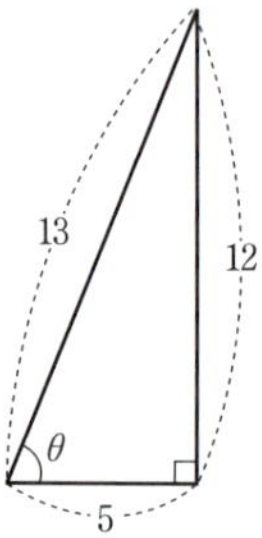
公式を用いて求めると，
$\cos^2\theta+\sin^2\theta=1$ より
$\cos\theta=\sqrt{1-\sin^2\theta}$
$=\sqrt{1-\left(\dfrac{12}{13}\right)^2}=\dfrac{5}{13}$

(鋭角だから $\cos\theta>0$)

$\tan\theta=\dfrac{\sin\theta}{\cos\theta}=\dfrac{12}{13}\div\dfrac{5}{13}=\dfrac{12}{5}$

156

答 $\sin\theta=\dfrac{4\sqrt{41}}{41}$, $\cos\theta=\dfrac{5\sqrt{41}}{41}$

検討 図をかいて求めると簡単である。 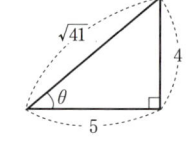
公式を用いて求めると
$1+\tan^2\theta=\dfrac{1}{\cos^2\theta}$ より

$\cos\theta=\sqrt{\dfrac{1}{1+\tan^2\theta}}$

$=\sqrt{\dfrac{1}{1+\left(\dfrac{4}{5}\right)^2}}=\sqrt{\dfrac{25}{41}}=\dfrac{5\sqrt{41}}{41}$

(鋭角だから $\cos\theta>0$)

$\sin\theta=\cos\theta\tan\theta=\dfrac{5\sqrt{41}}{41}\times\dfrac{4}{5}=\dfrac{4\sqrt{41}}{41}$

> **テスト対策**
> $\tan\theta$ がわかっているときは，
> まず $1+\tan^2\theta=\dfrac{1}{\cos^2\theta}$ から $\cos\theta$ を求め，
> 次に $\sin\theta=\cos\theta\tan\theta$ として $\sin\theta$ を求める。

応用問題 ……… 本冊 p.46

157

答 **11.6m**

検討 右の図で， 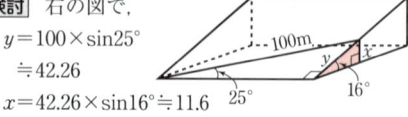
$y=100\times\sin 25°$
$\fallingdotseq 42.26$
$x=42.26\times\sin 16°\fallingdotseq 11.6$

158

答 **39.5m**

検討 右の図で， 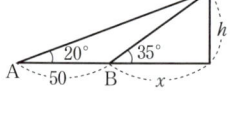
$\tan 20°=\dfrac{h}{50+x}$

$\tan 35°=\dfrac{h}{x}$ より

$h=\dfrac{50\tan 20°\tan 35°}{\tan 35°-\tan 20°}\fallingdotseq 37.9$

求めるものは $h+1.6$ であることに注意する。

19 鈍角の三角比

基本問題 ……… 本冊 p.47

159

答　(1) $\sin 135° = \dfrac{\sqrt{2}}{2}$

(2) $\cos 150° = -\dfrac{\sqrt{3}}{2}$

(3) $\tan 120° = -\sqrt{3}$

(4) $\cos 90° = 0$

(5) $\sin 180° = 0$

(6) $\tan 150° = -\dfrac{\sqrt{3}}{3}$

検討　図より値を考える。

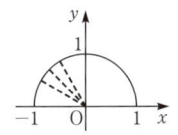

160

答　(1) 0　(2) 1

検討　(1) 与式 $= \cos\theta + \sin\theta - \sin\theta - \cos\theta = 0$

(2) 与式 $= \dfrac{1-\sin\theta}{1+\cos\theta} \times \dfrac{1+\cos\theta}{1-\sin\theta} = 1$

20 三角比の相互関係

基本問題 ……… 本冊 p.48

161

答　$\cos\theta = -\dfrac{2\sqrt{2}}{3}$, $\tan\theta = -\dfrac{\sqrt{2}}{4}$

検討　$\sin^2\theta + \cos^2\theta = 1$ より　$\cos^2\theta = \dfrac{8}{9}$

θ が鈍角だから　$\cos\theta < 0$

よって　$\cos\theta = -\dfrac{2\sqrt{2}}{3}$

$\tan\theta = \dfrac{\sin\theta}{\cos\theta} = \dfrac{1}{3} \times \left(-\dfrac{3}{2\sqrt{2}}\right) = -\dfrac{\sqrt{2}}{4}$

162

答　(1) $\sin\theta = \dfrac{\sqrt{3}}{2}$, $\tan\theta = -\sqrt{3}$

(2) $\sin\theta = \dfrac{2\sqrt{5}}{5}$, $\cos\theta = -\dfrac{\sqrt{5}}{5}$

検討　(1) $\cos\theta < 0$ より
$90° < \theta < 180°$
図をかけば右のようになる。計算では

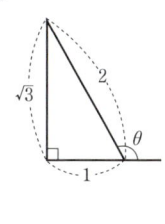

$\sin\theta = \sqrt{1-\left(-\dfrac{1}{2}\right)^2}$
$= \dfrac{\sqrt{3}}{2}$

$\tan\theta = \dfrac{\sqrt{3}}{2} \div \left(-\dfrac{1}{2}\right) = -\sqrt{3}$

(2) θ が鈍角だから図をかくと右のようになる。計算では

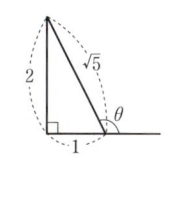

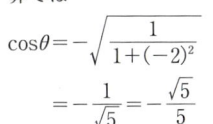

$\cos\theta = -\sqrt{\dfrac{1}{1+(-2)^2}}$
$= -\dfrac{1}{\sqrt{5}} = -\dfrac{\sqrt{5}}{5}$

$\sin\theta = \cos\theta \tan\theta = -\dfrac{\sqrt{5}}{5} \times (-2) = \dfrac{2\sqrt{5}}{5}$

163

答　(1) 左辺 $= \dfrac{2\sin\theta}{1-\cos^2\theta} = \dfrac{2\sin\theta}{\sin^2\theta}$
$= \dfrac{2}{\sin\theta} =$ 右辺

(2) 左辺 $= \dfrac{\tan\theta\sin\theta\cos\theta + (1+\cos\theta)^2}{\sin\theta\cos\theta(1+\cos\theta)}$
$= \dfrac{\sin^2\theta + 1 + 2\cos\theta + \cos^2\theta}{\sin\theta\cos\theta(1+\cos\theta)}$
$= \dfrac{2(1+\cos\theta)}{\sin\theta\cos\theta(1+\cos\theta)}$
$= \dfrac{2}{\sin\theta\cos\theta} =$ 右辺

164

答　(1) $\theta = 60°,\ 120°$　(2) $\theta = 120°$

(3) $\theta = 135°$

検討　半径 1 の円（単位円）をかいて考える。

(1) [単位円の図：$y=\frac{\sqrt{3}}{2}$] (2) [単位円の図：$y=\frac{1}{2}$]

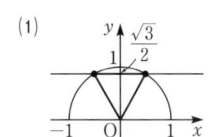

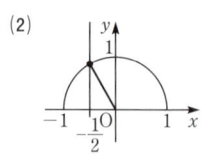

(3) [単位円と直線の図] $\tan\theta$ は直線の傾きである。

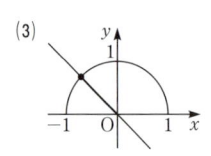

165
答 $\theta=30°,\ 150°$

検討 $(\sin\theta+4)(2\sin\theta-1)=0$
$\sin\theta=-4,\ \dfrac{1}{2}$
$0\leqq\sin\theta\leqq1$ より $\sin\theta=\dfrac{1}{2}$
よって $\theta=30°,\ 150°$

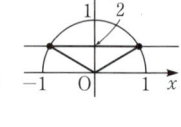

[単位円の図]

166
答 (1) $0°\leqq\theta\leqq30°,\ 150°\leqq\theta\leqq180°$
(2) $0°\leqq\theta<150°$
(3) $90°<\theta\leqq120°$

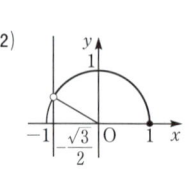

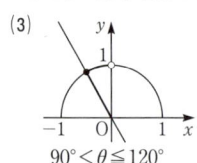

検討 単位円をかく。

(1) [図] $0°\leqq\theta\leqq30°,\ 150°\leqq\theta\leqq180°$

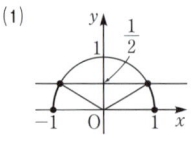

(2) [図] $0°\leqq\theta<150°$

(3) [図] $\theta=90°$ のとき $\tan\theta$ の値はない。
$90°<\theta\leqq120°$

応用問題　　本冊 $p.49$

167
答 (1) $\dfrac{2}{\tan\theta}$　(2) 1　(3) 0

検討 (1) 与式 $=\dfrac{2-2(\sin^2\theta-\cos^2\theta)}{1-(\sin\theta-\cos\theta)^2}$

$=\dfrac{2(1-\sin^2\theta+\cos^2\theta)}{1-(1-2\sin\theta\cos\theta)}=\dfrac{4\cos^2\theta}{2\sin\theta\cos\theta}$

$=\dfrac{2\cos\theta}{\sin\theta}=\dfrac{2}{\tan\theta}$

(2) 与式 $=(1+\tan^2\theta)(1-\tan^2\theta)\cos^2\theta+\tan^2\theta$
$=\dfrac{1}{\cos^2\theta}(1-\tan^2\theta)\cos^2\theta+\tan^2\theta=1$

(3) 与式 $=\dfrac{\sin^2\theta-\cos^2\theta}{\sin^2\theta-2\sin\theta\cos\theta+\cos^2\theta}$
$\quad+\dfrac{\sin^2\theta+2\sin\theta\cos\theta+\cos^2\theta}{\cos^2\theta-\sin^2\theta}$
$=\dfrac{\sin^2\theta-\cos^2\theta}{(\sin\theta-\cos\theta)^2}+\dfrac{(\sin\theta+\cos\theta)^2}{\cos^2\theta-\sin^2\theta}$
$=\dfrac{\sin\theta+\cos\theta}{\sin\theta-\cos\theta}+\dfrac{\sin\theta+\cos\theta}{\cos\theta-\sin\theta}=0$

168
答 (1) $-\dfrac{1}{4}$　(2) $\dfrac{\sqrt{6}}{2}$

検討 (1) $\sin\theta+\cos\theta=\dfrac{1}{\sqrt{2}}$ の両辺を平方すれば，
$\sin^2\theta+2\sin\theta\cos\theta+\cos^2\theta=\dfrac{1}{2}$
$1+2\sin\theta\cos\theta=\dfrac{1}{2}$　$\sin\theta\cos\theta=-\dfrac{1}{4}$

(2) $0°<\theta<180°$ だから $\sin\theta>0$ で，(1)の結果より，$\cos\theta<0$ となる。
$(\sin\theta-\cos\theta)^2=1-2\sin\theta\cos\theta$
$\qquad\qquad\qquad=1-2\left(-\dfrac{1}{4}\right)=\dfrac{3}{2}$
$\sin\theta-\cos\theta>0$ より　$\sin\theta-\cos\theta=\dfrac{\sqrt{6}}{2}$

169
答 最大値 1，最小値 -15

検討 $y=2(1-\cos^2 x)+8\cos x-7$
$\quad=-2\cos^2 x+8\cos x-5$
$\quad=-2(\cos x-2)^2+3$ ……①
$0°\leqq x\leqq180°$ より　$-1\leqq\cos x\leqq1$ ……②
①，②より $\cos x=1$，すなわち $x=0°$ のとき最大となり，最大値は 1 である。
また，$\cos x=-1$，すなわち $x=180°$ のとき最小となり，最小値は -15 である。

170

答 $p=-1$, $q=9$
または $p=2$, $q=6$

検討 $f(x)=\cos^2 x+2p\sin x+q$
$=(1-\sin^2 x)+2p\sin x+q$
$=-\sin^2 x+2p\sin x+q+1$
$=-(\sin x-p)^2+p^2+q+1$ ……①

$0\leqq\sin x\leqq1$ の範囲で①を考える。

(i) $p<0$ のとき
$\sin x=0$ で最大値,$\sin x=1$ で最小値をとる。
よって,$q+1=10$,$2p+q=7$
$p=-1$,$q=9$
これは $p<0$ に適する。

(ii) $0\leqq p<\dfrac{1}{2}$ のとき
$\sin x=p$ で最大値,$\sin x=1$ で最小値をとる。
よって,$p^2+q+1=10$,$2p+q=7$
q を消去して $p^2-2p-2=0$
$p=1\pm\sqrt{3}$
これは $0\leqq p<\dfrac{1}{2}$ に適さない。

(iii) $\dfrac{1}{2}\leqq p<1$ のとき
$\sin x=p$ で最大値,$\sin x=0$ で最小値をとる。
よって,$p^2+q+1=10$,$q+1=7$
$p=\pm\sqrt{3}$,$q=6$
これは $\dfrac{1}{2}\leqq p<1$ に適さない。

(iv) $p\geqq1$ のとき
$\sin x=1$ で最大値,$\sin x=0$ で最小値をとる。
よって,$2p+q=10$,$q+1=7$
$p=2$,$q=6$
これは $p\geqq1$ に適する。

171

答 $\alpha=30°$,$\beta=150°$

検討 $\sin\beta=1-\sin\alpha$,$\cos\beta=-\cos\alpha$ を
$\sin^2\beta+\cos^2\beta=1$ に代入して
$(1-\sin\alpha)^2+(-\cos\alpha)^2=1$
$1-2\sin\alpha+(\sin^2\alpha+\cos^2\alpha)=1$
よって $\sin\alpha=\dfrac{1}{2}$
$0°<\alpha<180°$ より $\alpha=30°$,$150°$

$\alpha=30°$ のとき
$\sin\beta=1-\sin\alpha=\dfrac{1}{2}$
$\cos\beta=-\cos\alpha=-\dfrac{\sqrt{3}}{2}$
$0°<\beta<180°$ より $\beta=150°$

$\alpha=150°$ のとき
上と同様にして $\beta=30°$
これは $\alpha\leqq\beta$ という条件に反する。
ゆえに $\alpha=30°$,$\beta=150°$

21 正弦定理

基本問題 ……… 本冊 p.50

172

答 $R=5\sqrt{2}$,$c=5\sqrt{6}$

検討 $A=180°-B-C=45°$
正弦定理より
$R=\dfrac{a}{2\sin A}=\dfrac{10}{2\sin45°}=5\sqrt{2}$
$c=2R\sin C=10\sqrt{2}\sin60°=5\sqrt{6}$

173

答 (1) $A=30°$,$150°$
(2) $\sin A:\sin B:\sin C=4:3:2$
(3) $a:b:c=2:\sqrt{3}:1$

検討 (1) $\dfrac{5}{\sin A}=2\cdot5$ より $\sin A=\dfrac{1}{2}$
$0°<A<180°$ より $A=30°$,$150°$

(2) 正弦定理より $\sin A:\sin B:\sin C$
$=\dfrac{a}{2R}:\dfrac{b}{2R}:\dfrac{c}{2R}=4:3:2$

(3) $A=180°\times\dfrac{3}{3+2+1}=90°$,$B=180°\times\dfrac{2}{6}=60°$
$C=180°\times\dfrac{1}{6}=30°$
$a:b:c=\sin90°:\sin60°:\sin30°$
$=1:\dfrac{\sqrt{3}}{2}:\dfrac{1}{2}=2:\sqrt{3}:1$

174

答 $B=60°$,$C=90°$,$c=2$
または $B=120°$,$C=30°$,$c=1$

[検討] $\dfrac{1}{\sin 30°}=\dfrac{\sqrt{3}}{\sin B}$ より $\sin B=\dfrac{\sqrt{3}}{2}$

$0°<B<180°$ より $B=60°$, $120°$

$B=60°$ のとき, $C=180°-(30°+60°)=90°$

$\dfrac{1}{\sin 30°}=\dfrac{c}{\sin 90°}$ より $c=2$

$B=120°$ のとき, $C=180°-(30°+120°)=30°$

$\dfrac{1}{\sin 30°}=\dfrac{c}{\sin 30°}$ より $c=1$

175

[答] $b=\dfrac{15}{2}$, $c=5$

[検討] $a:b:c=\sin A:\sin B:\sin C=4:3:2$

なので, $10:b=4:3$ より $b=\dfrac{15}{2}$

$10:c=4:2$ より $c=5$

22 余弦定理

基本問題 ……………… 本冊 p.52

176

[答] (1) $a=\sqrt{13}$ (2) $c=3$
(3) $A=90°$ (4) $B=45°$
(5) $\cos A:\cos B:\cos C=-4:11:14$

[検討] (1) $a^2=3^2+4^2-2\times 3\times 4\times \cos 60°$
$=9+16-12=13$ $a>0$ より $a=\sqrt{13}$

(2) $c^2=3^2+(3\sqrt{2})^2-2\times 3\times 3\sqrt{2}\times\cos 45°$
$=9+18-18=9$ $c>0$ より $c=3$

(3) $\cos A=\dfrac{3^2+4^2-5^2}{2\times 3\times 4}=0$

$0°<A<180°$ より $A=90°$

(4) $\cos B=\dfrac{(3\sqrt{2})^2+(3+\sqrt{3})^2-(2\sqrt{3})^2}{2\times 3\sqrt{2}\times(3+\sqrt{3})}=\dfrac{1}{\sqrt{2}}$

$0°<B<180°$ より $B=45°$

(5) $a:b:c=4:3:2$ より $a=4k$, $b=3k$, $c=2k$

$\cos A:\cos B:\cos C$
$=\dfrac{b^2+c^2-a^2}{2bc}:\dfrac{c^2+a^2-b^2}{2ca}:\dfrac{a^2+b^2-c^2}{2ab}$
$=\dfrac{9k^2+4k^2-16k^2}{2\times 3k\times 2k}:\dfrac{4k^2+16k^2-9k^2}{2\times 2k\times 4k}$
$:\dfrac{16k^2+9k^2-4k^2}{2\times 4k\times 3k}=-\dfrac{1}{4}:\dfrac{11}{16}:\dfrac{7}{8}$

$=-4:11:14$

177

[答] $120°$

[検討] 14 に対する角が最も大きい。その角を α とすると,

$\cos\alpha=\dfrac{10^2+6^2-14^2}{2\times 10\times 6}=-\dfrac{1}{2}$

$0°<\alpha<180°$ より $\alpha=120°$

178

[答] (1) 鋭角三角形 (2) 鈍角三角形
(3) 直角三角形 (4) 鈍角三角形

[検討] (1) $9^2<5^2+8^2$ (2) $10^2>5^2+7^2$
(3) $13^2=5^2+12^2$ (4) $6^2>3^2+4^2$

179

[答] (1) $\cos B=\dfrac{1}{2}$, $B=60°$
(2) $\sin A:\sin B:\sin C=2:\sqrt{2}:(1+\sqrt{3})$
$B=30°$
(3) $A=120°$

[検討] (1) 正弦定理より

$a:b:c=\sin A:\sin B:\sin C=5:7:8$

よって, $a=5k$, $b=7k$, $c=8k$ とおくと

$\cos B=\dfrac{(5k)^2+(8k)^2-(7k)^2}{2\cdot 5k\cdot 8k}=\dfrac{40}{2\cdot 5\cdot 8}=\dfrac{1}{2}$

よって $B=60°$

> [テスト対策]
> $a^2-b^2=(a+b)(a-b)$
> を用いると計算が早く正確になる場合がある。ここでは, $8^2-7^2=(8+7)(8-7)=15$
> を用いた。

(2) 正弦定理より

$\sin A:\sin B:\sin C=a:b:c$
$\qquad\qquad\qquad =2:\sqrt{2}:(1+\sqrt{3})$

$a=2k$, $b=\sqrt{2}k$, $c=(1+\sqrt{3})k$ とおくと

$\cos B=\dfrac{4k^2+(1+2\sqrt{3}+3)k^2-2k^2}{2\cdot 2k\cdot(1+\sqrt{3})k}$

$=\dfrac{6+2\sqrt{3}}{2\cdot 2(1+\sqrt{3})}=\dfrac{2\sqrt{3}(\sqrt{3}+1)}{2\cdot 2(1+\sqrt{3})}$

$$= \frac{\sqrt{3}}{2}$$

よって $B=30°$

(3) $a:b:c=7:5:3$, 最大辺が a だから
最大角は A
$a=7k$, $b=5k$, $c=3k$ とおくと
$$\cos A = \frac{25k^2+9k^2-49k^2}{2\cdot 5k\cdot 3k} = \frac{-15}{2\cdot 5\cdot 3} = -\frac{1}{2}$$
よって $A=120°$

180

答 (1) $BC=CA$ の二等辺三角形
または $C=90°$ の直角三角形
(2) $BC=CA$ の二等辺三角形，または $C=90°$ の直角三角形
(3) $BC=CA$ の二等辺三角形

検討 角を辺で表すのが方針。

(1) $a\left(\dfrac{b^2+c^2-a^2}{2bc}\right) = b\left(\dfrac{c^2+a^2-b^2}{2ca}\right)$
$a^2(b^2+c^2-a^2) = b^2(c^2+a^2-b^2)$
$a^2c^2-a^4-b^2c^2+b^4=0$
$(a^2-b^2)(c^2-a^2-b^2)=0$
よって $a=b$, $c^2=a^2+b^2$

(2) $ca\left(\dfrac{b^2+c^2-a^2}{2bc}\right) - cb\left(\dfrac{c^2+a^2-b^2}{2ca}\right)$
$= (a^2-b^2)\dfrac{a^2+b^2-c^2}{2ab}$
整理すると $a^4-b^4+b^2c^2-a^2c^2=0$
$(a^2-b^2)(a^2+b^2-c^2)=0$
よって $a=b$, $a^2+b^2=c^2$

(3) $a\left(\dfrac{c^2+a^2-b^2}{2ca}\right) = b\left(\dfrac{b^2+c^2-a^2}{2bc}\right)$
整理すると $a^2-b^2=0$
よって $a=b$

応用問題 ………………… 本冊 p.54

181

答 (1) $c=2$, $A=30°$, $B=105°$
(2) $c=3\sqrt{2}$, $A=45°$, $B=15°$
(3) $B=45°$, $a=\dfrac{5\sqrt{6}}{2}$, $c=\dfrac{5+5\sqrt{3}}{2}$
(4) $B=90°$, $c=2\sqrt{3}$, $b=4\sqrt{3}$

(5) $A=135°$, $B=30°$, $C=15°$
(6) $A=90°$, $B=30°$, $C=60°$

検討 (1) $c^2 = 2+1+2\sqrt{3}+3-2\sqrt{2}(1+\sqrt{3})\dfrac{\sqrt{2}}{2}$
$=4$
よって $c=2$
$$\cos A = \frac{4+1+2\sqrt{3}+3-2}{2\cdot 2\cdot (1+\sqrt{3})} = \frac{6+2\sqrt{3}}{2\cdot 2\cdot (1+\sqrt{3})}$$
$$= \frac{2\sqrt{3}(\sqrt{3}+1)}{2\cdot 2\cdot (1+\sqrt{3})} = \frac{\sqrt{3}}{2}$$
よって $A=30°$
したがって $B=105°$

(2) $c^2=12+9-6\sqrt{3}+3-2\cdot 2\sqrt{3}(3-\sqrt{3})\left(-\dfrac{1}{2}\right)$
$=24-6\sqrt{3}+6\sqrt{3}-6=18$
よって $c=3\sqrt{2}$
$$\cos A = \frac{18+9-6\sqrt{3}+3-12}{2\cdot 3\sqrt{2}\cdot (3-\sqrt{3})}$$
$$= \frac{18-6\sqrt{3}}{2\cdot 3\sqrt{2}\cdot \sqrt{3}(\sqrt{3}-1)}$$
$$= \frac{6\sqrt{3}(\sqrt{3}-1)}{6\sqrt{2}\cdot \sqrt{3}(\sqrt{3}-1)} = \frac{1}{\sqrt{2}}$$
よって $A=45°$
したがって $B=15°$

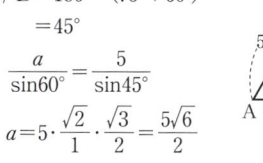

(3) $B=180°-(75°+60°)$
$=45°$ 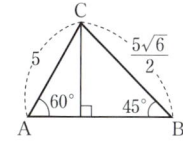
$\dfrac{a}{\sin 60°} = \dfrac{5}{\sin 45°}$
$a = 5\cdot \dfrac{\sqrt{2}}{1}\cdot \dfrac{\sqrt{3}}{2} = \dfrac{5\sqrt{6}}{2}$
右図より
$c = 5\cos 60° + \dfrac{5\sqrt{6}}{2}\cos 45° = \dfrac{5+5\sqrt{3}}{2}$

(別解) $\dfrac{c}{\sin 75°} = \dfrac{5}{\sin 45°}$
$c = 5\cdot \dfrac{\sqrt{2}}{1}\cdot \dfrac{\sqrt{6}+\sqrt{2}}{4} = \dfrac{5+5\sqrt{3}}{2}$

(4) $B=90°$ 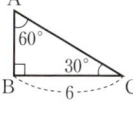
よって $c=2\sqrt{3}$, $b=4\sqrt{3}$

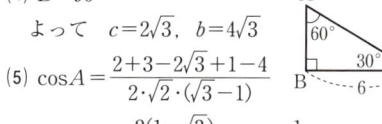

(5) $\cos A = \dfrac{2+3-2\sqrt{3}+1-4}{2\cdot \sqrt{2}\cdot (\sqrt{3}-1)}$
$$= \frac{2(1-\sqrt{3})}{2\cdot \sqrt{2}\cdot (\sqrt{3}-1)} = -\frac{1}{\sqrt{2}}$$
よって $A=135°$

$\cos B = \dfrac{4+3-2\sqrt{3}+1-2}{2\cdot 2\cdot(\sqrt{3}-1)} = \dfrac{6-2\sqrt{3}}{2\cdot 2\cdot(\sqrt{3}-1)}$

$= \dfrac{2\sqrt{3}(\sqrt{3}-1)}{2\cdot 2\cdot(\sqrt{3}-1)} = \dfrac{\sqrt{3}}{2}$

よって $B=30°$
したがって $C=15°$

(6) $\cos A = \dfrac{4+12-16}{2\cdot 2\cdot 2\sqrt{3}} = 0$

よって $A=90°$

$\cos B = \dfrac{16+12-4}{2\cdot 4\cdot 2\sqrt{3}} = \dfrac{\sqrt{3}}{2}$

よって $B=30°$
したがって $C=60°$

182

答 $A=60°$, $B=90°$, $b=6$
または
$A=120°$, $B=30°$, $b=3$

検討 $\dfrac{3\sqrt{3}}{\sin A} = \dfrac{3}{\sin 30°}$

よって $\sin A = \dfrac{3\sqrt{3}}{3}\cdot\dfrac{1}{2} = \dfrac{\sqrt{3}}{2}$

$A=60°$, $120°$
$A=60°$ のとき $B=90°$ 直角三角形だから $b=6$
$A=120°$ のとき $B=30°$ 二等辺三角形だから $b=3$

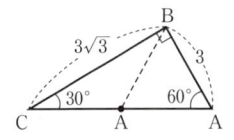

A には2つの可能性がある。

183

答 (1) $B=45°$, $C=75°$ (2) $c=1+\sqrt{3}$

検討 (1) 正弦定理により,

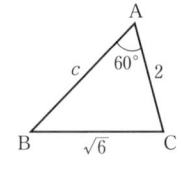

$\dfrac{\sqrt{6}}{\sin 60°} = \dfrac{2}{\sin B}$

$\sin B = \dfrac{2}{\sqrt{6}}\cdot\dfrac{\sqrt{3}}{2}$

$= \dfrac{1}{\sqrt{2}}$

ゆえに, $B=45°$ または $B=135°$
$B=45°$ のとき, $C=180°-60°-45°=75°$

$B=135°$ のとき, $A+B>180°$ なので, 不適。
よって, $B=45°$, $C=75°$

(2) 余弦定理により,
$(\sqrt{6})^2 = c^2+2^2-2\cdot c\cdot 2\cos 60°$
$6 = c^2+4-2c$
よって, $c^2-2c-2=0$
これを解いて, $c=1\pm\sqrt{3}$
$c>0$ より, $c=1+\sqrt{3}$

184

答 (1) $BC=CA$ の二等辺三角形
(2) $BC=CA$ の二等辺三角形, または $C=90°$ の直角三角形

検討 (1) $\dfrac{c}{2R} = 2\cdot\dfrac{a}{2R}\cdot\dfrac{c^2+a^2-b^2}{2ca}$

整理すると $a^2-b^2=0$
よって $a=b$

(2) $a^2\cdot\dfrac{\sin B}{\cos B} = b^2\cdot\dfrac{\sin A}{\cos A}$

$a^2\sin B\cos A = b^2\sin A\cos B$

$a^2\cdot\dfrac{b}{2R}\cdot\dfrac{b^2+c^2-a^2}{2bc} = b^2\cdot\dfrac{a}{2R}\cdot\dfrac{c^2+a^2-b^2}{2ca}$

整理すると $a^4-b^4-a^2c^2+b^2c^2=0$
$(a^2-b^2)(a^2+b^2-c^2)=0$
よって $a=b$, $a^2+b^2=c^2$

📝 テスト対策
　辺と角のまじった問題では, 正弦定理や余弦定理を用いて, **角を消去し, 辺で表す**ことを考える。

185

答 $60°$

検討 余弦定理より $b^2=c^2+a^2-2ca\cos B$
これと与式より $\cos B=\dfrac{1}{2}$ よって $B=60°$

186

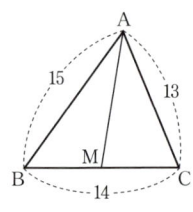

答 $AM=2\sqrt{37}$

検討 中線定理
AB^2+AC^2

$= 2(BM^2 + AM^2)$
をおぼえていたら代入するだけ。
わすれたときは △ABC において余弦定理を用いて

$$\cos B = \frac{15^2 + 14^2 - 13^2}{2 \cdot 15 \cdot 14} = \frac{225 + 27}{2 \cdot 15 \cdot 14} = \frac{3}{5}$$

△ABM で余弦定理を用いて

$$AM^2 = 15^2 + 7^2 - 2 \cdot 15 \cdot 7 \cdot \frac{3}{5} = 148$$

よって　$AM = 2\sqrt{37}$
とする。

23 三角形の面積

基本問題　本冊 p.56

187

答　(1) $\dfrac{5\sqrt{3}}{2}$　(2) $\sqrt{3}$　(3) 5

検討　(1) $S = \dfrac{1}{2} \cdot 2 \cdot 5 \sin 60° = \dfrac{5\sqrt{3}}{2}$

(2) $S = \dfrac{1}{2} \cdot 2\sqrt{2} \cdot \sqrt{3} \sin 45° = \sqrt{3}$

(3) $S = \dfrac{1}{2} \cdot 5 \cdot 4 \sin 150° = 5$

188

答　$\dfrac{35\sqrt{2}}{2}$

検討　$S = 5 \cdot 7 \sin 45° = \dfrac{35\sqrt{2}}{2}$

189

答　(1) $\cos A = \dfrac{3}{4}$, $\sin A = \dfrac{\sqrt{7}}{4}$

(2) $R = \dfrac{8\sqrt{7}}{7}$　(3) $S = \dfrac{15\sqrt{7}}{4}$　(4) $r = \dfrac{\sqrt{7}}{2}$

検討　(1) $\cos A = \dfrac{b^2 + c^2 - a^2}{2bc}$

$= \dfrac{5^2 + 6^2 - 4^2}{2 \cdot 5 \cdot 6}$

$= \dfrac{36 + 9}{2 \cdot 5 \cdot 6}$

$= \dfrac{45}{2 \cdot 5 \cdot 6} = \dfrac{3}{4}$

$\sin A = \sqrt{1 - \dfrac{3^2}{4^2}} = \dfrac{\sqrt{7}}{4}$

(2) $\dfrac{a}{\sin A} = 2R$

よって　$R = \dfrac{4 \cdot 4}{2 \cdot \sqrt{7}} = \dfrac{8\sqrt{7}}{7}$

(3) $S = \dfrac{1}{2} \cdot 5 \cdot 6 \cdot \dfrac{\sqrt{7}}{4} = \dfrac{15\sqrt{7}}{4}$

(4) $s = \dfrac{a+b+c}{2} = \dfrac{15}{2}$

$S = sr$ より　$r = \dfrac{15\sqrt{7}}{4} \cdot \dfrac{2}{15} = \dfrac{\sqrt{7}}{2}$

190

答　(1) $6\sqrt{6}$　(2) $3\sqrt{15}$

検討　(1) $\cos A = \dfrac{6^2 + 7^2 - 5^2}{2 \cdot 6 \cdot 7} = \dfrac{49 + 11}{2 \cdot 6 \cdot 7} = \dfrac{60}{2 \cdot 6 \cdot 7}$

$= \dfrac{5}{7}$

$\sin A = \sqrt{1 - \dfrac{5^2}{7^2}} = \dfrac{\sqrt{12 \cdot 2}}{7} = \dfrac{2\sqrt{6}}{7}$

$S = \dfrac{1}{2} \cdot 6 \cdot 7 \cdot \dfrac{2\sqrt{6}}{7} = 6\sqrt{6}$

ヘロンの公式を用いると　$s = \dfrac{5+6+7}{2} = 9$

$S = \sqrt{s(s-a)(s-b)(s-c)} = \sqrt{9 \cdot 4 \cdot 3 \cdot 2} = 6\sqrt{6}$

(2) $\cos A = \dfrac{6^2 + 4^2 - 8^2}{2 \cdot 6 \cdot 4} = -\dfrac{1}{4}$

$\sin A = \sqrt{1 - \dfrac{1}{4^2}} = \dfrac{\sqrt{15}}{4}$

$S = \dfrac{1}{2} \cdot 6 \cdot 4 \cdot \dfrac{\sqrt{15}}{4} = 3\sqrt{15}$

ヘロンの公式を用いると　$s = \dfrac{18}{2} = 9$

$S = \sqrt{9 \cdot 1 \cdot 3 \cdot 5} = 3\sqrt{15}$

191

答　(1) $BC = \sqrt{13}$　(2) $BD = \dfrac{4\sqrt{13}}{7}$

(3) $AD = \dfrac{12\sqrt{3}}{7}$

検討　(1) $BC^2 = 4^2 + 3^2 - 2 \cdot 4 \cdot 3 \cdot \dfrac{1}{2} = 13$

よって　$BC = \sqrt{13}$

(2) $BD:DC=4:3$ よって $BD=\dfrac{4\sqrt{13}}{7}$

(3) $\triangle ABC=\triangle ABD+\triangle ACD$

ゆえに $\dfrac{1}{2}\cdot 4\cdot 3\sin 60°$

$=\dfrac{1}{2}\cdot 4\cdot AD\sin 30°+\dfrac{1}{2}\cdot 3\cdot AD\sin 30°$

よって $AD=\dfrac{4}{7}\cdot 3\sqrt{3}=\dfrac{12\sqrt{3}}{7}$

応用問題 ………………… 本冊 *p.* 57

192

[答] $25(3+\sqrt{3})\text{cm}^2$

[検討] $\overset{\frown}{AB}:\overset{\frown}{BC}:\overset{\frown}{CA}=3:4:5$ より
$\angle AOB=90°$, $\angle BOC=120°$,
$\angle COA=150°$ であるから,
$\triangle AOB$
$=\dfrac{10^2\sin 90°}{2}=50$
$\triangle BOC$
$=\dfrac{10^2\sin 120°}{2}$
$=25\sqrt{3}$
$\triangle COA$
$=\dfrac{10^2\sin 150°}{2}=25$

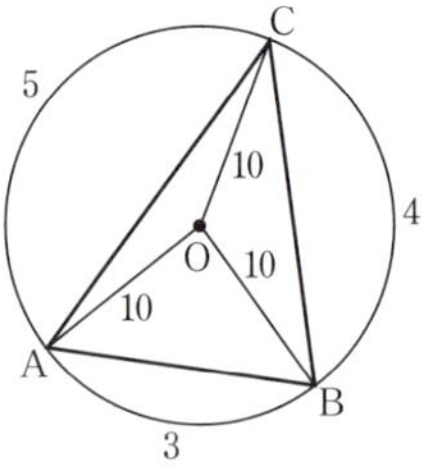

これらを加えて $50+25\sqrt{3}+25=25(3+\sqrt{3})$

193

[答] 3cm と 5cm, $\dfrac{15\sqrt{3}}{4}\text{cm}^2$

[検討] 2辺を $x\,\text{cm}$, $y\,\text{cm}$ とすると, 余弦定理より

$7^2=x^2+y^2-2xy\cos 120°$
$x^2+y^2+xy=49$ ……①
また $x+y=8$ ……②
①, ②より $x=5$, $y=3$
または $x=3$, $y=5$

$S=\dfrac{1}{2}xy\sin 120°=\dfrac{1}{2}\cdot 5\cdot 3\cdot\dfrac{\sqrt{3}}{2}=\dfrac{15\sqrt{3}}{4}$

194

[答] (1) $BD=7$ (2) $CD=5$ (3) $\dfrac{55\sqrt{3}}{4}$

[検討] (1) $BD^2=5^2+8^2-2\cdot 5\cdot 8\cdot\dfrac{1}{2}=49$
よって $BD=7$

(2) $\angle BCD=120°$
$CD=x$ とおくと, 余弦定理より
$x^2+9-2\cdot 3\cdot x\cdot\left(-\dfrac{1}{2}\right)$
$=49$ 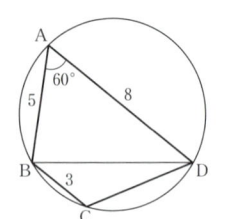
$x^2+3x-40=0$
$(x+8)(x-5)=0$
$x=-8, 5$
$x>0$ より $x=5$
よって $CD=5$

(3) $\dfrac{1}{2}\cdot 5\cdot 8\cdot\dfrac{\sqrt{3}}{2}+\dfrac{1}{2}\cdot 3\cdot 5\cdot\dfrac{\sqrt{3}}{2}=\dfrac{55\sqrt{3}}{4}$

195

[答] (1) $BD=4$ (2) $\dfrac{7\sqrt{15}}{4}$

[検討] (1) $\angle BAD=\theta$
とすると
$\angle BCD=180°-\theta$
$\cos(180°-\theta)$
$=-\cos\theta$
$\triangle ABD$ において
$BD^2=16+4$
$\quad -2\cdot 4\cdot 2\cos\theta$ ……① 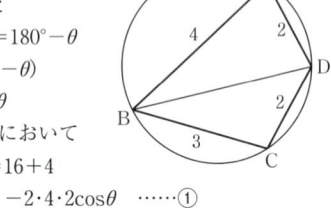
$\triangle CBD$ において
$BD^2=9+4-2\cdot 3\cdot 2(-\cos\theta)$ ……②
①-② $0=7-28\cos\theta$
よって $\cos\theta=\dfrac{1}{4}$
①より $BD^2=20-4=16$
よって $BD=4$

(2) $\sin\theta=\sqrt{1-\dfrac{1}{4^2}}=\dfrac{\sqrt{15}}{4}$
$\sin(180°-\theta)=\sin\theta$ より
$\dfrac{1}{2}\cdot 4\cdot 2\cdot\dfrac{\sqrt{15}}{4}+\dfrac{1}{2}\cdot 3\cdot 2\cdot\dfrac{\sqrt{15}}{4}=\dfrac{7\sqrt{15}}{4}$

196

答 $30\sqrt{3}$

検討 各頂点を通り, 対角線に平行な直線をひくと外側にできる平行四辺形の面積の $\dfrac{1}{2}$ が四角形の面積だから

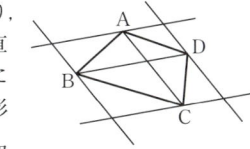

$S = \dfrac{1}{2} \times 10 \times 12 \times \sin 60° = 30\sqrt{3}$

24 空間図形の計量

基本問題 ……………… 本冊 p.59

197

答 (1) $\angle \mathrm{ACF} = 60°$ (2) $\triangle \mathrm{ACF} = 3\sqrt{3}$
(3) $\dfrac{2\sqrt{3}}{3}$

検討 (1) $\mathrm{AC} = \sqrt{6+12} = 3\sqrt{2}$
$\mathrm{AF} = \sqrt{2+12} = \sqrt{14}$
$\mathrm{CF} = \sqrt{2+6} = 2\sqrt{2}$

$\cos \angle \mathrm{ACF} = \dfrac{18+8-14}{2 \cdot 3\sqrt{2} \cdot 2\sqrt{2}} = \dfrac{1}{2}$

よって $\angle \mathrm{ACF} = 60°$

(2) $\triangle \mathrm{ACF} = \dfrac{1}{2} \cdot 3\sqrt{2} \cdot 2\sqrt{2} \cdot \dfrac{\sqrt{3}}{2} = 3\sqrt{3}$

(3) 三角錐 B-ACF の体積を V とすると,

$V = \dfrac{1}{3} \cdot \mathrm{BF} \cdot \triangle \mathrm{ABC}$

$= \dfrac{1}{3} \cdot \sqrt{2} \cdot \dfrac{1}{2} \cdot 2\sqrt{3} \cdot \sqrt{6} = 2$

垂線の長さを l とすると

$V = \dfrac{1}{3} \cdot l \cdot \triangle \mathrm{ACF}$

よって $l = \dfrac{3 \times 2}{3\sqrt{3}} = \dfrac{2\sqrt{3}}{3}$

198

答 **5m**

検討 $\mathrm{DE} = x$ とおくと

$\mathrm{AE} = x$, $\mathrm{BE} = x$, $\mathrm{CE} = \sqrt{3}x$

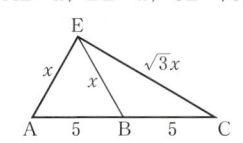

$\angle \mathrm{EAB} = \theta$ とおくと

$\triangle \mathrm{ABE}$ において余弦定理より

$x^2 = x^2 + 25 - 2 \cdot 5 \cdot x\cos\theta$ ……①

$\triangle \mathrm{ACE}$ において余弦定理より

$3x^2 = x^2 + 100 - 2 \cdot 10 \cdot x\cos\theta$ ……②

①×2－② より

$-x^2 = x^2 - 50$

$x^2 = 25$ $x = 5$

199

答 (1) $\mathrm{AP} = 2\sqrt{7}$, $\mathrm{AQ} = 3\sqrt{3}$, $\mathrm{PQ} = \sqrt{13}$

(2) $\cos \angle \mathrm{PAQ} = \dfrac{\sqrt{21}}{6}$

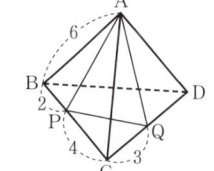

(3) $\triangle \mathrm{APQ} = \dfrac{3\sqrt{35}}{2}$

検討 (1) $\triangle \mathrm{ABP}$ で余弦定理より

$\mathrm{AP}^2 = 6^2 + 2^2 - 2 \cdot 6 \cdot 2 \cdot \dfrac{1}{2} = 28$

よって $\mathrm{AP} = 2\sqrt{7}$

$\mathrm{AQ} = 3\sqrt{3}$

$\mathrm{PQ}^2 = 4^2 + 3^2 - 2 \cdot 4 \cdot 3 \cdot \dfrac{1}{2} = 13$

よって $\mathrm{PQ} = \sqrt{13}$

(2) $\cos \angle \mathrm{PAQ} = \dfrac{28 + 27 - 13}{2 \cdot 2\sqrt{7} \cdot 3\sqrt{3}} = \dfrac{\sqrt{21}}{6}$

(3) $\sin \angle \mathrm{PAQ} = \sqrt{1 - \dfrac{21}{6^2}} = \dfrac{\sqrt{15}}{6}$

$\triangle \mathrm{APQ} = \dfrac{1}{2} \cdot 2\sqrt{7} \cdot 3\sqrt{3} \cdot \dfrac{\sqrt{15}}{6} = \dfrac{3\sqrt{35}}{2}$

200

答 (1) $\dfrac{\sqrt{3}}{2}a$ (2) $\dfrac{\sqrt{2}}{2}a$

検討 (1) AN は正三角形 ACD の高さであるから三平方の定理を使えばよい。

(2) AN, BN はともに1辺が a の正三角形の高

さであるから，△ABN は二等辺三角形で M は底辺 AB の中点である．あとは三平方の定理を用いればよい．

応用問題 ●●●●●●●●●● 本冊 p.61

201

答 $3\sqrt{39}$

検討 辺 AB の中点を M とすると，△OAB は二等辺三角形だから OM⊥AB
△OAM において三平方の定理より
$OM^2+AM^2=OA^2$ から
$OM^2=OA^2-AM^2=5^2-3^2=4^2$
よって OM=4
また，△ABC は正三角形だから
$CM=CA\sin 60°=6\cdot\dfrac{\sqrt{3}}{2}=3\sqrt{3}$
∠OMC=θ とおくと
△OMC において余弦定理より
$\cos\theta=\dfrac{CM^2+OM^2-OC^2}{2CM\cdot OM}=\dfrac{27+16-25}{2\cdot 3\sqrt{3}\cdot 4}=\dfrac{\sqrt{3}}{4}$
点 O から底面 ABC にひいた垂線の足を H とすると，点 H は CM 上にあるから
△OMH において OH=OMsinθ
ところで，$\cos\theta=\dfrac{\sqrt{3}}{4}$，$\sin\theta>0$ から
$\sin\theta=\sqrt{1-\cos^2\theta}=\sqrt{1-\left(\dfrac{\sqrt{3}}{4}\right)^2}=\dfrac{\sqrt{13}}{4}$
よって OH=OMsinθ=$4\cdot\dfrac{\sqrt{13}}{4}=\sqrt{13}$
底面 ABC の面積を S とすると
$S=\dfrac{1}{2}\cdot 6^2\cdot\sin 60°=18\cdot\dfrac{\sqrt{3}}{2}=9\sqrt{3}$
よって $V=\dfrac{1}{3}S\cdot OH=\dfrac{1}{3}\cdot 9\sqrt{3}\cdot\sqrt{13}=3\sqrt{39}$

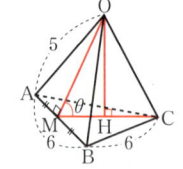

✎ テスト対策
空間図形の長さや角を求めるときも，図形に含まれる**三角形に着目して，正弦定理や余弦定理を利用**すればよい．

25 データの整理

基本問題 ●●●●●●●●●● 本冊 p.62

202

答 (1)

階　級	階級値	度数
10～20	15	1
20～30	25	2
30～40	35	5
40～50	45	8
50～60	55	13
60～70	65	12
70～80	75	3
80～90	85	1
計		45

(2) (人)
ヒストグラム：横軸 得点 10 20 30 40 50 60 70 80 90（点），縦軸 度数 2 4 6 8 10 12 14

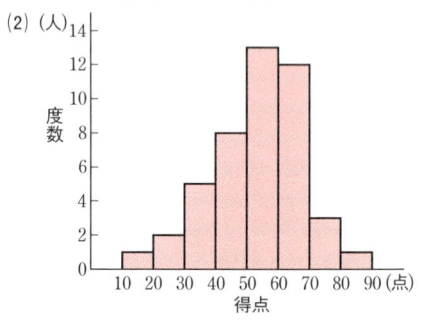

検討 (1) 各階級は，10 点以上 20 点未満，20 点以上 30 点未満，…のようになる．
(2) ヒストグラムは，度数分布を柱状のグラフで表したものである．

203

答 **71.2kg**

検討 データを大きさの順に並べると
55.1 59.0 60.7 68.2 70.1 72.3
72.9 77.1 79.5 80.2
データの個数が偶数なので，まん中の 5 番目と 6 番目の値の平均を求める．

204

答 (1) **80cm** (2) **80cm** (3) **81.2cm**

検討 累積度数を求める．中央値は 105 番目と 106 番目が入っている階級の階級値である．平均は階級値と度数の積を求め，その合計を総度数で割る．

階級	階級値 x	度数 f	累積度数	xf
69.5〜72.5	71	3	3	213
72.5〜75.5	74	13	16	962
75.5〜78.5	77	42	58	3234
78.5〜81.5	80	55	113	4400
81.5〜84.5	83	49	162	4067
84.5〜87.5	86	36	198	3096
87.5〜90.5	89	8	206	712
90.5〜93.5	92	4	210	368
計		210	計	17052
			平均	81.2

205

答 (1) 15.25 秒
(2) 15.0 秒以上 15.5 秒未満 (3) 15.25 秒
(4) 第 1 四分位数 14.75 秒, 第 2 四分位数 15.25 秒, 第 3 四分位数 15.75 秒
(5)

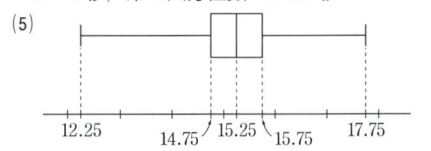

検討 累積度数分布表を作る。平均は階級値と度数の積を求め，その合計を総度数で割る。

階級	階級値 x	度数 f	累積度数	xf
12.0〜12.5	12.25	1	1	12.25
12.5〜13.0	12.75	6	7	76.50
13.0〜13.5	13.25	18	25	238.50
13.5〜14.0	13.75	24	49	330.00
14.0〜14.5	14.25	38	87	541.50
14.5〜15.0	14.75	72	159	1062.00
15.0〜15.5	15.25	103	262	1570.75
15.5〜16.0	15.75	84	346	1323.00
16.0〜16.5	16.25	52	398	845.00
16.5〜17.0	16.75	23	421	385.25
17.0〜17.5	17.25	14	435	241.50
17.5〜18.0	17.75	3	438	53.25
			計	6679.50
			平均	15.25

応用問題　　　　　　　　　　本冊 *p.63*

206

答 $\dfrac{n_1\overline{x_1}+n_2\overline{x_2}}{n_1+n_2}$

検討 男子の身長の総和を S_1，女子の身長の総和を S_2 とすると，総和を人数で割ったものが平均だから

$\overline{x_1}=\dfrac{S_1}{n_1}$　よって，$S_1=n_1\overline{x_1}$

女子も同様にして，$S_2=n_2\overline{x_2}$
したがって，クラス全体の平均は，
$\dfrac{n_1\overline{x_1}+n_2\overline{x_2}}{n_1+n_2}$

207

答 $f_1y_1+f_2y_2+\cdots+f_ny_n$
$=f_1(ax_1+b)+f_2(ax_2+b)+\cdots+f_n(ax_n+b)$
$=a(f_1x_1+f_2x_2+\cdots+f_nx_n)$
$\qquad\qquad\qquad+(f_1+f_2+\cdots+f_n)b$
$=a(f_1x_1+f_2x_2+\cdots+f_nx_n)+Nb$
よって，
$\overline{y}=\dfrac{1}{N}\{a(f_1x_1+f_2x_2+\cdots+f_nx_n)+Nb\}$
$\phantom{\overline{y}}=a\cdot\dfrac{f_1x_1+f_2x_2+\cdots+f_nx_n}{N}+b$
$\phantom{\overline{y}}=a\overline{x}+b$

26　分散と標準偏差

基本問題　　　　　　　　　　本冊 *p.64*

208

答 平均 71 点，分散 105，
標準偏差 10.2 点

検討 平均が整数であれば，分散は定義の式で求める。標準偏差は
$\sqrt{105}=10.24\cdots$
より，10.2 である。

得点 x	$x-m$	$(x-m)^2$
56	-15	225
68	-3	9
80	9	81
86	15	225
62	-9	81
74	3	9
計 426	計	630
平均 m 71	分散	105
	標準偏差	10.2

209

答 平均 72 点，分散 160，
標準偏差 12.6 点

検討 平均が整数であれば，分散は定義の式で求める。標準偏差は
$\sqrt{160} = 12.64\cdots$
より，12.6 である。

得点 x	$x-m$	$(x-m)^2$
62	-10	100
92	20	400
74	2	4
80	8	64
56	-16	256
58	-14	196
82	10	100
計 504	計	1120
平均 m 72	分散	160
	標準偏差	12.6

210

答

得点 x	度数 f	xf	$(x-m)^2$	$(x-m)^2 \times f$
2	1	2	25	25
3	1	3	16	16
4	3	12	9	27
5	4	20	4	16
6	5	30	1	5
7	7	49	0	0
8	11	88	1	11
9	4	36	4	16
10	4	40	9	36
合計	40	280	合計	152
	平均 m	7	分散	3.8
			標準偏差	1.95

平均 **7** 点，分散 **3.8**，標準偏差 **1.95** 点

211

答 平均 **5**，分散 **4.67**，標準偏差 **2.16**

検討

x	度数 f	xf	$x-m$	$(x-m)^2$	$(x-m)^2 \times f$
2	1	2	-3	9	9
3	4	12	-2	4	16
5	2	10	0	0	0
6	2	12	1	1	2
7	1	7	2	4	4
8	1	8	3	9	9
9	1	9	4	16	16
合計	12	60	合計		56
	平均 m	5	分散		4.67
			標準偏差		2.16

212

答 平均 **21.4** 分，標準偏差 **13.8** 分

検討 それぞれの平均に人数をかけ，A，Bそれぞれのクラスの通学時間の総和を求める。それを足して全体の総和を出し，全体の人数で割る。

$20 \times 40 + 23 \times 35 = 1605$

$1605 \div 75 = 21.4$

A，Bの通学時間の2乗の合計を a, b とすると，

(標準偏差)^2＝(2乗の平均)$-$(平均)^2 より

$15^2 = \dfrac{a}{40} - 20^2$, $12^2 = \dfrac{b}{35} - 23^2$

よって $a = 25000$，$b = 23555$

求める標準偏差を s とすると

$s^2 = \dfrac{a+b}{75} - 21.4^2 = 189.44$

よって $s \fallingdotseq 13.8$

213

答 (1)

階級	階級値 x	度数 f	累積度数	xf	$(x-m)^2 \times f$
268～306	287	3	3	861	38988
306～344	325	5	8	1625	28880
344～382	363	7	15	2541	10108
382～420	401	9	24	3609	0
420～458	439	8	32	3512	11552
458～496	477	6	38	2862	34656
496～534	515	2	40	1030	25992
合計		40	合計	16040	150176
			平均 m	401	3754.4
			標準偏差		61.27

(2)

睡眠時間

(3) 平均　401 分，中央値　401 分，分散　3754.4,
　　標準偏差　61.27 分
(4) 最大値　508 分，最小値　268 分

[検討] 度数分布表を作り，それをもとに平均，分散，標準偏差を求める。元のデータは扱わない。

応用問題　………………　本冊 p.65

214

[答] (1) **64（点）**　(2) **6.5（点）**

[検討] (1) 全体の平均点を $\bar{x}$ とすると，
$$\bar{x} = \frac{55 \times 70 + 48 \times 63 + 47 \times 58}{150} = 64（点）$$

(2) 一般に，n 個の値 x_1, x_2, $\cdots$, x_n の平均を m, 標準偏差を σ とすれば，
$$\sigma^2 = \frac{1}{n}(x_1{}^2 + x_2{}^2 + \cdots + x_n{}^2) - m^2 \text{ より}$$
$$x_1{}^2 + x_2{}^2 + \cdots + x_n{}^2 = n(\sigma^2 + m^2)$$
これより A 組の生徒の得点の 2 乗和については
$$x_1{}^2 + x_2{}^2 + \cdots + x_{55}{}^2 = 55(8.2^2 + 70^2)$$
同様にして，B 組，C 組についてもそれぞれ
$$y_1{}^2 + y_2{}^2 + \cdots + y_{48}{}^2 = 48(\sigma_B{}^2 + 63^2)$$
$$z_1{}^2 + z_2{}^2 + \cdots + z_{47}{}^2 = 47(9.0^2 + 58^2)$$
となる。ここで σ_B は B 組の標準偏差を表す。
一方　$u_1{}^2 + u_2{}^2 + \cdots + u_{150}{}^2 = 150(9.4^2 + 64^2)$
よって
$$u_1{}^2 + u_2{}^2 + \cdots + u_{150}{}^2 = (x_1{}^2 + x_2{}^2 + \cdots + x_{55}{}^2)$$
$$+ (y_1{}^2 + y_2{}^2 + \cdots + y_{48}{}^2) + (z_1{}^2 + z_2{}^2 + \cdots + z_{47}{}^2)$$
より
$$150(9.4^2 + 64^2) = 55(8.2^2 + 70^2)$$
$$+ 48(\sigma_B{}^2 + 63^2) + 47(9.0^2 + 58^2)$$
$$48(\sigma_B{}^2 + 63^2) = 627654 - 273198.2 - 161915$$
$$= 192540.8$$
$$\sigma_B{}^2 \fallingdotseq 4011 - 63^2 = 42$$
よって　$\sigma_B \fallingdotseq 6.5$

215

[答] (1) 平均　$m+c$, 標準偏差　σ
(2) 平均　cm, 標準偏差　$|c|\sigma$
(3) $c(\sigma^2 + m^2)$

[検討] (1) $m = \frac{1}{n}(x_1 + x_2 + \cdots + x_n)$,
$\sigma^2 = \frac{1}{n}(x_1{}^2 + x_2{}^2 + \cdots + x_n{}^2) - m^2$ だから，
求める平均と標準偏差を m_1, σ_1 とすると
$$m_1 = \frac{1}{n}\{(x_1+c) + (x_2+c) + \cdots + (x_n+c)\}$$
$$= \frac{1}{n}(x_1 + x_2 + \cdots + x_n) + c = m + c$$
$$\sigma_1{}^2 = \frac{1}{n}[\{(x_1+c)-(m+c)\}^2$$
$$+ \{(x_2+c)-(m+c)\}^2 +$$
$$\cdots + \{(x_n+c)-(m+c)\}^2]$$
$$= \frac{1}{n}\{(x_1-m)^2 + (x_2-m)^2 + \cdots + (x_n-m)^2\}$$
$$= \sigma^2$$
より $\sigma_1 = \sigma$

(2) 同様に，求める平均を m_2, 標準偏差を σ_2 として
$$m_2 = \frac{1}{n}(cx_1 + cx_2 + \cdots + cx_n)$$
$$= c \cdot \frac{1}{n}(x_1 + x_2 + \cdots + x_n) = cm$$
$$\sigma_2{}^2 = \frac{1}{n}\{(cx_1 - cm)^2 + (cx_2 - cm)^2 +$$
$$\cdots + (cx_n - cm)^2\}$$
$$= c^2 \cdot \frac{1}{n}\{(x_1-m)^2 + (x_2-m)^2 +$$
$$\cdots + (x_n-m)^2\} = c^2\sigma^2$$
より $\sigma_2 = |c|\sigma$

(3) 求める平均を m_3 とすると
$$m_3 = \frac{1}{n}(cx_1{}^2 + cx_2{}^2 + \cdots + cx_n{}^2)$$
$$= c \cdot \frac{1}{n}(x_1{}^2 + x_2{}^2 + \cdots + x_n{}^2) = c(\sigma^2 + m^2)$$

27 データの相関

基本問題 ・・・・・・・・・・・・・・・・・・・・・・ 本冊 *p.* 66

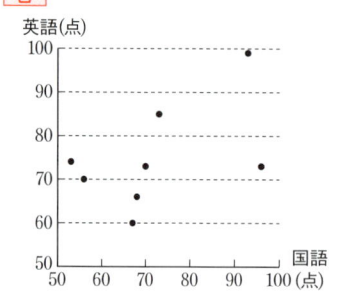

216
答

英語(点) vs 国語(点) の散布図

正の相関がある

	国語 x	英語 y	$x-m_x$	$y-m_y$	$(x-m_x)^2$	$(y-m_y)^2$	$(x-m_x)(y-m_y)$
1	53	74	−19	−1	361	1	19
2	67	60	−5	−15	25	225	75
3	73	85	1	10	1	100	10
4	96	73	24	−2	576	4	−48
5	56	70	−16	−5	256	25	80
6	70	73	−2	−2	4	4	4
7	93	99	21	24	441	576	504
8	68	66	−4	−9	16	81	36
合計	576	600	合計		1680	1016	680
平均 m	72	75	合計/8		210	127	85
			標準偏差		14.49	11.27	
			相関係数		0.52		

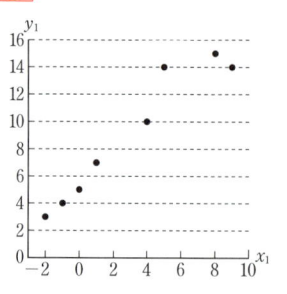

217
答

x_1 と y_1 正の相関がある

	x_1	y_1	$x-m_x$	$y-m_y$	$(x-m_x)^2$	$(y-m_y)^2$	$(x-m_x)(y-m_y)$
1	−2	3	−5	−6	25	36	30
2	−1	4	−4	−5	16	25	20
3	0	5	−3	−4	9	16	12
4	1	7	−2	−2	4	4	4
5	4	10	1	1	1	1	1
6	5	14	2	5	4	25	10
7	8	15	5	6	25	36	30
8	9	14	6	5	36	25	30
合計	24	72	合計		120	168	137
平均 m	3	9	合計/8		15	21	17.125
			標準偏差		3.87	4.58	
			相関係数		0.96		

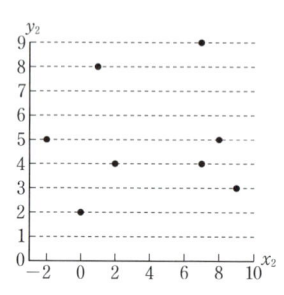

x_2 と y_2 相関がほとんどない

	x_2	y_2	$x-m_x$	$y-m_y$	$(x-m_x)^2$	$(y-m_y)^2$	$(x-m_x)(y-m_y)$
1	−2	5	−6	0	36	0	0
2	0	2	−4	−3	16	9	12
3	1	8	−3	3	9	9	−9
4	2	4	−2	−1	4	1	2
5	7	4	3	−1	9	1	−3
6	7	9	3	4	9	16	12
7	8	5	4	0	16	0	0
8	9	3	5	−2	25	4	−10
合計	32	40	合計		124	40	4
平均 m	4	5	合計/8		15.5	5	0.5
			標準偏差		3.94	2.24	
			相関係数		0.06		

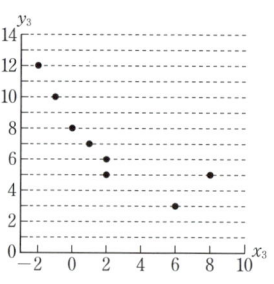

x_3 と y_3 負の相関がある

218 ～ 220 の答え

	x_3	y_3	$x-m_x$	$y-m_y$	$(x-m_x)^2$	$(y-m_y)^2$	$(x-m_x)(y-m_y)$
1	-2	12	-4	5	16	25	-20
2	-1	10	-3	3	9	9	-9
3	0	8	-2	1	4	1	-2
4	1	7	-1	0	1	0	0
5	2	5	0	-2	0	4	0
6	2	6	0	-1	0	1	0
7	6	3	4	-4	16	16	-16
8	8	5	6	-2	36	4	-12
合計	16	56	合計		82	60	-59
平均 m	2	7	合計/8		10.25	7.5	-7.375
			標準偏差		3.20	2.74	
			相関係数		-0.84		

218

答 (1) **0.86** (2) **0.84**

検討 (1)

	身長	体重	$x-m_x$	$y-m_y$	$(x-m_x)^2$	$(y-m_y)^2$	$(x-m_x)(y-m_y)$
A	162	52	-4	-8	16	64	32
B	160	52	-6	-8	36	64	48
C	168	65	2	5	4	25	10
D	165	64	-1	4	1	16	-4
E	175	67	9	7	81	49	63
合計	830	300	合計		138	218	149
平均 m	166	60	合計/5		27.6	43.6	29.8
			標準偏差		5.25	6.60	
			相関係数		0.86		

(2)

	体重	胸囲	$x-m_x$	$y-m_y$	$(x-m_x)^2$	$(y-m_y)^2$	$(x-m_x)(y-m_y)$
A	52	81	-8	-8	64	64	64
B	52	88	-8	-1	64	1	8
C	65	90	5	1	25	1	5
D	64	91	4	2	16	4	8
E	67	95	7	6	49	36	42
合計	300	445	合計		218	106	127
平均 m	60	89	合計/5		43.6	21.2	25.4
			標準偏差		6.60	4.60	
			相関係数		0.84		

219

答 (1) 数学の平均 **3.9点**, 標準偏差 **0.83点**
(2) 英語の平均 **3.8点**, 標準偏差 **0.98点**
(3) 相関係数 **0.59**

検討 (1)

数学 x	度数 f	xf	$x-m$	$(x-m)^2$	$(x-m)^2 \times f$
5	5	25	1.1	1.21	6.05
4	9	36	0.1	0.01	0.09
3	5	15	-0.9	0.81	4.05
2	1	2	-1.9	3.61	3.61
合計	20	78	合計		13.8
	平均 m	3.9	分散		0.69
			標準偏差		0.83

(2)

英語 y	度数 f	yf	$y-m$	$(y-m)^2$	$(y-m)^2 \times f$
5	6	30	1.2	1.44	8.64
4	6	24	0.2	0.04	0.24
3	6	18	-0.8	0.64	3.84
2	2	4	-1.8	3.24	6.48
合計	20	76	合計		19.2
	平均 m	3.8	分散		0.96
			標準偏差		0.98

(3)

	5	4	3	2
5	3.96	0.44	0	0
4	0.24	0.06	-0.32	0
3	-1.08	-0.18	1.44	1.62
2	0	0	0	3.42
計	3.12	0.32	1.12	5.04	9.6
			共分散		0.48
			相関係数		0.59

上の表の, 例えば (5, 5) のマスには
$3 \times (5-3.9) \times (5-3.8)$ のように,
度数 × (数学の点数 − 数学の平均) × (英語の点数 − 英語の平均) を計算して入れてある.

応用問題 ……… 本冊 *p.67*

220

答

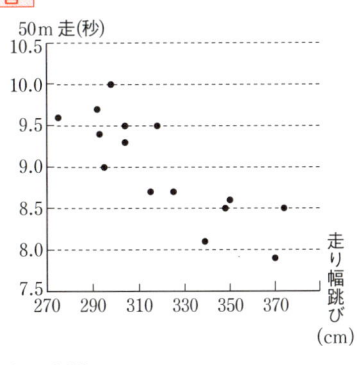

50m 走 (秒) のグラフ（走り幅跳び (cm)）

相関係数 **−0.83**

検討

	走り幅跳び x	50m走 y	$x-m_x$	$y-m_y$	$(x-m_x)^2$	$(y-m_y)^2$	$(x-m_x)(y-m_y)$
1	370	7.9	50	-1.1	2500	1.21	-55
2	325	8.7	5	-0.3	25	0.09	-1.5
3	295	9.0	-25	0	625	0	0
4	374	8.5	54	-0.5	2916	0.25	-27
5	275	9.6	-45	0.6	2025	0.36	-27
6	348	8.5	28	-0.5	784	0.25	-14
7	350	8.6	30	-0.4	900	0.16	-12
8	293	9.4	-27	0.4	729	0.16	-10.8
9	339	8.1	19	-0.9	361	0.81	-17.1
10	292	9.7	-28	0.7	784	0.49	-19.6
11	304	9.3	-16	0.3	256	0.09	-4.8
12	315	8.7	-5	-0.3	25	0.09	1.5
13	304	9.5	-16	0.5	256	0.25	-8
14	318	9.5	-2	0.5	4	0.25	-1
15	298	10.0	-22	0.5	484	1	-22
合計	4800	135.0	合計		12674	5.46	-218.3
平均 m	320	9.0	合計/15		844.93	0.36	-14.55
			標準偏差		29.07	0.60	
			相関係数		-0.83		

28 集合の要素の個数

基本問題 ……… 本冊 p.68

221

答 (1) **25個** (2) **33個** (3) **8個** (4) **50個**
(5) **50個**

検討 4の倍数の集合を A, 3の倍数の集合を B とすると, 4と3の少なくとも一方で割りきれる整数の集合は $A \cup B$
よって $n(A \cup B) = n(A) + n(B) - n(A \cap B)$
4でも3でも割りきれない整数の集合は
$\overline{A} \cap \overline{B} = \overline{A \cup B}$
よって $n(\overline{A \cup B}) = 100 - n(A \cup B)$

222

答 (1) **37** (2) **36** (3) **20** (4) **45** (5) **17**

検討 (1) $n(\overline{B}) = n(U) - n(B) = 53 - 16 = 37$
(2) $n(A \cup B) = n(A) + n(B) - n(A \cap B)$
$= 28 + 16 - 8 = 36$
(3) $n(A \cap \overline{B})$
$= n(A) - n(A \cap B)$
$= 28 - 8 = 20$
(4) $n(A \cup \overline{B}) = n(U) - n(\overline{A} \cap B)$
$= n(U) - \{n(B) - n(A \cap B)\}$
$= 53 - (16 - 8) = 45$
(5) $n(\overline{A} \cap \overline{B}) = n(\overline{A \cup B}) = n(U) - n(A \cup B)$
$= 53 - 36 = 17$

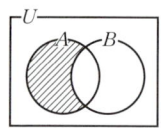

223

答 **5人**

検討 体育部に所属している人の集合を A, 文化部に所属している人の集合を B とする。
$n(A) = 28$, $n(B) = 19$, $n(\overline{A} \cap \overline{B}) = 8$ より
$n(A \cup B) = 50 - 8 = 42$
また, $n(A \cup B) = n(A) + n(B) - n(A \cap B)$ より
$n(A \cap B) = 28 + 19 - 42 = 5$

224

答 (1) **258個** (2) **28個**

検討 全体集合の個数は $400 - 100 + 1 = 301$(個)
(1) 7の倍数は $7n$ と表せる。
よって, $100 \leqq 7n \leqq 400$ より
$14\dfrac{2}{7} \leqq n \leqq 57\dfrac{1}{7}$
$15 \leqq n \leqq 57$
よって, 7の倍数は $57 - 15 + 1 = 43$(個)ある。
したがって, 7の倍数でない数は,
$301 - 43 = 258$(個)ある。
(2) 7の倍数の中で3の倍数になるものは21の倍数。
よって, $100 \leqq 21m \leqq 400$ より
$4\dfrac{16}{21} \leqq m \leqq 19\dfrac{1}{21}$
$5 \leqq m \leqq 19$
よって, 21の倍数は $19 - 5 + 1 = 15$(個)ある。
したがって, 7の倍数であるが, 3の倍数でない数は, $43 - 15 = 28$(個)ある。

29 和の法則・積の法則

基本問題 ………… 本冊 p.69

225
- 答　7 通り
- 検討　和の法則より　5+2=7(通り)

226
- 答　3個の和 12 通り，3個以内の和 18 通り
- 検討　3個の自然数の和は
  (1, 1, 10), (1, 2, 9), (1, 3, 8), (1, 4, 7),
  (1, 5, 6), (2, 2, 8), (2, 3, 7), (2, 4, 6),
  (2, 5, 5), (3, 3, 6), (3, 4, 5), (4, 4, 4)
  の 12 通りある。
  また，2個の自然数の和は
  (1, 11), (2, 10), (3, 9), (4, 8), (5, 7), (6, 6)
  の 6 通りある。
  3個以内の自然数の和に分ける場合は，3個の和に分ける場合と2個の和に分ける場合をあわせたものである。

227
- 答　12 通り
- 検討　出る目の数の和が，
  3 のとき (1, 2), (2, 1) の 2 通り，
  6 のとき (1, 5), (2, 4), (3, 3), (4, 2), (5, 1) の 5 通り，
  9 のとき (3, 6), (4, 5), (5, 4), (6, 3) の 4 通り，
  12 のとき (6, 6) の 1 通り
  和の法則より　2+5+4+1=12(通り)

228
- 答　36 個
- 検討　十の位が 1 のとき，一の位は 2, 3, 4, 5, 6, 7, 8, 9 の 8 通り
  十の位が 2 のとき，一の位は 3, 4, 5, 6, 7, 8, 9 の 7 通り
  十の位が 3 のとき，一の位は 4, 5, 6, 7, 8, 9 の 6 通り
  以下同様に考えていけば，求める個数は
  8+7+6+5+4+3+2+1=36(個)

229
- 答　6 項
- 検討　積の法則より　3×2=6(項)

230
- 答　12 通り
- 検討　積の法則より　4×3=12(通り)

231
- 答　25 個
- 検討　x は 1, 2, 3, 4, 5 の 5 通り，y は 3, 4, 5, 6, 7 の 5 通りあるので，積の法則より
  5×5=25(個)ある。

232
- 答　個数は 30 個，総和は 2418
- 検討　$720=2^4×3^2×5$
  したがって，2 を p 個 ($p=0, 1, 2, 3, 4$)，3 を q 個 ($q=0, 1, 2$)，5 を r 個 ($r=0, 1$) 取って，$2^p3^q5^r$ をつくると，これらはすべて 720 の約数である。よって，5×3×2=30(個)
  また，$(1+2+2^2+2^3+2^4)(1+3+3^2)(1+5)$ を展開したときの各項が 720 の約数だから，総和は
  $(1+2+4+8+16)(1+3+9)(1+5)$
  $=31×13×6=2418$

> **テスト対策**
> $p^aq^br^c$ (p, q, r は素数，a, b, c は自然数)の正の約数の個数は，
> $(a+1)(b+1)(c+1)$

233
- 答　9 個
- 検討　公約数は最大公約数の約数である。
  180 と 504 の最大公約数は 36 で，
  $36=2^2×3^2$ だから，積の法則より　3×3=9

応用問題 ………… 本冊 p.70

234
- 答　95 種類

[検討] 金額の種類は，硬貨の組合せの数と一致する。それぞれ，硬貨を使わない場合も含めれば，500円硬貨4通り，100円硬貨4通り，10円硬貨6通りとなる。0円となる場合を除いて $4 \times 4 \times 6 - 1 = 95$（種類）

235

[答] 15個

[検討] 右のようなグラフをかいて，第1象限にある格子点（座標が整数である点）の個数を数えれば求められる。

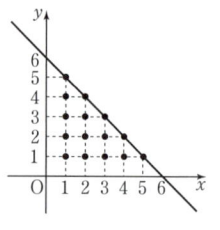

236

[答] 19通り

[検討] 使われる文字の個数で場合分けをする。

a, a, a ……1通り
a, a, b ……3通り
a, a, c ……3通り
a, b, b ……3通り
a, b, c ……6通り
b, b, c ……3通り

よって $1 + 3 \times 4 + 6 = 19$（通り）

237

[答] 12個

[検討] $y \geq 1, z \geq 1$ だから
$3x + 2 + 1 \leq 3x + 2y + z = 15$
$3x \leq 12$ よって $1 \leq x \leq 4$

(i) $x = 1$ のとき，$2y + z = 12$ を満たす組は
   $(y, z) = (1, 10), (2, 8), (3, 6), (4, 4), (5, 2)$
   の5通り
(ii) $x = 2$ のとき，$2y + z = 9$ を満たす組は
   $(y, z) = (1, 7), (2, 5), (3, 3), (4, 1)$ の4通り
(iii) $x = 3$ のとき，$2y + z = 6$ を満たす組は
   $(y, z) = (1, 4), (2, 2)$ の2通り
(iv) $x = 4$ のとき，$2y + z = 3$ を満たす組は
   $(y, z) = (1, 1)$ の1通り

以上の(i)〜(iv)までのどの2つも同時に起こることはないから，条件式を満たす x, y, z の組は，和の法則により
$5 + 4 + 2 + 1 = 12$（個）

238

[答] (1) 20通り (2) 60通り

[検討] (1) 上りの道の選び方は5通りあり，そのおのおのについて下りの道の選び方は4通りある。
よって $5 \times 4 = 20$（通り）

(2) A, Bの上りの道の選び方は5通り。下りは，Aの道の選び方は4通りで，そのおのおのについてBの道の選び方は3通りある。
よって，下りの道の選び方は
$4 \times 3 = 12$（通り）
ゆえに，求める道の選び方は
$5 \times 12 = 60$（通り）

30 順 列

基本問題 ……… 本冊 p.72

239

[答] $_4P_2 = 12$, $_{10}P_3 = 720$, $_3P_3 = 6$, $_5P_1 = 5$

[検討] $_nP_r = n(n-1)(n-2) \cdots (n-r+1)$

240

[答] (1) $n = 9$ (2) $n = 5$

[検討] (1) $n(n-1) = 72$ $n^2 - n - 72 = 0$
$(n-9)(n+8) = 0$ $n \geq 2$ より $n = 9$
(2) $n(n-1)(n-2) = 3n(n-1)$
これより $n = 0, 1, 5$ $n \geq 3$ であるから $n = 5$

241

[答] 120個

[検討] 6個から3個取って並べるので
$_6P_3 = 6 \cdot 5 \cdot 4 = 120$

242

[答] 120通り

[検討] $_5P_4 = 5 \cdot 4 \cdot 3 \cdot 2 = 120$

243
答 **6840 通り**
検討 $_{20}P_3 = 20 \cdot 19 \cdot 18 = 6840$

244
答 **870 種類**
検討 30 の駅から乗車駅と降車駅の 2 つを選ぶと考える。
$_{30}P_2 = 30 \cdot 29 = 870$

245
答 **3 けたの整数 120 個，400 以上の整数 60 個**
検討 3 けたの整数は，$_6P_3 = 6 \cdot 5 \cdot 4 = 120$（個）
400 以上の整数は，百の位が 4 のとき $_5P_2$ 個，百の位が 5 のとき $_5P_2$ 個，百の位が 6 のとき $_5P_2$ 個だから，全部で
$3 \times _5P_2 = 3 \times 5 \times 4 = 60$（個）

246
答 (1) **100 個** (2) **24 個** (3) **52 個**
検討 (1) 百の位には 0 を除く 5 個の数から 1 個取る。十の位，一の位は百の位に使った数以外の 5 個の数から 2 個取って並べればよい。
$5 \times _5P_2 = 100$（個）
(2) 奇数は 1，3，5 の 3 個あるから，これから 2 個取って両端に並べ，残りの 4 個から 1 個取ってまん中におけばよい。
$_3P_2 \times _4P_1 = 24$（個）
(3) 一の位が 0 のときは，百の位，十の位は 1，2，3，4，5 の中から 2 個取って並べればよい。
一の位が 2 または 4 のときは，百の位は 0 以外の残りの 4 個から 1 個取り，十の位は一の位と百の位に使った残りの 4 個の中から 1 個取ればよい。
$_5P_2 + _4P_1 \times _4P_1 \times 2 = 52$（個）

247
答 **女子 4 人がとなりあう並び方 576 通り，交互に並ぶ並び方 144 通り**
検討 前半は，女子 4 人をひとまとめにして，男子 3 人とこのひとまとまりの 4 人を並べると考えると，この並べ方は $_4P_4$ 通りとなる。このとき，4 人の女子の並び方を考えると $_4P_4$ 通りである。
よって $_4P_4 \times _4P_4 = 576$（通り）
後半は，4 人の女子の並び方は $_4P_4$ 通りで，この女子の間の 3 か所に男子 3 人を並べればよい。
よって $_4P_4 \times _3P_3 = 144$（通り）

248
答 (1) **1440 通り** (2) **240 通り**
検討 (1) a，b を 1 つの文字と考えて他の 5 文字とあわせて 6 文字を並べると考える。そのうえで，a，b の並べ方を考えると
$_6P_6 \times _2P_2 = 1440$（通り）
(2) a と b の間に 5 つの文字を並べるので，a と b がどちらの端にくるかを考えて
$_5P_5 \times _2P_2 = 240$（通り）

> **テスト対策**
> 特定の 2 つがとなりあう順列は，その **2 つをまとめて 1 つと考える。**

249
答 **順に 362880 通り，720 通り**
検討 前半は，9 人の並べ方であるから $_9P_9$ 通りである。後半は，1 番，3 番，9 番以外の 6 人の並べ方であるから $_6P_6$ 通りである。

250
答 **10 通り**
検討 $\dfrac{5!}{3!2!} = 10$（通り）

251
答 **210 個**
検討 1 が 3 個，2 が 2 個，3 が 2 個あるので，その並べ方は $\dfrac{7!}{3!2!2!} = 210$（個）

252
答 **11550 通り**

[検討] 同じものが4個,3個,4個ある計11個のものを並べる順列であるから

$$\frac{11!}{4!3!4!}=11550(通り)$$

253
[答] 90通り

[検討] A, B, Cが2個ずつあるから

$$\frac{6!}{2!2!2!}=90(通り)$$

254
[答] 64通り

[検討] 4個のものから重複を許して3個取る順列だから $_4\Pi_3=4^3=64$(通り)

または,百の位,十の位,一の位とも4通りの選び方があるので,積の法則より
$4\times4\times4=64$(通り) としてもよい。

255
[答] 243通り

[検討] 重複順列 $_3\Pi_5=3^5$(通り) である。

256
[答] 64通り

[検討] 重複順列 $_2\Pi_6=2^6$(通り) である。

257
[答] (1) 2^n通り (2) 2^n-2(通り)
(3) $2^{n-1}-1$(通り)

[検討] (1) n人を $a_1, a_2, a_3, \cdots, a_n$ とすれば,a_1 は A か B であり,a_2 も A か B である。同様に,a_n も A か B である。ゆえに,2^n通り。

(2) 2つの組に分けるので,1つの組には少なくとも1人いることが必要である。したがって,(1)で一方の部屋が空になる場合を除けばよい。
ゆえに,2^n-2(通り)

(3) A, B 2つの組の区別がなくなるので,(2)の場合の半分である。ゆえに,$2^{n-1}-1$(通り)

258
[答] 6561通り

[検討] $_3\Pi_8=3^8$

259
[答] 81通り

[検討] $_3\Pi_4=3^4$

260
[答] 24通り

[検討] 5人の円順列と考えられるので
$4!=24$(通り) となる。

(別解) 5人が1列に手をつないで並び(順列),その両端の2人が手をつなぐと円形ができる。このとき,ABCDE, BCDEA, CDEAB, DEABC, EABCD の5つは,円形になると同じになるので,1つの円順列によって5つの順列ができる。

ゆえに $\dfrac{_5P_5}{5}=4!=24$(通り)

261
[答] 円周上に並べる並べ方 5040通り
じゅずのつくり方 2520通り

[検討] 8個のものの円順列は 7! 通りである。また,じゅずをつくるときには,円順列のうちで裏返すと同じものが2つずつあることから,そのつくり方は,7!の半分になる。
ゆえに $7!\div2=2520$(通り)

> [テスト対策]
> じゅずのようなものでは,裏返したものともとのものは区別できないので,**円順列の数を2で割る。**

262
[答] 4320通り

[検討] 隣り合って座る3人を1人の人とみて,7人の人が円形に座ると考える。この順列は
$(7-1)!=6!$(通り)
次に,隣り合って座る3人の座り方を考えると,その数は 3! 通り
ゆえに,求める数は $6!\times3!=4320$(通り)

263
[答] 240通り

264 ～ 269 の答え　49

|検討| 両親を1つにまとめて6人を円形に並べると考えると，その並べ方の数は
$(6-1)!=5!=120$（通り）
また，両親の並び方は2通りあるので，求める数は $120\times 2=240$（通り）

264

|答| **144 通り**

|検討| 男子の並び方は $(4-1)!=3!$（通り）
男子の間に女子を入れると考えると，女子の並び方は $4!$ 通り
よって　$3!\times 4!=144$（通り）

応用問題　…… 本冊 p.75

265

|答| **1018 通り**

|検討| ACEB の行き方は
$\dfrac{7!}{5!2!}\times\dfrac{8!}{6!2!}=588$（通り）
ADB の行き方は 1 通り
AFIJ の行き方は
$\dfrac{8!}{6!2!}=28$（通り）
AGJ の行き方は $\dfrac{9!}{7!2!}=36$（通り）
これより AJB の行き方は
$(28+36)\times\dfrac{6!}{5!}=384$（通り）
AHB の行き方は $\dfrac{10!}{8!2!}=45$（通り）
以上より，求める行き方は
$588+1+384+45=1018$（通り）

266

|答| **987 通り**

|検討| 1段を x 回，2段を y 回とすると
$x+2y=15$
これを満たす正または0の整数 x，y は
$(x,\ y)=(15,\ 0),\ (13,\ 1),\ (11,\ 2),\ (9,\ 3),$

$(7,\ 4),\ (5,\ 5),\ (3,\ 6),\ (1,\ 7)$
これより求める場合の数は
$\dfrac{15!}{15!0!}+\dfrac{14!}{13!1!}+\dfrac{13!}{11!2!}+\dfrac{12!}{9!3!}+\dfrac{11!}{7!4!}+\dfrac{10!}{5!5!}$
$+\dfrac{9!}{3!6!}+\dfrac{8!}{1!7!}=987$（通り）

267

|答| **280 通り**

|検討| 8チームを A，B，C，D，E，F，G，H として，A－勝，B－勝，C－勝，D－勝，E－敗，F－敗，G－敗，H－分 のようになればよいので，「勝勝勝勝敗敗敗分」の8つを並べる順列となる。
ゆえに　$\dfrac{8!}{4!3!1!}=280$（通り）

268

|答| **642 通り**

|検討| りんご 4 個，かき 3 個，バナナ 5 本の中から6個取る方法は，次の表のようになる。

りんご	0	1	0	1	2	0	1	2
かき	1	0	2	1	0	3	2	1
バナナ	5	5	4	4	4	3	3	3

3	1	2	3	4	2	3	4	4
0	3	2	1	0	3	2	1	3	2
3	2	2	2	2	1	1	1	0	0

これらの6個のものを1つずつ6人に分ける方法は，6個のものの順列になる。
ゆえに，求める総数は
$\dfrac{6!}{5!1!}\times 2+\dfrac{6!}{4!2!}\times 4+\dfrac{6!}{4!1!1!}\times 2$
$+\dfrac{6!}{3!3!}\times 3+\dfrac{6!}{3!2!1!}\times 6+\dfrac{6!}{2!2!2!}$
$=12+60+60+60+360+90=642$（通り）

269

|答| **262144 通り**

|検討| 4人の学生を A，B，C，D とする。1冊につき，A，B，C，D の学生のだれかに与える。したがって，その数は $_4\Pi_9=4^9$（通り）
注：和書・洋書のみを区別するときは，分配のしかたは，たとえば次の表のように表される。これより，和書の分配は重複組合せ（A，

A, B, A, B),
洋書の分配は重複
組合せ(A, B, C,
C)で示されることがわかる。
ゆえに，求める場合の数は
$_4H_5 \times _4H_4 = _8C_5 \times _7C_4 = 1960$（通り）

	A	B	C	D
和書	3	2	0	0
洋書	1	1	2	0

270

答 1を1つ含むもの **2916**個
1を2つ含むもの **486**個
1を3つ含むもの **36**個
1を4つ含むもの **1**個
1を1つも含まないもの **6560**個

検討 (i) 1を1つ含むものの個数
1けたのものは1個
2けたのものは，一の位に1があるもの8個，十の位に1があるもの9個
3けたのものは，一の位に1があるもの72個，十の位に1があるもの72個，百の位に1があるもの81個
4けたのものは，一の位に1があるもの648個，十の位に1があるもの648個，百の位に1があるもの648個，千の位に1があるもの729個
ゆえに，求める個数は
$1+8+9+72 \times 2+81+648 \times 3+729=2916$（個）

(ii) 1を2つ含むものの個数
2けたのものは11の1個
3けたのものは，一の位と十の位に1があるもの8個，一の位と百の位に1があるもの9個，百の位と十の位に1があるもの9個
4けたのものは，$xy11$, $x1y1$, $x11y$ の形のものは $x \neq 0$, 1, $y \neq 1$ だから，それぞれ72個，$1x1y$, $1xy1$, $11xy$ の形のものは $x \neq 1$, $y \neq 1$ だから，それぞれ81個
ゆえに，求める個数は
$1+8+9 \times 2+72 \times 3+81 \times 3=486$（個）

(iii) 1を3つ含むものの個数
3けたのものは111の1個
4けたのものは，$x111$ の形のものは8個，$1x11$, $11x1$, $111x$ の形のものはそれぞれ9個
ゆえに，求める個数は
$1+8+9 \times 3=36$（個）

(iv) 1を4つ含むものの個数
1111の1個
(v) 1を1つも含まないものの個数
$9999-(2916+486+36+1)=6560$（個）

271

答 **15**通り

検討 5色のうちの1色は向かいあった2面に塗られる。この色の選び方は5通り。
残りの4色の塗り方は円順列になるが，右まわりと左まわりの区別がない。
ゆえに $5 \times (4-1)! \div 2=15$（通り）

31 組合せ

基本問題 ●●●●●●● 本冊 p.77

272

答 **780**通り，Aが選ばれる場合は **39**通り

検討 前半は $_{40}C_2$ 通りある。後半はAを除いた39人から1人選べばよい。

273

答 **4320**通り

検討 $_{10}C_3 \times _9C_2$

274

答 **60**個

検討 5本の平行線から2本，他の4本の平行線から2本選べば1つの平行四辺形ができる。
よって $_5C_2 \times _4C_2=60$（個）

275

答 直線 **28**本，三角形 **56**個

検討 直線は2点が決まればよいので $_8C_2$，三角形は3点が決まればよいので $_8C_3$

276

答 **120**通り

検討 $_{10}C_3$ を求めればよい。

277〜288 の答え

277
答 (1) $n=17$ (2) $n=10$

検討 (1) $\dfrac{n!}{(n-2)!\,2!}=136$ より
$n(n-1)=272 \quad n^2-n-272=0$
$(n+16)(n-17)=0 \quad n>2$ より $n=17$

(2) $\dfrac{3\cdot n!}{4!(n-4)!}=\dfrac{5\cdot(n-1)!}{5!(n-6)!}$ より
$(n-1)(n-2)(n-3)(-n^2+12n-20)=0$
$-(n-1)(n-2)^2(n-3)(n-10)=0$
$n\geqq 6$ より $n=10$

278
答 60060 通り

検討 $_{13}C_6\times{}_7C_4\times{}_3C_3$ を求めればよい。

279
答 2520 通り

検討 $_{10}C_5\times{}_5C_3\times{}_2C_2$ を求めればよい。

280
答 280 通り

検討 3組を区別すると
$_9C_3\times{}_6C_3\times{}_3C_3=1680$（通り）
3組の区別がないので，3! 通りずつ同じ分け方が出てくる。
よって　$1680\div 3!=280$（通り）

281
答 315 通り

検討 $_9C_4\times{}_5C_4=630$（通り）
このうち 4 人の組は区別がないので，求める場合の数は $630\div 2=315$（通り）

テスト対策
組分けの問題では，まず組を区別して考え，個数が同じで**区別できない組の入れかえの数で割る**。

282
答 560 通り

検討 $_8C_3\times{}_5C_3\times{}_2C_2$ を求めればよい。

283
答 28 通り

検討 3 個のものから重複を許して 6 個取る組合せの数を求めればよい。
$_3H_6={}_8C_6={}_8C_2=28$（通り）

284
答 10 通り

検討 鉢にはじめに 1 個ずつ盛っておけば，残りの 3 個のりんごを a, b, c の 3 つの鉢に盛ることになる。
$_3H_3={}_5C_3=10$（通り）

285
答 231 通り

検討 3 個のものから重複を許して 20 個取る組合せの数になる。
$_3H_{20}={}_{22}C_{20}={}_{22}C_2=231$（通り）

テスト対策
投票の問題では，**記名投票は重複順列，無記名投票は重複組合せ**になる。

286
答 順に 330 通り，15 通り

検討 前半は $_5H_7={}_{11}C_7={}_{11}C_4=330$（通り）
後半は，各学級から先に 1 名ずつ選んでおくと，残りの 2 人を 5 つの学級から選ぶことになるので，
$_5H_2={}_6C_2=15$（通り）

287
答 220 通り

検討 まず，各人に 10 円ずつ与えておいて，残りの 90 円を 4 人に分配する。
$_4H_9={}_{12}C_9={}_{12}C_3=220$（通り）

288
答 66 通り

検討 かき，なし，りんごをそれぞれ A, B, C で表すと，A, B, C から重複を許して 10 個取る組合せである。

$_3H_{10}={}_{12}C_{10}={}_{12}C_2=66$(通り)

289
答 15個
検討 x, y, z の3つから重複を許して4個取るときの組合せの数だけある。
$_3H_4={}_6C_4={}_6C_2=15$(個)

応用問題 …… 本冊 p.79

290
答 560通り
検討 (i) 女子学生が4人の組に属する場合
4人の組の選び方は $_8C_2$ 通り
次に,6人を2組に分け,組は区別しないので
$\dfrac{_6C_3 \times {}_3C_3}{2}=10$(通り)
ゆえに,組分けは $_8C_2 \times 10 = 280$(通り)
(ii) 女子学生が3人の組に属する場合
4人の組の選び方は $_8C_4$ 通り
6人から女子学生を除く3人の選び方は $_4C_3$ 通り
よって $_8C_4 \times {}_4C_3 = 280$(通り)
(i), (ii) より $280+280=560$(通り)

291
答 165個
検討 $x+y+z+u=12$ ……①
$x'=x-1, y'=y-1, z'=z-1, u'=u-1$ とすると $x'+y'+z'+u'=8, 0 \leq x' \leq 8,$
$0 \leq y' \leq 8, 0 \leq z' \leq 8, 0 \leq u' \leq 8$ ……②
②の解 $x'=2, y'=0, z'=5, u'=1$ には,$x',$ y', z', u' の中から重複を許して x' を2個,y' を0個,z' を5個,u' を1個の合計8個取る組合せを対応させることができる。これより①の解の数は,異なる4個から重複を許して8個取る組合せの数に等しくなる。
ゆえに $_4H_8={}_{11}C_8={}_{11}C_3=165$(個)

292
答 826通り

検討 5人を A, B, C, D, E とすると,10本の鉛筆を5人に分配するしかたの数は,A, B, C, D, E の5個のものから10個取る重複組合せの数 $_5H_{10}$ に等しい。
このうち,A が7本以上受け取る場合の数は,A が7本受け取って残りの3本を A を含めた5人に分配するしかたの数 $_5H_3$ に等しい。B, C, D, E がそれぞれ7本以上受け取る場合についても同様である。
ゆえに,求める場合の数は
$_5H_{10} - {}_5H_3 \times 5 = {}_{14}C_{10} - {}_7C_3 \times 5 = 826$(通り)

293
答 $_{m-1}C_{m-n}$ 通り(または,$_{m-1}C_{n-1}$ 通り)
検討 $x_1, x_2, \cdots, x_n$ にそれぞれ1を与えておいて,残りの $m-n$ 個の1を $x_1, x_2, \cdots, x_n$ に分配する方法と同じだから,解は
$_nH_{m-n}={}_{m-1}C_{m-n}$(通り)となる。

294
答 組合せ 3通り,順列 7通り
検討 (i) 同じものが3個あるもの
b が3個の場合だけで,組合せも順列もそれぞれ1通りである。
(ii) 同じものが2個あるもの
a が2個のときはもう1個は b であり,b が2個のときはもう1個は a である。
よって,組合せは2通り,順列は
$\dfrac{3!}{2!} \times 2 = 6$(通り)である。
以上より,組合せは3通り,順列は7通り。

295
答 組合せ 46通り,順列 2275通り
検討 この10個のものを $a, a, a, a, b, b,$ c, d, e, f とする。
(i) 同じものが4個あるとき
a が4個で,残りの1個は b, c, d, e, f のどれかであるから,組合せは5通り,順列は
$\dfrac{5!}{4!} \times 5 = 25$(通り)
(ii) 同じものが3個あるとき
a が3個で,残りの2個が同じものであると

296 ～ 300 の答え　53

きは b が2個であるから，組合せは1通り，
順列は $\dfrac{5!}{3!2!}=10$（通り）
残りの2個が異なるものであるときは，b, c, d, e, f の中から2個取るので，組合せは
$_5C_2=10$（通り），順列は $\dfrac{5!}{3!}\times 10=200$（通り）
(iii) 同じものが2個あるとき
1組が同じもので残りの3個が異なるもののときは，a, b のどちらかを2個取り，残りの3個の取り方は $_5C_3=10$（通り）
よって，組合せは $2\times 10=20$（通り）
順列は $\dfrac{5!}{2!}\times 20=1200$（通り）
同じものが2組あるときは，a, a, b, b のほかに1個取ればよいので，組合せは4通り，
順列は $\dfrac{5!}{2!2!}\times 4=120$（通り）
(iv) 同じものがないとき
組合せは $_6C_5=6$（通り）
順列は $_6P_5=720$（通り）
以上より，組合せは
$5+1+10+20+4+6=46$（通り）
順列は
$25+10+200+1200+120+720=2275$（通り）

32　場合の数と確率

基本問題　　　　　　　　　　本冊 p.80

296

答　$\dfrac{28}{55}$

検討　男子8人の中から2人を選ぶ方法は $_8C_2$ 通り，女子4人の中から1人を選ぶ方法は $_4C_1$ 通りである。また，全体の12人の中から3人を選ぶ方法は $_{12}C_3$ 通りである。
よって　$\dfrac{_8C_2\times{_4C_1}}{_{12}C_3}=\dfrac{28}{55}$

297

答　$\dfrac{5}{36}$

検討　目の和が8になるのは (2, 6), (3, 5), (4, 4), (5, 3), (6, 2) の5通りで，全体の場合の数は $6\times 6=36$（通り）である。
ゆえに，求める確率は $\dfrac{5}{36}$

298

答　$\dfrac{13}{15}$

検討　30個の球から4個の球の取り出し方は $_{30}C_4$ 通りある。また，赤球を含まないような取り出し方は，残りの29個の中から4個取ればよいので $_{29}C_4$ 通りである。
よって　$\dfrac{_{29}C_4}{_{30}C_4}=\dfrac{13}{15}$

📝テスト対策

　確率の計算では，いくつかのさいころや同じ色の球は，すべて**区別**して考えないといけない。

299

答　$\dfrac{1}{10}$

検討　6人が円陣をつくる方法は $(6-1)!$ 通りある。
女子3人が円陣をつくる方法は $(3-1)!$ 通りあり，その間の3つの場所に男子3人が1人ずつはいる方法は，場所が指定されるのでふつうの順列となり，$3!$ 通りある。
ゆえに，求める確率は
$\dfrac{(3-1)!\times 3!}{(6-1)!}=\dfrac{2!\times 3!}{5!}=\dfrac{1}{10}$

300

答　$\dfrac{5}{108}$

検討　3つのさいころ A, B, C の目の数の和が15になるのは，次の10通りである。

A	3	4	4	5	5	5	6	6	6
B	6	5	6	4	5	6	3	4	5
C	6	6	5	6	5	4	6	5	4
									3

また，目の出方の総数は
$6 \times 6 \times 6 = 216$(通り)である。

よって，求める確率は $\dfrac{10}{216} = \dfrac{5}{108}$

個含まれている場合の数は，残りの2個を白球，青球合計6個の中から取ればよいので $_6C_2$ 通りある。

したがって，同色の球が3個含まれている場合の数は，$_6C_2 \times 3$(通り)である。

ゆえに，求める確率は $\dfrac{_6C_2 \times 3}{_9C_5} = \dfrac{5}{14}$

301

答 $\dfrac{1}{4}$

検討 目の出方は全部で36通りで，これらは同様に確からしい。このうち，条件に適する目の出方は
　　Aが5でBが1, 2, 3, 4
　　Aが6でBが1, 2, 3, 4, 5
の9通りである。

したがって，求める確率は $\dfrac{9}{36} = \dfrac{1}{4}$

302

答 $\dfrac{1}{12}$

検討 $240 = 2^4 \times 3 \times 5$

これより 240 の約数は $5 \times 2 \times 2 = 20$(個)ある。

したがって，求める確率は $\dfrac{20}{240} = \dfrac{1}{12}$

303

答 $\dfrac{22}{51}$

検討 取り出した4個のうち，白球が3個，赤球が1個である場合は，$_{12}C_3 \times _6C_1$(通り)で，4個を取り出すすべての場合の数は $_{18}C_4$ 通りである。

よって $\dfrac{_{12}C_3 \times _6C_1}{_{18}C_4} = \dfrac{22}{51}$

304

答 $\dfrac{5}{14}$

検討 5個取り出したとき，その中に赤球が3

305

答 $\dfrac{2}{9}$

検討 特定の2人を A, B とする。A の位置をきめたとき，他の人が円形に並ぶ並び方は 9! 通りある。次に，A の隣りに B をおいて（これは2通りある），他の人が円形に並ぶ並び方は $8! \times 2$(通り)である。

ゆえに，求める確率は $\dfrac{8! \times 2}{9!} = \dfrac{2}{9}$

306

答 $\dfrac{1}{4}$

検討 大小の2つのさいころを投げて，大きいさいころの目の数が a，小さいさいころの目の数が b のとき，(a, b) と書くことにする。目の数の和が，4になるのは $(1, 3)$, $(2, 2)$, $(3, 1)$ の3通りであり，8になるのは $(2, 6)$, $(3, 5)$, $(4, 4)$, $(5, 3)$, $(6, 2)$ の5通りであり，12になるのは $(6, 6)$ の1通りである。また，すべての場合は $6 \times 6 = 36$(通り)である。

したがって，求める確率は $\dfrac{3+5+1}{36} = \dfrac{1}{4}$

33 確率の基本性質

基本問題 ········· 本冊 p.82

307

答 $\dfrac{3}{4}$

検討 表が1枚だけ出る事象を A_1，表が2枚出る事象を A_2 とすると，表が少なくとも1

枚出る事象は $A_1 \cup A_2$ となる。
$n(A_1)=2$, $n(A_2)=1$ であるから
$P(A_1)=\dfrac{2}{4}$, $P(A_2)=\dfrac{1}{4}$
A_1, A_2 は互いに排反であるから
$P(A_1 \cup A_2)=P(A_1)+P(A_2)=\dfrac{2}{4}+\dfrac{1}{4}=\dfrac{3}{4}$

(別解) 余事象を考えると楽である。裏が 2 枚出る確率は $\dfrac{1}{4}$ であるから $1-\dfrac{1}{4}=\dfrac{3}{4}$

308

答 $\dfrac{49}{60}$

検討 全体の場合の数は ${}_{10}C_3$
白球 2 個, 黒球 1 個を取り出す事象を A とすると, $n(A)={}_7C_2 \times {}_3C_1$ だから
$P(A)=\dfrac{{}_7C_2 \times {}_3C_1}{{}_{10}C_3}=\dfrac{63}{120}$
白球 3 個を取り出す事象を B とすると, $n(B)={}_7C_3$ だから
$P(B)=\dfrac{{}_7C_3}{{}_{10}C_3}=\dfrac{35}{120}$
A, B は互いに排反であるから
$P(A \cup B)=P(A)+P(B)=\dfrac{49}{60}$

309

答 $\dfrac{3}{10}$

検討 1 等が当たる確率は $\dfrac{1}{100}$, 2 等が当たる確率は $\dfrac{10}{100}$, 3 等が当たる確率は $\dfrac{19}{100}$ で, これらの事象は互いに排反である。
よって, 求める確率は $\dfrac{1}{100}+\dfrac{10}{100}+\dfrac{19}{100}=\dfrac{3}{10}$

310

答 $\dfrac{5}{6}$

検討 問題の事象 A は
$A=\{1, 3, 5\} \cup \{1, 2, 3, 4\}=\{1, 2, 3, 4, 5\}$
よって $P(A)=\dfrac{5}{6}$

311

答 $\dfrac{2}{33}$

検討 取り出された 4 個の石が同色であるのは
A：白石が 4 個となる事象
B：黒石が 4 個となる事象
の 2 つの場合のいずれかである。
A, B の確率はそれぞれ
$P(A)=\dfrac{{}_5C_4}{{}_{11}C_4}=\dfrac{5}{330}$
$P(B)=\dfrac{{}_6C_4}{{}_{11}C_4}=\dfrac{15}{330}$
A, B は互いに排反であるから, 加法定理より, 求める確率は
$P(A \cup B)=P(A)+P(B)=\dfrac{2}{33}$

312

答 0.84

検討 余事象の確率を考えればよい。
$1-0.16=0.84$

313

答 (1) $\dfrac{267}{1078}$ (2) $\dfrac{67}{245}$

検討 (1) $\dfrac{{}_{10}C_1 \times {}_{90}C_2}{{}_{100}C_3}=\dfrac{267}{1078}$

(2) 3 本ともはずれる事象の余事象であるから,
$1-\dfrac{{}_{90}C_3}{{}_{100}C_3}=\dfrac{67}{245}$

314

答 $\dfrac{15}{16}$

検討 4 枚とも裏が出る確率は $\dfrac{1}{2^4}=\dfrac{1}{16}$
少なくとも 1 枚表が出る事象は, 4 枚とも裏が出る事象の余事象であるから, 求める確率は
$1-\dfrac{1}{16}=\dfrac{15}{16}$

315

答 $\dfrac{7}{8}$

[検討] 3枚の硬貨を投げたときの表裏の出方は $2^3=8$(通り)である。
このうち，3枚とも裏になるのは1通りだから，その確率は $\dfrac{1}{8}$
少なくとも1枚表が出る事象は，3枚とも裏が出る事象の余事象だから，その確率は
$$1-\dfrac{1}{8}=\dfrac{7}{8}$$

316

[答] $\dfrac{11}{26}$

[検討] 絵札が1枚もはいっていない確率は
$$\dfrac{{}_{10}C_2}{{}_{13}C_2}=\dfrac{15}{26}$$
よって，求める確率は $1-\dfrac{15}{26}=\dfrac{11}{26}$

> [テスト対策]
> 少なくとも1つというような事象の確率を求めるときは，余事象の確率を利用すると簡単になることが多い。

応用問題　　　　本冊 p.84

317

[答] $\dfrac{19}{20}$

[検討] Aが解くという事象を A，Bが解くという事象を B で表すと，
$$P(A\cup B)=P(A)+P(B)-P(A\cap B)$$
$$=\dfrac{3}{5}+\dfrac{3}{4}-\dfrac{2}{5}=\dfrac{19}{20}$$

318

[答] (1) $\dfrac{7}{15}$　(2) $\dfrac{8}{15}$

[検討] (1) $\dfrac{{}_7C_2}{{}_{10}C_2}=\dfrac{7}{15}$

(2) 2個とも良品である事象の余事象であるから
$$1-\dfrac{7}{15}=\dfrac{8}{15}$$

319

[答] $\dfrac{5}{6}$

[検討] 異なる数の目が出るという事象を A とすれば，その余事象 $\overline{A}$ は2個とも同じ数の目が出るという事象である。
2個とも同じ数の目が出る場合は6通りあるから，その確率は $P(\overline{A})=\dfrac{6}{36}=\dfrac{1}{6}$
よって，求める確率は
$$P(A)=1-P(\overline{A})=1-\dfrac{1}{6}=\dfrac{5}{6}$$

320

[答] $\dfrac{671}{1296}$

[検討] 1の目が1回以上出る事象を A とすれば，$\overline{A}$ は1の目が1回も出ない事象になる。
$n(\overline{A})=5^4=625$
また，全事象を U とすると $n(U)=6^4=1296$
よって $P(A)=1-P(\overline{A})=1-\dfrac{625}{1296}=\dfrac{671}{1296}$

34　確率の計算

基本問題　　　　本冊 p.85

321

[答] (1) (a) $\dfrac{1}{6}$　(b) $\dfrac{5}{9}$　(c) $\dfrac{5}{18}$　(2) $\dfrac{305}{648}$

[検討] (1) (a) $\dfrac{{}_4C_2}{{}_9C_2}=\dfrac{1}{6}$　(b) $\dfrac{{}_4C_1\times{}_5C_1}{{}_9C_2}=\dfrac{5}{9}$

(c) $\dfrac{{}_5C_2}{{}_9C_2}=\dfrac{5}{18}$

(2) 題意に適するのは，次の(i), (ii), (iii)の場合である。

(i) Aから白球2個を取り出してBに入れ，次にBから白球2個を取り出してAに入れる。
このときの確率は $\dfrac{{}_4C_2\times{}_5C_2}{{}_9C_2\times{}_9C_2}=\dfrac{5}{108}$

(ii) Aから白球，赤球各1個を取り出してBに入れ，次にBから白球，赤球各1個を取り出してAに入れる。

このときの確率は $\dfrac{{}_4C_1\times {}_5C_1\times {}_4C_1\times {}_5C_1}{{}_9C_2\times {}_9C_2}=\dfrac{25}{81}$

(iii) A から赤球2個を取り出して B に入れ，次に B から赤球2個を取り出して A に入れる。

このときの確率は $\dfrac{{}_5C_2\times {}_6C_2}{{}_9C_2\times {}_9C_2}=\dfrac{25}{216}$

これらの事象は互いに排反であるから，求める確率は $\dfrac{5}{108}+\dfrac{25}{81}+\dfrac{25}{216}=\dfrac{305}{648}$

322

答 $\dfrac{23}{36}$

検討 和が2の倍数になるのは，2数とも奇数または2数とも偶数の場合である。1から9までの数の中には，奇数が5つ，偶数が4つある。
したがって，和が偶数となる場合の数は
${}_5C_2+{}_4C_2=10+6=16$(通り)
また，和が3の倍数になるのは
$1+2$, $1+5$, $1+8$, $2+4$, $2+7$, $3+6$, $3+9$, $4+5$, $4+8$, $5+7$, $6+9$, $7+8$
の12通りの場合があるが，このうちで和が偶数になる場合が5通りある。
したがって，求める確率は
$\dfrac{16}{{}_9C_2}+\dfrac{12}{{}_9C_2}-\dfrac{5}{{}_9C_2}=\dfrac{23}{36}$

323

答 $\dfrac{2}{3}$

検討 だれがどの手で勝つかを考える。
全事象は $3^3=27$(通り)
1人が勝つ場合
$\dfrac{{}_3C_1\times 3}{27}=\dfrac{1}{3}$
2人が勝つ場合
$\dfrac{{}_3C_2\times 3}{27}=\dfrac{1}{3}$
2つの場合は互いに排反だから $\dfrac{1}{3}+\dfrac{1}{3}=\dfrac{2}{3}$

324

答 (1) $\dfrac{3}{10}$ (2) $\dfrac{7}{20}$

検討 全事象は20通り。
3の倍数である事象を A，2の倍数である事象を B とする。

(1) $P(A)=\dfrac{6}{20}=\dfrac{3}{10}$

(2) $P(B)=\dfrac{10}{20}$, $P(A\cap B)=\dfrac{3}{20}$
求める事象は $\overline{A}\cap\overline{B}=\overline{A\cup B}$
よって
$P(\overline{A}\cap\overline{B})=1-P(A\cup B)$
$=1-\{P(A)+P(B)-P(A\cap B)\}$
$=1-\left(\dfrac{6}{20}+\dfrac{10}{20}-\dfrac{3}{20}\right)=\dfrac{7}{20}$

325

答 (1) $\dfrac{4}{9}$ (2) $\dfrac{1}{6}$ (3) $\dfrac{1}{3}$ (4) $\dfrac{7}{12}$ (5) $\dfrac{5}{12}$

検討 (1) $\dfrac{{}_4C_1}{{}_9C_1}=\dfrac{4}{9}$ (2) $\dfrac{{}_4C_2}{{}_9C_2}=\dfrac{6}{36}=\dfrac{1}{6}$

(3) $\dfrac{{}_4C_1\times {}_3C_1}{{}_9C_2}=\dfrac{4\times 3}{36}=\dfrac{1}{3}$

(4) 赤球4個，黄球3個の中から2球取り出せばよい。
よって $\dfrac{{}_7C_2}{{}_9C_2}=\dfrac{21}{36}=\dfrac{7}{12}$

(5) 2球とも青球でないという事象の余事象であるから，求める確率は
$1-\dfrac{7}{12}=\dfrac{5}{12}$

326

答 $\dfrac{37}{42}$

検討 9枚のカードから3枚取る場合の数は ${}_9C_3$ 通りである。このうち，3枚とも奇数となるのは ${}_5C_3$ 通りであるから，その確率は
$\dfrac{{}_5C_3}{{}_9C_3}=\dfrac{5}{42}$

一方，3数の積が偶数となる事象は，3数とも奇数となる事象の余事象であるから，求め

る確率は

$$1-\frac{5}{42}=\frac{37}{42}$$

327

答 $\dfrac{2}{3}$

検討 異なる色である事象の余事象は，同じ色である事象で，これは赤，赤，または黒，黒，または白，白と取り出す場合である。
したがって，求める確率は

$$1-\frac{{}_6C_2+{}_4C_2+{}_2C_2}{{}_{12}C_2}=1-\frac{22}{66}=\frac{2}{3}$$

応用問題 ……… 本冊 $p.87$

328

答 (1) $\dfrac{1}{7}$ (2) $\dfrac{1}{28}$

検討 (1) 1回戦の組み合わせを A に着目して分類すると，(A, B), (A, C), (A, D), (A, E), (A, F), (A, G), (A, H) の 7 通りとなり，これらの事象は互いに排反で，その起こる確率は等しい。
よって，求める確率は $\dfrac{1}{7}$

(2) 優勝戦で当たる 2 チームの場合の数は ${}_8C_2=28$（通り）である。これらのおのおのは，互いに排反で，その起こる確率は等しい。
よって，求める確率は $\dfrac{1}{28}$

329

答 (1) $\dfrac{37}{216}$ (2) $\dfrac{61}{216}$

検討 全事象は $6^3=216$（通り）
(1) 4 以下の目ばかり出る事象から，3 以下の目ばかり出る事象をのぞく。

$$\frac{4^3-3^3}{216}=\frac{64-27}{216}=\frac{37}{216}$$

(2) 2 以上の目ばかり出る事象から，3 以上の目ばかり出る事象をのぞく。

$$\frac{5^3-4^3}{216}=\frac{125-64}{216}=\frac{61}{216}$$

330

答 $\dfrac{5}{6}$

検討 少なくとも 1 個は白球であるという事象を A とすると，その余事象 $\overline{A}$ は 2 個とも赤球であるという事象である。

$$P(\overline{A})=\frac{{}_4C_2}{{}_9C_2}=\frac{1}{6}$$

よって $P(A)=1-P(\overline{A})=\dfrac{5}{6}$

35 試行の独立と確率

基本問題 ……… 本冊 $p.88$

331

答 (1) $\dfrac{1}{4}$ (2) $\dfrac{3}{4}$

検討 (1) 偶数の目が出る確率は $\dfrac{3}{6}=\dfrac{1}{2}$ だから

$$\frac{1}{2}\times\frac{1}{2}=\frac{1}{4}$$

(2) （偶，偶），（偶，奇），（奇，偶）と出る場合があるから $\dfrac{1}{2}\times\dfrac{1}{2}\times 3=\dfrac{3}{4}$

332

答 $\dfrac{15}{112}$

検討 甲から赤球 2 個を，乙から赤球 1 個を取り出す場合で，それらは独立な試行であるから

$$\frac{{}_5C_2}{{}_8C_2}\times\frac{{}_3C_1}{{}_8C_1}=\frac{15}{112}$$

333

答 $\dfrac{27}{1000}$

検討 1 回引いたとき当たる確率は $\dfrac{3}{10}$
3 回引くことは，それぞれ独立な試行であるから

$$\frac{3}{10}\times\frac{3}{10}\times\frac{3}{10}=\frac{27}{1000}$$

応用問題　本冊 p.88

334

[答]　(1) $\dfrac{1}{48}$　(2) $\dfrac{241}{288}$

[検討]　(1) $\dfrac{3}{4} \times \dfrac{2}{3} \times \dfrac{1}{2} \times \dfrac{1}{3} \times \dfrac{1}{4} = \dfrac{1}{48}$

(2) 5人が解けない確率は，それぞれ
$1 - \dfrac{3}{4} = \dfrac{1}{4}$，$1 - \dfrac{2}{3} = \dfrac{1}{3}$，$1 - \dfrac{1}{2} = \dfrac{1}{2}$，
$1 - \dfrac{1}{3} = \dfrac{2}{3}$，$1 - \dfrac{1}{4} = \dfrac{3}{4}$

5人とも解けない確率は
$\dfrac{1}{4} \times \dfrac{1}{3} \times \dfrac{1}{2} \times \dfrac{2}{3} \times \dfrac{3}{4} = \dfrac{1}{48}$

1人だけが解く確率は
$\dfrac{3}{4} \times \dfrac{1}{3} \times \dfrac{1}{2} \times \dfrac{2}{3} \times \dfrac{3}{4} + \dfrac{1}{4} \times \dfrac{2}{3} \times \dfrac{1}{2} \times \dfrac{2}{3} \times \dfrac{3}{4}$
$+ \dfrac{1}{4} \times \dfrac{1}{3} \times \dfrac{1}{2} \times \dfrac{2}{3} \times \dfrac{3}{4} + \dfrac{1}{4} \times \dfrac{1}{3} \times \dfrac{1}{2} \times \dfrac{1}{3} \times \dfrac{3}{4}$
$+ \dfrac{1}{4} \times \dfrac{1}{3} \times \dfrac{1}{2} \times \dfrac{2}{3} \times \dfrac{1}{4} = \dfrac{41}{288}$

したがって，少なくとも2人が解く確率は
$1 - \left(\dfrac{1}{48} + \dfrac{41}{288}\right) = \dfrac{241}{288}$

335

[答]　(1) 晴 **0.51**，曇 **0.32**，雨 **0.17**

(2) **0.215**

[検討]　(1) 5月5日が晴になるのは，晴→晴→晴，晴→曇→晴，晴→雨→晴となる場合である。
5月5日が曇，雨になるときも同様である。
晴：$0.6 \times 0.6 + 0.3 \times 0.4 + 0.1 \times 0.3 = 0.51$
曇：$0.6 \times 0.3 + 0.3 \times 0.3 + 0.1 \times 0.5 = 0.32$
雨：$0.6 \times 0.1 + 0.3 \times 0.3 + 0.1 \times 0.2 = 0.17$

(2) 晴→晴→晴，曇→曇→曇，雨→雨→雨の場合がある。
$0.5 \times 0.6 \times 0.6 + 0.3 \times 0.3 \times 0.3 + 0.2 \times 0.2 \times 0.2$
$= 0.215$

336

[答]　(1) **0.09**　(2) **0.162**

[検討]　(1) Bが1回戦から4回戦まで勝ち続けるためには，A，C，A，Cに勝たなければならないので，その確率は
$(1-0.4) \times 0.5 \times (1-0.4) \times 0.5 = 0.09$

(2) 1回戦でAが勝ち，2回戦からCが勝ち続ける確率は
$0.4 \times 0.6 \times (1-0.5) \times 0.6 = 0.072$
また，1回戦でBが勝ち，2回戦からCが勝ち続ける確率は
$(1-0.4) \times (1-0.5) \times 0.6 \times (1-0.5) = 0.09$
よって，求める確率は
$0.072 + 0.09 = 0.162$

337

[答]　$\dfrac{17}{81}$

[検討]　3試合目でAの勝ちとなる確率は
$\left(\dfrac{1}{3}\right)^3 = \dfrac{1}{27}$

4試合目でAの勝ちとなる確率は，3試合目までに1敗するので
$_3C_1 \times \left(\dfrac{1}{3}\right)^3 \times \dfrac{2}{3} = \dfrac{2}{27}$

5試合目でAの勝ちとなる確率は，4試合目までに2敗するので
$_4C_2 \times \left(\dfrac{1}{3}\right)^3 \times \left(\dfrac{2}{3}\right)^2 = \dfrac{8}{81}$

ゆえに，求める確率は
$\dfrac{1}{27} + \dfrac{2}{27} + \dfrac{8}{81} = \dfrac{17}{81}$

338

[答]　(1) **105 通り**　(2) **15 通り**　(3) $\dfrac{4}{7}$

[検討]　(1) 1回戦の第1試合の選び方は $_8C_2$ 通り，第2試合の選び方は $_6C_2$ 通り，第3試合の選び方は $_4C_2$ 通りで残りが第4試合となる。ところが，試合の順序は考えないとすると，組み合わせ方は
$\dfrac{_8C_2 \times _6C_2 \times _4C_2 \times _2C_2}{4!} = 105 \text{（通り）}$
となる。

(2) A，Bが1回戦で当たる場合である。これはAが7チームからBを対戦相手に選ぶ場合であるから $105 \div 7 = 15 \text{（通り）}$ ある。

(3) Bが1回戦で勝つ確率は，Aと対戦しなければよいので $\dfrac{6}{7}$

Bが2回戦で勝つ確率は，4チームの中でAと対戦しなければよいので $\dfrac{2}{3}$

したがって，求める確率は $\dfrac{6}{7} \times \dfrac{2}{3} = \dfrac{4}{7}$

36 反復試行の確率

基本問題 ……………………… 本冊 p.90

339

答 (1) $\dfrac{80}{243}$ (2) $\dfrac{40}{243}$ (3) $\dfrac{131}{243}$

検討 1回の試行で1または2の目が出る確率は $\dfrac{2}{6} = \dfrac{1}{3}$，出ない確率は $\dfrac{2}{3}$

(1) $_5C_2 \left(\dfrac{1}{3}\right)^2 \left(\dfrac{2}{3}\right)^3 = 10 \times \dfrac{2^3}{3^5} = \dfrac{80}{243}$

(2) $_5C_3 \left(\dfrac{1}{3}\right)^3 \left(\dfrac{2}{3}\right)^2 = 10 \times \dfrac{2^2}{3^5} = \dfrac{40}{243}$

(3) 余事象は0回または1回出る事象だから

$1 - \left\{_5C_0 \left(\dfrac{1}{3}\right)^0 \left(\dfrac{2}{3}\right)^5 + _5C_1 \left(\dfrac{1}{3}\right)\left(\dfrac{2}{3}\right)^4\right\}$

$= 1 - \left(1 \times \dfrac{2^5}{3^5} + 5 \times \dfrac{2^4}{3^5}\right)$

$= 1 - \dfrac{32+80}{3^5} = \dfrac{131}{243}$

340

答 (1) $\dfrac{5}{16}$ (2) $\dfrac{5}{16}$ (3) $\dfrac{13}{16}$

検討 1回の試行で表が出る確率は $\dfrac{1}{2}$，裏が出る確率は $\dfrac{1}{2}$ である。

(1) $_5C_2 \left(\dfrac{1}{2}\right)^2 \left(\dfrac{1}{2}\right)^3 = _5C_2 \left(\dfrac{1}{2}\right)^5 = \dfrac{10}{2^5} = \dfrac{5}{16}$

(2) $_5C_3 \left(\dfrac{1}{2}\right)^3 \left(\dfrac{1}{2}\right)^2 = _5C_3 \left(\dfrac{1}{2}\right)^5 = \dfrac{10}{2^5} = \dfrac{5}{16}$

(3) 5回の試行で，表が0回，1回出る確率はそれぞれ

$_5C_0 \left(\dfrac{1}{2}\right)^0 \left(\dfrac{1}{2}\right)^5 = _5C_0 \left(\dfrac{1}{2}\right)^5 = \dfrac{1}{32}$

$_5C_1 \left(\dfrac{1}{2}\right)\left(\dfrac{1}{2}\right)^4 = _5C_1 \left(\dfrac{1}{2}\right)^5 = \dfrac{5}{32}$

であるから，少なくとも2回表が出る確率は

$1 - \left(\dfrac{1}{32} + \dfrac{5}{32}\right) = \dfrac{26}{32} = \dfrac{13}{16}$

341

答 $\dfrac{144}{625}$

検討 1回の試行で，白球が出る確率は $\dfrac{3}{5}$，赤球が出る確率は $\dfrac{2}{5}$ である。5回の試行で赤球が3回出る確率は

$_5C_3 \left(\dfrac{2}{5}\right)^3 \left(\dfrac{3}{5}\right)^2 = \dfrac{10 \times 2^3 \times 3^2}{5^5} = \dfrac{144}{625}$

342

答 (1) $\dfrac{5}{16}$ (2) $\dfrac{5}{16}$ (3) $\dfrac{3}{16}$ (4) $\dfrac{131}{243}$

(5) $\dfrac{232}{243}$

検討 (1) 奇数の目が出る確率は $\dfrac{1}{2}$，偶数の目が出る確率は $\dfrac{1}{2}$ であるから，求める確率は

$_5C_3 \left(\dfrac{1}{2}\right)^3 \left(\dfrac{1}{2}\right)^2 = \dfrac{5}{16}$

(2) 偶数の目が出る確率は $\dfrac{1}{2}$ であるから，5回のうち2回偶数の目が出る確率は

$_5C_2 \left(\dfrac{1}{2}\right)^2 \left(\dfrac{1}{2}\right)^3 = \dfrac{5}{16}$

(3) 4回偶数の目が出る確率は $_5C_4 \left(\dfrac{1}{2}\right)^4 \left(\dfrac{1}{2}\right) = \dfrac{5}{32}$

5回とも偶数の目が出る確率は $_5C_5 \left(\dfrac{1}{2}\right)^5 = \dfrac{1}{32}$

ゆえに，求める確率は

$\dfrac{5}{32} + \dfrac{1}{32} = \dfrac{3}{16}$

(4) 3の倍数の目が出る確率は $\dfrac{1}{3}$ であるから，5回のうち1回も3の倍数の目が出ない確率は

343〜345 の答え

$${}_5C_0\left(\dfrac{2}{3}\right)^5=\dfrac{32}{243}$$

5回のうち1回3の倍数の目が出る確率は

$${}_5C_1\left(\dfrac{1}{3}\right)\left(\dfrac{2}{3}\right)^4=\dfrac{80}{243}$$

よって，2回以上3の倍数の目が出る確率は

$$1-\left(\dfrac{32}{243}+\dfrac{80}{243}\right)=\dfrac{131}{243}$$

(5) 偶数か5以上の目が出る確率は $\dfrac{4}{6}=\dfrac{2}{3}$ であるから，5回のうち1回も出ない確率は

$${}_5C_0\left(\dfrac{1}{3}\right)^5=\dfrac{1}{243}$$

5回のうち1回出る確率は

$${}_5C_1\left(\dfrac{2}{3}\right)\left(\dfrac{1}{3}\right)^4=\dfrac{10}{243}$$

よって，5回のうち2回以上出る確率は

$$1-\left(\dfrac{1}{243}+\dfrac{10}{243}\right)=\dfrac{232}{243}$$

応用問題 ……… 本冊 p.91

343

答 (1) $\dfrac{65}{81}$ (2) $\dfrac{1}{1296}$ (3) $\dfrac{1}{324}$ (4) $\dfrac{5}{648}$

検討 (1) さいころを1回投げて，1または6の目が出る確率は $\dfrac{1}{3}$ であるから，4回のうち1回も1または6の目が出ない確率は

$${}_4C_0\left(\dfrac{2}{3}\right)^4=\dfrac{16}{81}$$

よって，4回投げたとき少なくとも1回出る確率は

$$1-\dfrac{16}{81}=\dfrac{65}{81}$$

(2) 4回とも1の目が出る場合だから

$${}_4C_4\left(\dfrac{1}{6}\right)^4=\dfrac{1}{1296}$$

(3) 1回だけ2であとはすべて1の場合だから

$${}_4C_1\left(\dfrac{1}{6}\right)\left(\dfrac{1}{6}\right)^3=\dfrac{1}{324}$$

(4) 和が6になるのは，次の2つの場合である。
(i) 2が2回出て1が2回出る。
(ii) 3が1回出て1が3回出る。

よって，求める確率は

$${}_4C_2\left(\dfrac{1}{6}\right)^2\left(\dfrac{1}{6}\right)^2+{}_4C_1\left(\dfrac{1}{6}\right)\left(\dfrac{1}{6}\right)^3=\dfrac{5}{648}$$

344

答 順に $\dfrac{1}{2}$, $\dfrac{7}{8}$

検討 $x+y+z$ が偶数である確率は

3回とも偶数の目が出るとき $\left(\dfrac{1}{2}\right)^3=\dfrac{1}{8}$

2回奇数で1回偶数の目が出るとき

$${}_3C_2\left(\dfrac{1}{2}\right)^2\left(\dfrac{1}{2}\right)=\dfrac{3}{8}$$

よって，求める確率は $\dfrac{1}{8}+\dfrac{3}{8}=\dfrac{1}{2}$

少なくとも1つが偶数である確率は，3回とも奇数の目が出ることの余事象であるから，

求める確率は $1-\left(\dfrac{1}{2}\right)^3=\dfrac{7}{8}$

345

答 (1) $\dfrac{1}{2}$ (2) $\dfrac{15}{16}$

検討 (1) 条件を満たす場合は，次の3通りである。
(i) a, b, c, d すべてが偶数
(ii) a, b, c, d のうちどれか2つが偶数で，他の2つが奇数
(iii) a, b, c, d すべてが奇数

偶数，奇数の目が出る確率はそれぞれ $\dfrac{1}{2}$ であるから，(i), (ii), (iii)の起こる確率はそれぞれ

$$\left(\dfrac{1}{2}\right)^4=\dfrac{1}{16}, \quad {}_4C_2\left(\dfrac{1}{2}\right)^4=\dfrac{3}{8}, \quad \left(\dfrac{1}{2}\right)^4=\dfrac{1}{16}$$

したがって，求める確率は

$$\dfrac{1}{16}+\dfrac{3}{8}+\dfrac{1}{16}=\dfrac{1}{2}$$

(2) $abcd$ が奇数となる事象の余事象である。$abcd$ が奇数となるのは，a, b, c, d すべてが奇数のときであるから，求める確率は

$$1-\left(\dfrac{1}{2}\right)^4=\dfrac{15}{16}$$

346

答 $\dfrac{64}{81}$

検討 Aが優勝するのは，3勝，3勝1敗，3勝2敗の場合がある。

3勝する確率は ${}_3C_3\left(\dfrac{2}{3}\right)^3 = \dfrac{8}{27}$

3勝1敗である確率は $\dfrac{8}{27}$

3勝2敗で優勝するのは，4ゲーム目まで2勝2敗で，5ゲーム目にAが勝つ場合だから

${}_4C_2\left(\dfrac{2}{3}\right)^2\left(\dfrac{1}{3}\right)^2 \times \dfrac{2}{3} = 6 \times \dfrac{2^3}{3^5} = \dfrac{2^4}{3^4} = \dfrac{16}{81}$

よって $\dfrac{8}{27} + \dfrac{8}{27} + \dfrac{16}{81} = \dfrac{64}{81}$

📝 テスト対策

先に3勝した方が優勝というような問題で，Aが3勝1敗で優勝する確率は，**3試合目までにAが2勝1敗となる確率**に，**4試合目にAが勝つ確率をかければよい。**

347

答 (1) $\dfrac{8}{27}$ (2) $\dfrac{37}{216}$

検討 (1) 3回とも3以上の目が出る確率であるから

$\left(\dfrac{4}{6}\right)^3 = \dfrac{8}{27}$

(2) 3回とも3以上の目が出る確率から，3回とも4以上の目が出る確率を引いたものである。

よって $\left(\dfrac{4}{6}\right)^3 - \left(\dfrac{3}{6}\right)^3 = \dfrac{8}{27} - \dfrac{1}{8} = \dfrac{37}{216}$

348

答 $\dfrac{2133}{3125}$

検討 この学生が1題を解く確率は $\dfrac{3}{5}$

よって，求める確率は

${}_5C_3\left(\dfrac{3}{5}\right)^3\left(\dfrac{2}{5}\right)^2 + {}_5C_4\left(\dfrac{3}{5}\right)^4\left(\dfrac{2}{5}\right) + {}_5C_5\left(\dfrac{3}{5}\right)^5 = \dfrac{2133}{3125}$

349

答 $\dfrac{45}{1024}$

検討 10回のうち表の出る回数を x とすると

$10x + 5(10-x) = 60$

これより $x = 2$

よって，求める確率は ${}_{10}C_2\left(\dfrac{1}{2}\right)^2\left(\dfrac{1}{2}\right)^8 = \dfrac{45}{1024}$

350

答 $\dfrac{80}{243}$

検討 東へ4区画，北へ2区画進めばよい。1回の試行で1または6の目が出る確率は $\dfrac{1}{3}$ だから，求める確率は

${}_6C_2\left(\dfrac{1}{3}\right)^2\left(\dfrac{2}{3}\right)^4 = \dfrac{80}{243}$

37 条件付き確率と乗法定理

基本問題 ……… 本冊 p.93

351

答 $\dfrac{2}{11}$

検討 $P_A(B)$ は，1回目にスペードを引き，その状態で2回目にスペードを引く確率を表している。1回目にスペードを引くと，残りの11枚のカードの中にスペードが2枚ある。

よって $P_A(B) = \dfrac{2}{11}$

352

答 (1) $\dfrac{1}{6}$ (2) $\dfrac{2}{3}$ (3) $\dfrac{1}{3}$

検討 (1) $A \cap B = \{6\}$ だから $P(A \cap B) = \dfrac{1}{6}$

(2) $P(A) = \dfrac{3}{6}$, $P(B) = \dfrac{2}{6}$ より

$P(A \cup B) = P(A) + P(B) - P(A \cap B)$

$= \dfrac{3}{6} + \dfrac{2}{6} - \dfrac{1}{6} = \dfrac{4}{6} = \dfrac{2}{3}$

(3) $P_A(B) = \dfrac{P(A \cap B)}{P(A)} = \dfrac{1}{6} \times \dfrac{6}{3} = \dfrac{1}{3}$

353

答 (1) $\dfrac{5}{18}$ (2) $\dfrac{5}{9}$

検討 1回目に赤球が出る事象を A,2回目に赤球が出る事象を B とする。

(1) $P(\overline{A} \cap B) = P(\overline{A}) \cdot P_{\overline{A}}(B) = \dfrac{4}{9} \times \dfrac{5}{8} = \dfrac{5}{18}$

(2) 2回目に赤球が出るのは,1回目に白球が出て2回目に赤球が出る場合と,1回目に赤球が出て2回目も赤球が出る場合の2つの事象の和事象で,2つは互いに排反だから
$P(B) = P(\overline{A} \cap B) + P(A \cap B)$
$= P(\overline{A}) \cdot P_{\overline{A}}(B) + P(A) \cdot P_A(B)$
$= \dfrac{4}{9} \times \dfrac{5}{8} + \dfrac{5}{9} \times \dfrac{4}{8} = \dfrac{5}{9}$

354

答 (1) $\dfrac{1}{2}$ (2) $\dfrac{2}{3}$

検討 選んだ生徒が音楽が好きであるという事象を A,体育が好きであるという事象を B とすると
$P(A) = \dfrac{8}{10}$, $P(B) = \dfrac{6}{10}$, $P(A \cap B) = \dfrac{4}{10}$
ということだから

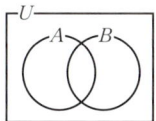

(1) $P_A(B) = \dfrac{P(A \cap B)}{P(A)} = \dfrac{4}{10} \times \dfrac{10}{8} = \dfrac{1}{2}$

(2) $P_B(A) = \dfrac{P(A \cap B)}{P(B)} = \dfrac{4}{10} \times \dfrac{10}{6} = \dfrac{2}{3}$

応用問題 ・・・・・・・・・・ 本冊 p.94

355

答 $\dfrac{2}{5}$

検討 丙が当たるのは次の4つの場合である。
(i) 甲,乙が当たり,丙が当たる
(ii) 甲が当たり,乙が当たらないで,丙が当たる
(iii) 甲が当たらないで,乙が当たり,丙が当たる
(iv) 甲,乙が当たらないで,丙が当たる

(i)の確率は $\dfrac{4}{10} \times \dfrac{3}{9} \times \dfrac{2}{8}$

(ii)の確率は $\dfrac{4}{10} \times \dfrac{6}{9} \times \dfrac{3}{8}$

(iii)の確率は $\dfrac{6}{10} \times \dfrac{4}{9} \times \dfrac{3}{8}$

(iv)の確率は $\dfrac{6}{10} \times \dfrac{5}{9} \times \dfrac{4}{8}$

よって,丙の当たる確率は
$\dfrac{4 \cdot 3 \cdot 2 + 4 \cdot 6 \cdot 3 + 6 \cdot 4 \cdot 3 + 6 \cdot 5 \cdot 4}{10 \cdot 9 \cdot 8} = \dfrac{2}{5}$

356

答 (1) $\dfrac{11}{15}$ (2) $\dfrac{3}{10}$

検討 公式 $P(A \cap B) = P(A) \cdot P_A(B)$
$= P(B) \cdot P_B(A)$ を用いる。

(1) $P(A \cap B) = P(A) \cdot P_A(B) = \dfrac{1}{2} \times \dfrac{1}{5} = \dfrac{1}{10}$

$P(A \cup B) = P(A) + P(B) - P(A \cap B)$
$= \dfrac{1}{2} + \dfrac{1}{3} - \dfrac{1}{10} = \dfrac{11}{15}$

(2) $P_B(A) = \dfrac{P(A \cap B)}{P(B)} = \dfrac{1}{10} \times \dfrac{3}{1} = \dfrac{3}{10}$

357

答 (1) $\dfrac{2}{7}$ (2) $\dfrac{1}{7}$

検討 (1) $\dfrac{3}{7} \times \dfrac{4}{6} = \dfrac{2}{7}$

(2) $\dfrac{3}{7} \times \dfrac{2}{6} = \dfrac{1}{7}$

358

答 (1) $\dfrac{1}{8}$ (2) $\dfrac{2}{9}$

検討 (1) $P(B) = \dfrac{1}{2} \times \dfrac{1}{2} \times \dfrac{1}{2} = \dfrac{1}{8}$

(2) 目の数の和が10で,3個とも偶数の目が出るのは,右の表のように6通りである。よって
$P(A \cap B) = \dfrac{6}{216} = \dfrac{1}{36}$

大	中	小
2	2	6
2	4	4
2	6	2
4	2	4
4	4	2
6	2	2

ゆえに
$$P_B(A)=\frac{P(A\cap B)}{P(B)}=\frac{1}{36}\times\frac{8}{1}=\frac{2}{9}$$

359

答 (1) $\dfrac{37}{1000}$ (2) $\dfrac{35}{74}$

検討 X を A の製品であるという事象，Y を不良品であるという事象とする。

(1) $P(X\cap Y)=P(X)\cdot P_X(Y)=\dfrac{35}{100}\times\dfrac{5}{100}$

$P(\overline{X}\cap Y)=P(\overline{X})\cdot P_{\overline{X}}(Y)=\dfrac{65}{100}\times\dfrac{3}{100}$

$P(Y)=P(X\cap Y)+P(\overline{X}\cap Y)$

$=\dfrac{35\times 5+65\times 3}{10000}=\dfrac{37}{1000}$

(2) 選んだものが不良品であったとき，それが A の製品である確率は $P_Y(X)$ である。

$P_Y(X)=\dfrac{P(X\cap Y)}{P(Y)}=\dfrac{35\times 5}{10000}\times\dfrac{1000}{37}=\dfrac{35}{74}$

360

答 $\dfrac{5}{9}$

検討 X を A の袋を選ぶ事象，Y を白球をとり出す事象とする。求める確率は $P_Y(X)$

いま $P(X\cap Y)$
$=P(X)\cdot P_X(Y)$
$=\dfrac{1}{2}\times\dfrac{5}{8}$

（A: 白5 赤3 ， B: 白4 赤4）

$P(\overline{X}\cap Y)$
$=P(\overline{X})\cdot P_{\overline{X}}(Y)=\dfrac{1}{2}\times\dfrac{4}{8}$

よって $P(Y)=P(X\cap Y)+P(\overline{X}\cap Y)=\dfrac{9}{16}$

したがって
$P_Y(X)=\dfrac{P(X\cap Y)}{P(Y)}=\dfrac{5}{16}\times\dfrac{16}{9}=\dfrac{5}{9}$

361

答 (1) $\dfrac{4}{15}$ (2) $\dfrac{13}{35}$

検討 (1) A の袋の赤球が増えるのは，A の袋から白球を取り出して B の袋に入れ，B の袋から赤球を取り出して A の袋にもどす場合だけである。

よって，求める確率は $\dfrac{2}{5}\times\dfrac{4}{6}=\dfrac{4}{15}$

(2) A の袋の赤球が増えるのは，右の3つの場合である。

	A→B	B→A
(i)	赤1, 白1	赤2
(ii)	白2	赤1, 白1
(iii)	白2	赤2

(i), (ii), (iii)の事象は互いに排反であるから，求める確率は

$\dfrac{{}_3C_1\times{}_2C_1}{{}_5C_2}\times\dfrac{{}_5C_2}{{}_7C_2}+\dfrac{{}_2C_2}{{}_5C_2}\times\dfrac{{}_4C_1\times{}_3C_1}{{}_7C_2}+\dfrac{{}_2C_2}{{}_5C_2}\times\dfrac{{}_4C_2}{{}_7C_2}$

$=\dfrac{6}{10}\times\dfrac{10}{21}+\dfrac{1}{10}\times\dfrac{12}{21}+\dfrac{1}{10}\times\dfrac{6}{21}=\dfrac{78}{210}=\dfrac{13}{35}$

362

答 (1) $\dfrac{3}{25}$ (2) $\dfrac{8}{25}$

検討 (1) A の袋から甲が当たりくじを引き，B の袋から乙がはずれくじを引く確率であるから

$\dfrac{1}{5}\times\dfrac{3}{5}=\dfrac{3}{25}$

(2) 乙だけが当たる確率は $\dfrac{4}{5}\times\dfrac{1}{4}=\dfrac{1}{5}$

よって，求める確率は $\dfrac{3}{25}+\dfrac{1}{5}=\dfrac{8}{25}$

38 三角形の辺と角の大小

基本問題 ……… 本冊 *p.* 96

363

答 (1) $\angle B>\angle A>\angle C$
(2) $\angle A>\angle B>\angle C$

検討 (1) 大きい辺の対角が大きい
(2) $\angle A$ は鈍角だから最大

364

答 (1) $4<x<10$ (2) $2<x<4$

検討 a, b が数値のときはどちらが大きいかわかるから，$|a-b|<c<a+b$ を用いる。文字が入ると，$c<a+b$

$a-b<c$
$b-a<c$
の3つを同時に成り立たせる範囲を求めればよい。

(1) $7-3<x<3+7$　よって　$4<x<10$
(2) $\begin{cases} 7<2x+5-x \\ 2x-(5-x)<7 \\ 5-x-2x<7 \end{cases}$
より
$\begin{cases} 2<x \\ x<4 \\ -\dfrac{2}{3}<x \end{cases}$
となり，共通した部分をとり $2<x<4$

365

[答]　最小値17，$CP=\dfrac{75}{8}$

[検討]　図のように CDに関するBの対称点 B′ をとると，PB=PB′ よりA, P, B′ が一直線になるときが最小 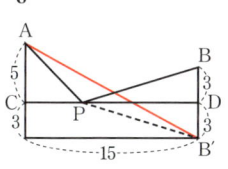
したがって $\sqrt{8^2+15^2}=17$
$5:CP=8:15$ より $CP=\dfrac{75}{8}$

366

[答]　ADはBCに垂直だから ∠DAB, ∠DAC はそれぞれ ∠B, ∠C の余角である。 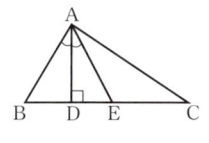
AC>AB より ∠B>∠C
よって　∠DAB<∠DAC
このとき，図のように ∠DAE=∠DAB となる点 E が DC 上にとれ
DB=DE　よって　DC>DB

367

[答]　ABを A の方に延長して AC=AC′ となる C′ をとると， 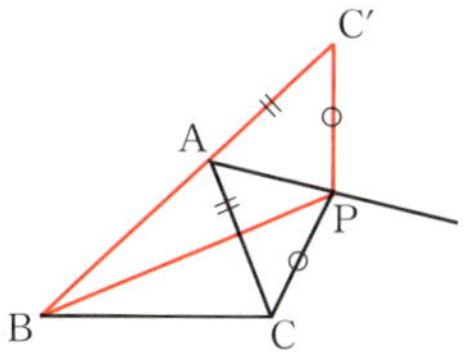
△APC≡△APC′
より　PC=PC′
よって　PB+PC=PB+PC′
また，AB+AC=AB+AC′=BC′
一方，△PBC′ で PB+PC′>BC′ だから
PB+PC>AB+AC

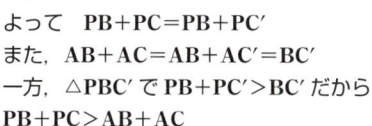

39 角の二等分線と対辺の分割

基本問題　　　　　　　　本冊 p.97

368

[答]　(1) $\dfrac{8}{3}$　(2) $\dfrac{15}{2}$

[検討]　(1) 線分 AD は，∠BAC の二等分線だから　BD:DC=AB:AC
つまり BD:2=4:3 となり，
$3BD=8$　よって，$BD=\dfrac{8}{3}$

(2) 線分 AP は，∠BAC の二等分線だから
BP:PC=5:3　……①
また，線分 AQ は，∠BAC の外角の二等分線だから
BQ:QC=5:3　……②
①，②より
$PQ=PC+CQ=\dfrac{3}{8}BC+\dfrac{3}{2}BC=\dfrac{15}{2}$

[テスト対策]
　三角形の**内角の二等分線**は，対辺を，角をはさむ2辺の比に内分し，**外角の二等分線**は，対辺を，外角に隣接する内角をはさむ2辺の比に外分する。

369

答 BD=7, CE=30

検討
BD:DC=14:10
よって
BD=$\frac{14}{24} \times 12 = 7$
CE=x とおくと
BE:EC=14:10=7:5
ゆえに $(x+12):x=7:5$
$5x+60=7x$　よって　$x=30$
したがって　CE=30

370

答 EC=$\frac{4}{3}$, CD=5

検討　AE:EC=6:4=3:2
EC=$\frac{2}{3} \times 2 = \frac{4}{3}$
AC=$2+\frac{4}{3}=\frac{10}{3}$
CD=x とおくと
BD:DC=AB:AC
ゆえに $(x+4):x=6:\frac{10}{3}=9:5$
$5x+20=9x$　よって　$x=5$
したがって　CD=5

371

答 $\frac{24}{5}$

検討　BD:DC=3:2
より
CD=$\frac{2}{5} \times 2 = \frac{4}{5}$
CE=x とおくと　BE:EC=3:2
ゆえに $(x+2):x=3:2$
$2x+4=3x$　　$x=4$
よって　DE=$\frac{4}{5}+4=\frac{24}{5}$

372

答　DE は ∠ADB の二等分線だから
AE:EB=AD:DB　……①
また，DF は ∠ADC の二等分線だから
AF:FC=AD:DC　……②
ここで，D は BC の中点だから　DB=DC
よって，①，②より
AE:EB=AF:FC　ゆえに　EF∥BC

40　三角形の重心・外心・内心

基本問題 …………………… 本冊 p.98

373

答 (1) $\alpha=30°$, $\beta=60°$
(2) $\alpha=30°$, $\beta=110°$

検討 (1) 右図より
$\beta=20°+40°=60°$
$\alpha=\frac{180°-(20°+40°)\times 2}{2}$
$=30°$

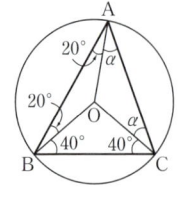

(2) $\beta=180°-35°\times 2=110°$
$\alpha=\frac{180°-(25°+35°)\times 2}{2}$
$=30°$

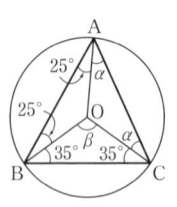

374

答 (1) $\alpha=80°$, $\beta=130°$
(2) $\alpha=65°$, $\beta=100°$

検討　AI, BI, CI は内角の二等分線
(1) ∠B=40°, ∠C=60°
よって　$\alpha=80°$
$\beta=180°-(20°+30°)=130°$
(2) ∠A=60°, ∠C=70°
よって　∠B=50°
$\beta=180°-(30°+50°)=100°$
$\alpha+35°=\beta$　よって　$\alpha=65°$

375

答 (1) 4　(2) 2:1

376～381 の答え 　67

[検討] (1) $BD:DC=AB:AC=8:4=2:1$
よって　$BD=\dfrac{2}{3}\times 6=4$

(2) $AI:ID=AB:BD=8:4=2:1$

376
[答]　$\angle BHC=125°$, $\angle DEB=25°$
[検討]　$\angle CDA=90°$ より　$\angle A+\angle ACD=90°$
ゆえに　$\angle ACD=35°$
$\angle BEC=90°$ より
$\angle BHC=90°+35°=125°$
D, E は BC を直径とする円周上にある。
よって　$\angle DEB=\angle DCB=90°-65°=25°$

377
[答]　△BIC において
$\angle BIC+\angle IBC+\angle ICB$
$=180°$　……①
△ABC において
$\angle A+\angle B+\angle C=180°$
だから
$\dfrac{1}{2}\angle A+\dfrac{1}{2}\angle B+\dfrac{1}{2}\angle C=90°$
よって　$\dfrac{1}{2}\angle B+\dfrac{1}{2}\angle C=90°-\dfrac{1}{2}\angle A$　……②
①, ②より
$\angle BIC+90°-\dfrac{1}{2}\angle A=180°$
$\angle BIC=90°+\dfrac{1}{2}\angle A$

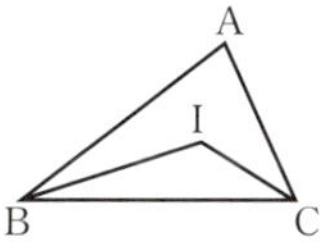

応用問題 ●●●●●●●●●●●●●● 本冊 p.99

378
[答]　AI, CI はそれぞれ $\angle A$, $\angle C$ を 2 等分するので　$\angle BAD=\angle CAD$,
$\angle ACI=\angle BCI$
ここで, $\angle BAD=\angle BCD$
より　$\angle DAC+\angle ACI=\angle BCD+\angle BCI$
よって　$\angle DIC=\angle DCI$
ゆえに　$DI=DC$
また, AD は $\angle A$ の二等分線だから, D は弧 BC の中点である。　よって　$DB=DC$

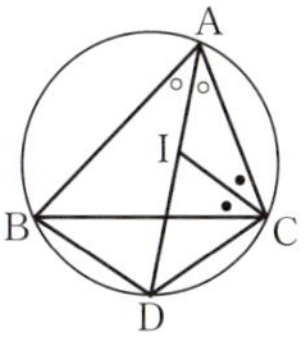

したがって　$DI=DB=DC$

379
[答]　$\angle CAD=90°-\angle C$
$\angle CBF=90°-\angle C$
よって　$\angle CAD=\angle CBF$
　　　……①
また, $\angle CAD=\angle CBE$
　　　……②
①, ②より　$\angle HBD=\angle EBD$
また, $\angle BDH=\angle BDE=90°$, BD 共通
よって　$\triangle BHD\equiv\triangle BED$
ゆえに　$HD=DE$

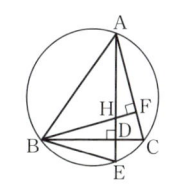

41 三角形の比の定理

基本問題 ●●●●●●●●●●●●●● 本冊 p.100

380
[答]　(1) $21:4$　(2) $2:5$　(3) $6:5$
[検討] (1) △ABC と直線 PQ に対して, メネラウスの定理より
$\dfrac{3}{2}\cdot\dfrac{7}{2}\cdot\dfrac{CR}{RA}=1$
よって　$\dfrac{RA}{CR}=\dfrac{21}{4}$　　$AR:CR=21:4$

(2) △RCP と直線 QB に対して, メネラウスの定理より
$\dfrac{RA}{AC}\cdot\dfrac{1}{2}\cdot\dfrac{5}{1}=1$　よって　$RA:AC=2:5$

(3) △ABC に対して, チェバの定理より
$\dfrac{5}{4}\cdot\dfrac{BP}{PC}\cdot\dfrac{2}{3}=1$　よって　$BP:PC=6:5$

> **テスト対策**
> メネラウスの定理を用いるときは, どの三角形とどの直線について使っているのかはっきり書くこと。チェバの定理のときも, どの三角形で使うのか書くこと。

381
[答]　(1) $1:2$　(2) $5:6$　(3) $8:5$
[検討] (1) △ABC に対して, チェバの定理より

$\dfrac{AQ}{QC} \cdot \dfrac{2}{3} \cdot \dfrac{3}{1} = 1$　　$\dfrac{AQ}{QC} = \dfrac{1}{2}$

よって　AQ：QC＝1：2

(2) △APC と直線 BQ に対して，メネラウスの定理より

$\dfrac{AD}{DP} \cdot \dfrac{3}{5} \cdot \dfrac{2}{1} = 1$　　$\dfrac{AD}{DP} = \dfrac{5}{6}$

よって　AD：DP＝5：6

(3) △ABP＝S とおくと，PD：DA＝6：5 より

△BDP＝$\dfrac{6}{11}S$，△BDA＝$\dfrac{5}{11}S$

BR：RA＝3：1 より

△BDR＝$\dfrac{3}{4}$△BDA＝$\dfrac{3}{4} \cdot \dfrac{5}{11}S$

よって　△BDP：△BDR＝$\dfrac{6}{11}S : \dfrac{3}{4} \cdot \dfrac{5}{11}S$

＝8：5

382

答 (1) 1：1　(2) 3：2　(3) 5：1

検討 (1) △ABC に対して，チェバの定理より

$\dfrac{CQ}{QA} \cdot \dfrac{2}{3} \cdot \dfrac{3}{2} = 1$ より　CQ：QA＝1：1

(2) △ABC と直線 RP に対して，メネラウスの定理より

$\dfrac{BP}{PC} \cdot \dfrac{1}{1} \cdot \dfrac{2}{3} = 1$　　$\dfrac{BP}{PC} = \dfrac{3}{2}$

よって　BP：PC＝3：2

(3) (2)より BC：CP＝1：2 だから，
△PBR と直線 AC に対して，メネラウスの定理より

$\dfrac{PQ}{QR} \cdot \dfrac{2}{5} \cdot \dfrac{1}{2} = 1$　　$\dfrac{PQ}{QR} = \dfrac{5}{1}$

よって　PQ：QR＝5：1

383

答 15：41

検討 $\dfrac{\triangle PBC}{\triangle ABC} = \dfrac{\triangle PBC}{\triangle DBC} \cdot \dfrac{\triangle DBC}{\triangle ABC}$

$= \dfrac{CP}{CD} \cdot \dfrac{BD}{AB}$ ……①

△ACD と直線 BE に対して，メネラウスの定理より

$\dfrac{CP}{PD} \cdot \dfrac{DB}{BA} \cdot \dfrac{AE}{EC} = 1$　よって　$\dfrac{CP}{PD} \cdot \dfrac{3}{7} \cdot \dfrac{2}{5} = 1$

$\dfrac{CP}{PD} = \dfrac{35}{6}$　ゆえに　$\dfrac{CP}{CD} = \dfrac{35}{41}$

よって，①より　$\dfrac{\triangle PBC}{\triangle ABC} = \dfrac{35}{41} \cdot \dfrac{3}{7} = \dfrac{15}{41}$

応用問題 ……… 本冊 p.101

384

答 BA，ED の延長の交点を G とする。

△ABC と直線 GE において，メネラウスの定理より

$\dfrac{BE}{EC} \cdot \dfrac{CD}{DA} \cdot \dfrac{AG}{GB} = 1$

ここで　$\dfrac{BE}{EC} = \dfrac{2}{1}$，$\dfrac{CD}{DA} = \dfrac{2}{1}$

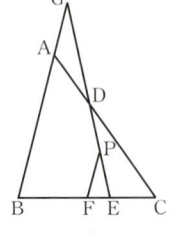

より　$\dfrac{AG}{GB} = \dfrac{1}{4}$　よって　$\dfrac{AG}{AB} = \dfrac{1}{3}$ ……①

次に △BEG と直線 AC において，メネラウスの定理より　$\dfrac{BC}{CE} \cdot \dfrac{ED}{DG} \cdot \dfrac{GA}{AB} = 1$

ここで　$\dfrac{BC}{CE} = \dfrac{3}{1}$，また①より　$\dfrac{GA}{AB} = \dfrac{1}{3}$

よって　$\dfrac{ED}{DG} = 1$　より　ED＝DG

したがって EP＝$\dfrac{1}{2}$ED より

EP：PG＝1：3　……②

一方，FB＝$\dfrac{1}{2}$BC

EF＝FC－EC＝$\dfrac{1}{2}$BC－$\dfrac{1}{3}$BC＝$\dfrac{1}{6}$BC

よって　EF：FB＝1：3　……③

②，③より EF：FB＝EP：PG なので
FP∥BG

ゆえに　PF∥AB

385

答 ∠A，∠B，∠C
の外角の
二等分線
が BC，CA，AB の延長と交わる点をそれぞれ D，E，F とすれば

$\dfrac{BD}{DC}=\dfrac{AB}{AC}$, $\dfrac{CE}{EA}=\dfrac{BC}{BA}$, $\dfrac{AF}{FB}=\dfrac{CA}{CB}$

よって

$\dfrac{BD}{DC}\cdot\dfrac{CE}{EA}\cdot\dfrac{AF}{FB}=\dfrac{AB}{AC}\cdot\dfrac{BC}{BA}\cdot\dfrac{CA}{CB}=1$

ゆえに，メネラウスの定理の逆により，D，E，F は一直線上にある。

386

答 △ABC の 3 つの垂線を AD，BE，CF とすると
∠BEC＝∠BFC＝90°
であるから
△AFC∽△AEB より AF：AE＝AC：AB
よって $\dfrac{AF}{AE}=\dfrac{AC}{AB}$ ……①
同様にして $\dfrac{BD}{BF}=\dfrac{BA}{BC}$ ……②
$\dfrac{CE}{CD}=\dfrac{CB}{CA}$ ……③
①，②，③より
$\dfrac{AF}{FB}\cdot\dfrac{BD}{DC}\cdot\dfrac{CE}{EA}=\dfrac{AF}{BF}\cdot\dfrac{BD}{DC}\cdot\dfrac{CE}{CD}$
$\phantom{\dfrac{AF}{FB}\cdot\dfrac{BD}{DC}\cdot\dfrac{CE}{EA}}=\dfrac{AC}{AB}\cdot\dfrac{BA}{BC}\cdot\dfrac{CB}{CA}=1$

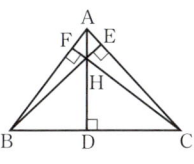

よって，チェバの定理の逆により，AD，BE，CF は 1 点で交わる。

42 円に内接する四角形

基本問題 …… 本冊 p.102

387

答 (1) $\angle x=140°$ (2) $\angle x=55°$
(3) $\angle x=125°$

検討 中心角は円周角の 2 倍である。

388

答 40°

検討 $\angle AOB=\dfrac{2}{2+3+4}\times 360°=80°$
よって $\angle ACB=\dfrac{1}{2}\times 80°=40°$

389

答 (1) 45° (2) 70°

検討 (1) ∠CDE＝∠CAE＝∠CAO＝25°
△OAC は二等辺三角形

(2) $\angle AED=\dfrac{1}{2}\angle AOD=\dfrac{1}{2}(180°-40°)$

390

答 ∠BDC＝∠BEC＝90° だから，点 E，D はどちらも BC を直径とする円の周上にある。すなわち，4 点 B，C，D，E は同じ円周上にある。

391

答 (1) $\angle x=105°$，$\angle y=100°$
(2) $\angle x=77°$ (3) $\angle x=49°$

検討 (1) 円に内接する四角形の対角の和は 180° であるから，$\angle x+75°=180°$
よって，$\angle x=105°$
$\angle y+80°=180°$ よって，$\angle y=100°$

(2) 円周角は中心角の半分だから，
∠A＝154°÷2＝77°
円に内接する四角形の外角は，それに隣り合う内角の対角に等しいから，
∠x＝∠A＝77°

(3) 円周角の定理から，∠DAC＝∠DBC＝69°
∠BDC＝∠BAC＝37°
△ADC で ∠x＋69°＋(25°＋37°)＝180°
よって，∠x＝49°

テスト対策

円に内接する四角形において，
① 対角の和は 180° である。
② 1 つの外角は，それに隣り合う内角の対角に等しい。

392

答 ∠A＝60°，∠B＝90°，∠C＝120°，∠D＝90°

検討 ∠A＝2a とすると，∠B＝3a，∠C＝4a
四角形 ABCD は円に内接するから，
∠A＋∠C＝180°

393

答 4つの角はすべて 90°

検討 円に内接する平行四辺形を ABCD とすると、∠A＝∠C ……①
∠A＋∠C＝180° ……②
①，②より，∠A＝∠C＝90°
同様に，∠B＝∠D＝90°

394

答 (1) 65° (2) 25°

検討 (1) ∠PAO＝∠PBO＝90° より，四角形 PBOA は円に内接する。
よって ∠AOB＝180°－50°＝130°
したがって ∠ACB＝65°
(2) △OAB は二等辺三角形より
∠OAB＝$\dfrac{180°-130°}{2}$＝25°

395

答 仮定より，∠DAE＝∠BAE
∠DAE＝∠DCE（同じ弧に対する円周角）
∠BAE＝∠ECF（円に内接する四角形の性質）
よって ∠DCE＝∠ECF

応用問題 ……… 本冊 p.104

396

答 弦 MN と辺 AB，AC との交点をそれぞれ P，Q とする。△ABC は正三角形だから
$\overparen{AB}＝\overparen{AC}$，M，N は $\overparen{AB}$，$\overparen{AC}$ の中点だから
$\overparen{AM}＝\overparen{BM}＝\overparen{AN}＝\overparen{CN}$，また，これらの弧に対する円周角は 30° で等しい。
ゆえに ∠PAM＝∠PMA＝30°
よって，△PAM は二等辺三角形で
PA＝PM ……① 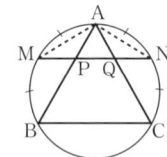
また，∠APQ
＝∠PAM＋∠PMA＝60°

同様にして，△QAN は二等辺三角形だから
QA＝QN ……②
また，∠AQP＝∠QAN＋∠QNA＝60°
つまり，△APQ は正三角形である。
よって PA＝PQ＝AQ ……③
①，②，③より MP＝PQ＝QN
すなわち，MN は AB，AC によって 3 等分される。

43 円と直線

基本問題 ……… 本冊 p.105

397

答 円 O 外の 1 点 P から，この円にひいた接線を PA，PB とする。 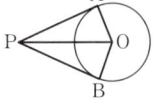
△PAO と △PBO で，AO＝BO（半径）
PO は共通
∠PAO＝∠PBO＝90°
ゆえに，△PAO≡△PBO よって PA＝PB
したがって，円外の 1 点から，この円にひいた 2 つの接線の長さは等しい。

398

答 30

検討 接線の性質から PA＝PB
（P からの接線の長さ）
DA＝DC
（D からの接線の長さ）
EC＝EB
（E からの接線の長さ） 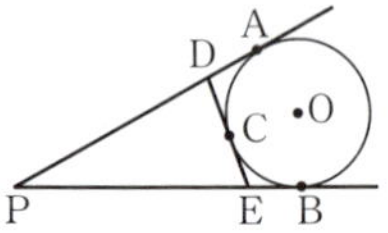
よって，PD＋DE＋PE
＝PD＋DC＋EC＋PE＝(PD＋DA)＋(EB＋PE)
＝PA＋PB＝2PA
したがって，△DPE の周の長さは
2×15＝30

399

答 右の図のように，円に外接する四角形 ABCD の各辺と円との接点を P，Q，

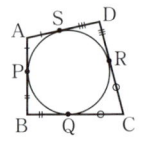

400 ～ 406 の答え

R, S とする。円外の点から円にひいた 2 つの接線の長さは等しいから
AP＝AS, BP＝BQ, CR＝CQ, DR＝DS
各式の左辺どうし，右辺どうしを加えると
AP＋BP＋CR＋DR＝AS＋BQ＋CQ＋DS
よって，(AP＋BP)＋(CR＋DR)
＝(AS＋DS)＋(BQ＋CQ)
ゆえに，AB＋CD＝AD＋BC

400

答 ひし形(正方形を含む)

検討 円に外接する平行四辺形 ABCD について，AB＝a, BC＝b とすると，対辺の和が等しいから $2a＝2b$
よって $a＝b$

401

答 (1) $\angle x＝30°$, $\angle y＝75°$
(2) $\angle x＝68°$, $\angle y＝34°$
(3) $\angle x＝25°$, $\angle y＝50°$

検討 円周角の定理，接線と弦のつくる角の定理を利用する。
(1) $\angle x＝\angle ACB＝30°$
$\angle y＝\angle x＋\angle ATB＝30°＋45°＝75°$
(2) $\angle x＝180°－\angle ADB－74°＝180°－38°－74°$
$＝68°$
$\angle y＝\angle ACD＝74°－40°＝34°$
(3) $\angle y＝50°$
$\angle x＝\angle BAT＝\angle y－25°＝50°－25°＝25°$

402

答 条件から
AB＝OA＝OB
したがって，△OAB は正三角形となる。
よって $\angle OAB＝\angle OBA$
$＝60°$
また，BC＝OB＝AB だから，△ABC は二等辺三角形となる。
よって $\angle BAC＝\dfrac{1}{2}\angle OBA＝30°$
ゆえに $\angle OAC＝\angle OAB＋\angle BAC＝90°$
したがって，AC は円 O の接線である。

403

答 (1) 6 (2) $\dfrac{191}{13}$ (3) $\dfrac{37}{3}$

検討 (1) $6×x＝9×4$
(2) $15×24＝13×(13＋y)$
(3) △PAD∽△PCB より PA：14＝15：18
よって PA＝$\dfrac{35}{3}$
これより $\dfrac{35}{3}×\left(\dfrac{35}{3}＋z\right)＝14×20$

404

答 (1) $\dfrac{29}{4}$ (2) $3\sqrt{5}$

検討 (1) 方べきの定理より
$3×15＝4×(4＋x)$
$x＋4＝\dfrac{45}{4}$ $x＝\dfrac{29}{4}$
(2) 左の円 O で方べきの定理より
$3×15＝PQ・PR$
右の円 O′ で方べきの定理より
$PQ・PR＝x^2$
よって $x^2＝3×15$ $x＝3\sqrt{5}$

405

答 方べきの定理より $x(x＋a)＝b^2$
よって $x^2＋ax－b^2＝0$

(注) この 2 次方程式の解は 1 つが正，1 つが負である。

406

答 (1) $30°$ (2) $2\sqrt{7}$ (3) $\dfrac{30\sqrt{7}}{7}$

検討 (1) $\angle CAB＝90°$ CB：BA＝2：1
ゆえに $\angle C＝30°$ よって $\angle E＝30°$
(2) CB＝12, CD：DB＝2：1 より
CD＝8, DB＝4
△ABD において余弦定理より
$AD^2＝6^2＋4^2－2・6・4・\dfrac{1}{2}＝28$
よって AD＝$2\sqrt{7}$
余弦定理をまだ習っていない人は，D から AB に垂線 DH をおろし，三平方の定理より

$AD^2=AH^2+DH^2$ から計算できる。

(3) 方べきの定理より　$AD \cdot DE = CD \cdot DB$

ゆえに　$2\sqrt{7} \cdot DE = 8 \cdot 4$　$DE = \dfrac{16}{\sqrt{7}} = \dfrac{16\sqrt{7}}{7}$

$AE = 2\sqrt{7} + \dfrac{16\sqrt{7}}{7} = \dfrac{30\sqrt{7}}{7}$

407

答　AP の延長と BC との交点を M とすると，∠BAP＝∠PBM より，BM は △ABP の外接円に接する。

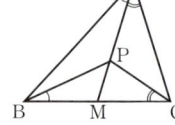

よって　$MB^2 = MA \cdot MP$　……①

同様にして
　$MC^2 = MA \cdot MP$　……②

①，② より　$MB^2 = MC^2$

よって　MB＝MC

応用問題　……本冊 *p.107*

408

答　E から AB へ垂線 EF をひけば，∠ACB＝∠EFB＝90° だから，E, F, B, C は同一円周上にある。

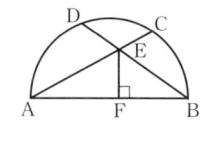

よって　$AE \cdot AC = AF \cdot AB$　……①

同様にして，A, F, E, D も同一円周上にあるから
　$BE \cdot BD = BF \cdot AB$　……②

①＋② より
$AE \cdot AC + BE \cdot BD = AF \cdot AB + BF \cdot AB$
$= AB(AF + BF) = AB^2$

44　2円の位置関係

基本問題　……本冊 *p.108*

409

答　(1) 内接する　(2) 2点で交わる
(3) 外接する　(4) 互いに外部にある

検討　2つの円の半径と，中心間の距離がわかれば，位置関係も決まる。

テスト対策
2つの円の位置関係は，**中心間の距離と半径の和と差の大小関係**を調べる。

410

答　(1) 共通外接線 2 本，共通内接線 0 本
(2) 共通外接線 2 本，共通内接線 1 本

検討　(1) $13-5 < d < 13+5$ だから，2 円は交わっている。
(2) $6+3 = d$ だから，2 円は外接している。

411

答　(1) 18
(2) $12\sqrt{6}$
(3) $6\sqrt{6} - 9$

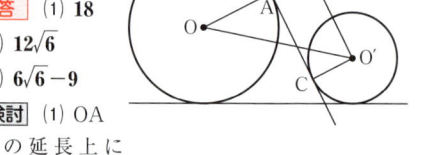

検討　(1) OA の延長上に O′ からひいた垂線の足を A′ とすると
$AC = A'O' = \sqrt{30^2 - (15+9)^2} = 18$

(2) O′ から OB にひいた垂線の足を B′ とすると
$BD = B'O' = \sqrt{30^2 - (15-9)^2} = 12\sqrt{6}$

(3) $ED = EC = x$ とおく。
$EB = EA$
$EB = BD - x = 12\sqrt{6} - x$
$EA = AC + x = 18 + x$
よって　$12\sqrt{6} - x = 18 + x$　$x = 6\sqrt{6} - 9$

412

答　3：5：4

検討　$AB:BC:CA = (1+2):(2+3):(3+1)$

45　作　図

基本問題　……本冊 *p.110*

413

答　(1) A, B をそれぞれ中心とする等しい半径の円を 2 点で交わるようにかく。交点を

414〜416 の答え　73

P, Q とし，直線 PQ を引く。直線 PQ が線分 AB の垂直二等分線である。

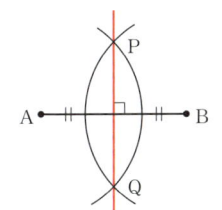

(2) O を中心とする円をかき，半直線 OA, OB との交点をそれぞれ P, Q とする。P, Q をそれぞれ中心とする等しい半径の円を 2 点で交わるようにかく。∠AOB 内の交点の 1 つを R とし，半直線 OR を引く。半直線 OR が ∠AOB の二等分線である。

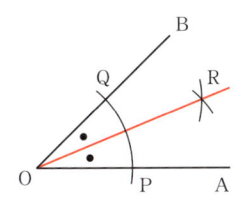

(3) A を中心とする円を ℓ と 2 点で交わるようにかき，2 つの交点を P, Q とする。P, Q をそれぞれ中心とする等しい半径の円を 2 点で交わるようにかき，交点の 1 つを R として直線 AR を引く。直線 AR が求める垂線である。

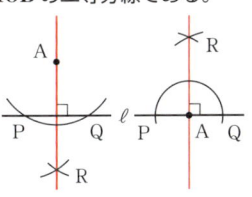

(4) ℓ 上に点 P をとり，中心が P, 半径が AP となる円をかき，ℓ との交点の 1 つを Q とする。中心がそれぞれ A, Q, 半径が AP となる円をかき，P と異なる交点を R として直線 AR を引く。直線 AR が求める平行線である。

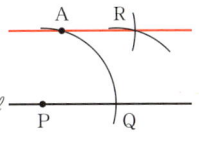

(5) O′ を中心とする円をかき，半直線 O′X, O′Y との交点をそれぞれ P, Q とする。中心が O, 半径が O′P の円をかき，半直線 OA との交点を R とする。中心が O, 半径が O′P の円と，中心が R, 半径が PQ の円の 2 つの交点を S,

S′ として，半直線 OS, OS′ を引く。半直線 OS, OS′ が求めるものである。

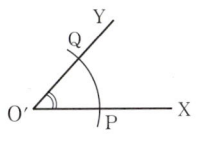

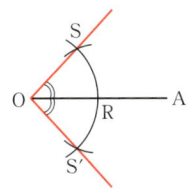

> **テスト対策**
>
> これらは中学で学んだ基本の作図である。これらを組み合わせて，さまざまな作図を行うので，確実に身につけよう。

414

答 (1) A を通り AB と異なる直線 ℓ を引く。A から等間隔に 3 つの点をとり，1 つ目の点を P, 3 つ目の点を Q とする。P を通り BQ に平行な直線を引き，AB との交点が求める点である。

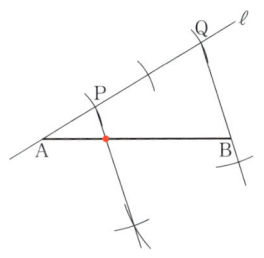

(2) A を通り AB と異なる直線 ℓ を引く。A から等間隔に 5 つの点をとり，4 つ目の点を Q, 5 つ目の点を P とする。P を通り BQ に平行な直線を引く。この直線と AB の延長線の交点が求める点である。

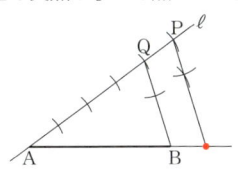

415

答 2 つの辺の垂直二等分線の交点が外心である。

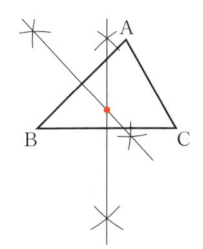

416

答 半直線 OX 上に OA＝1, AB＝a となる

ように点 A, B をとる。ただし, B は A に関して, O と反対側にとる。OB を直径とする円をかく。A を通り OB に垂直な直線と円との2つの交点を C, D とすると, AC が長さ $\sqrt{a}$ の線分である。 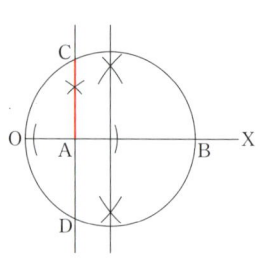
[証明] 方べきの定理より
$$OA \cdot AB = AC \cdot AD$$
ゆえに $AC^2 = a$ よって $AC = \sqrt{a}$

応用問題 ……………… 本冊 p.110

417
[答] ∠A と ∠B の二等分線の交点を I とする。I が内心である。I を通り BC に垂直な直線を引き, BC との交点を D とする。ID を半径とする円をかく。この円が内接円である。

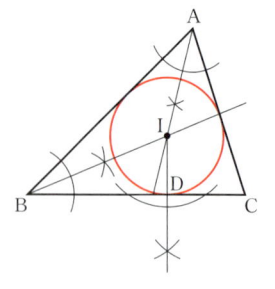

418
[答] 円周上に A の他に2点 B, C をとり, AB, AC の垂直二等分線を引き, 交点を O とする。
O が円の中心である。直線 OA を引き, A を通り OA に垂直な直線を引く。この直線が求める接線である。

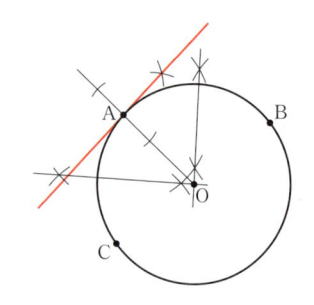

419
[答] 長方形 ABCD で AB の方が長いとする。辺 AB 上に
 AD = AE となる点 E をとる。
EB の中点 O をとり,
OB を半径とする円 O をかく。また, AO の中点 O' をとり O'A を半径とする円 O' をかく。円 O と円 O' の交点の1つを P とする。
AP を1辺とする正方形が求める正方形である。A を通り直線 AP に垂直な直線を引き, その直線上に AP = AQ となる点 Q をとる。
P と Q を中心として半径 AP の円をかき, その交点の A でない方を R とする。
四角形 APRQ が求める正方形である。
[証明] 方べきの定理より $AE \cdot AB = AP^2$ 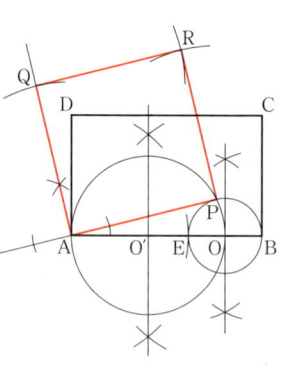
だから, 正方形の面積は長方形の面積に等しい。

46 空間図形

基本問題 ……………… 本冊 p.112

420
[答] (1) BC, FG, EH
(2) DH, BF, EF, FG, GH, EH
(3) ABCD, EFGH
(4) EF, FG, GH, EH
(5) 3組

421
[答] (1) $243\sqrt{2}$ (2) $\dfrac{3\sqrt{6}}{2}$

[検討] (1) 対角線 AF, BD, CE の交点を O とすると, △AOB は直角二等辺三角形
よって $AO = \dfrac{AB}{\sqrt{2}} = \dfrac{9\sqrt{2}}{2}$

四角すい A-BCDE の体積は

$$\frac{1}{3} \times 9^2 \times \frac{9\sqrt{2}}{2} = \frac{243\sqrt{2}}{2}$$

よって，正八面体の体積は $243\sqrt{2}$

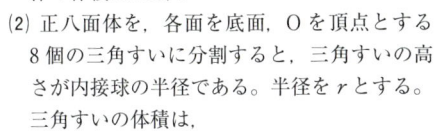

(2) 正八面体を，各面を底面，O を頂点とする 8 個の三角すいに分割すると，三角すいの高さが内接球の半径である。半径を r とする。
三角すいの体積は，

$$\frac{1}{3} \cdot \frac{1}{2} \cdot 9^2 \cdot \frac{\sqrt{3}}{2} \cdot r = \frac{27\sqrt{3}}{4} r$$

よって $\frac{27\sqrt{3}}{4} r \times 8 = 243\sqrt{2}$

$$r = \frac{243\sqrt{2}}{2 \times 27\sqrt{3}} = \frac{3\sqrt{6}}{2}$$

422

答 1 つの三角形は 3 本の辺でできているから，三角形の面が f 個あるとき，辺の数は $3f$ 本であるが，1 つの多面体では 1 つの辺を 2 回ずつかぞえることになるから，辺の数は

$$e = \frac{3}{2} f \quad \text{すなわち} \quad 2e = 3f$$

応用問題 ……………… 本冊 p.112

423

答 1 辺の長さ $2\sqrt{2}$，体積 $\frac{32}{3}$

検討 正八面体の対角線 AF の長さが 4 だから，1 辺 AB の長さは

$$\frac{4}{\sqrt{2}} = 2\sqrt{2}$$

四角すい A-BCDE の体積は

$$\frac{1}{3} \times (2\sqrt{2})^2 \times 2 = \frac{16}{3}$$

よって，正八面体の体積は $\frac{32}{3}$

424

答 (1) 正 n 角形の 1 つの外角は $\frac{360°}{n}$。

よって，1 つの内角は $180° - \frac{360°}{n}$

正六角形のとき，1 つの内角は $120°$

よって，$n \geqq 6$ のとき，1 つの頂点に集まる正 n 角形の角の和が $120° \times 3 = 360°$ 以上になって，正多面体ができなくなる。

したがって，正多面体の各面は，正三角形，正四角形，正五角形のいずれかでなければならない。

(2) 正三角形の 1 つの内角は $60°$。よって，1 つの頂点に集まる面の数が 6 以上になると，角の和が $60° \times 6 = 360°$ 以上となって，正多面体ができない。よって，1 つの頂点に集まる面の数は，3，4，5 のいずれかである。

(3) 3 のとき正四面体，4 のとき正八面体，5 のとき正二十面体

検討 (3) 問題 422 番より $2e = 3f$ …①
オイラーの多面体定理より
　　$v - e + f = 2$ …②
・1 つの頂点に集まる面の数が 3 のとき
辺の数は 1 つの頂点で 3 本
頂点が v 個あり，1 つの辺は両端の頂点でそれぞれかぞえられるから
　　$3v = 2e$ …③
①，③ より $3v = 3f$ ゆえに $v = f$
② より $f - \frac{3}{2}f + f = 2$

$$\frac{f}{2} = 2 \quad \text{ゆえに} \quad f = 4$$

よって 正四面体

・1 つの頂点に集まる面の数が 4 のとき
　　$4v = 2e$ ゆえに $v = \frac{3}{4} f$
② より $\frac{3}{4}f - \frac{3}{2}f + f = 2$

$$\frac{f}{4} = 2 \quad \text{ゆえに} \quad f = 8$$

よって 正八面体

・1つの頂点に集まる面の数が5のとき
$5v=2e$　ゆえに　$v=\dfrac{3}{5}f$

②より　$\dfrac{3}{5}f-\dfrac{3}{2}f+f=2$

$\dfrac{f}{10}=2$　ゆえに　$f=20$

よって　正二十面体

425

答　12

検討　五角形が x 個，六角形が y 個とする。
面の数 $f=x+y$
辺の数は，面ごとに数えると $5x+6y$
しかし，辺は2つの面が共有するから
$2e=5x+6y$
頂点の数は，面ごとに数えると $5x+6y$
しかし，1つの頂点に3つの面が集まるから
$3v=5x+6y$
したがって　$v-e+f=2$ より

$\dfrac{5x+6y}{3}-\dfrac{5x+6y}{2}+x+y=2$

$\dfrac{-5x-6y+6x+6y}{6}=2$

$\dfrac{x}{6}=2$　よって　$x=12$

47　約数と倍数

基本問題　………………本冊 *p.113*

426

答　(1) 1, 2, 3, 6, 9, 18　(2) 12個

検討　(1) $18=2\times 3^2$
(2) $72=8\times 9=2^3\times 3^2$
よって　$(3+1)\times(2+1)=12$(個)

テスト対策
(1)のように約数をすべて書くときも，素因数分解から，約数の個数を $2\times 3=6$ と確認しておくと書きおとしがない。

427

答　(1) $a=5m$, $b=5n$ (m, n は整数)とすると　$2a+3b=10m+15n=5(2m+3n)$
$2m+3n$ は整数。
よって，$2a+3b$ は5の倍数。
(2) $b=am$, $c=bn$ (m, n は整数)とすると
$c=bn=amn$
mn は整数。
よって，c は a の倍数。

428

答　(1) 4　(2) 2, 6

検討　(1) □を x とおくと
$3+4+x+5+2=14+x$ が9の倍数
$0\leq x\leq 9$ より　$14+x=18$
よって　$x=4$
(2) 下2桁が4の倍数となるから，2または6

429

答　(1) 12個　(2) 1092

検討　(1) $500=2^2\times 5^3$ だから
$(2+1)\times(3+1)=12$(個)
(2) $(1+2+2^2)\times(1+5+5^2+5^3)$
$=7\times 156=1092$

430

答　(1) 48　(2) 60, 72, 84, 90, 96

検討　(1) $10=1\times 10=2\times 5$
よって，求める倍数は，素数 p, q を用いて，p^9 または $p^4\times q$ と表される。
$24=2^3\times 3$ の倍数だから，素因数は2個以上ある。
よって　$2^4\times 3=48$
(2) $12=1\times 12=2\times 6=3\times 4=3\times 2\times 2$
の4つの形がある。
p^{11}　　…$2^{11}=2048>100$　不適
$p\times q^5$　…$3\times 2^5=96$
$p^2\times q^3$　…$3^2\times 2^3=72$
　　　　　$2^2\times 3^3=108>100$　不適
$p^2\times q\times r$ …$2^2\times 3\times 5=60$
　　　　　$2^2\times 3\times 7=84$
　　　　　$2^2\times 3\times 11=132>100$　不適

$2^2×5×7=140>100$　不適
$3^2×2×5=90$
$3^2×2×7=126>100$　不適
$5^2×2×3=150>100$　不適

431
[答] (1) $n=6, 24, 150, 600$　(2) $n=35$
[検討] (1) $600=2^3×3×5^2$
よって, $n=6, 6×2^2, 6×5^2, 6×2^2×5^2$ より
$n=6, 24, 150, 600$
(2) $7875=3^2×5^3×7$
よって, $n=35×m^2$ の形になる。
$m=1$ のとき　$n=35$
$m=2$ のとき　$n=35×4=140>100$　不適
したがって　$n=35$

応用問題 ……………… 本冊 p.114

432
[答] $n=2, 6$
[検討] $n^2-8n+15=(n-3)(n-5)$
$n-3=±1$ または $n-5=±1$
これより　$n=2, 4, 6$
$n=4$ のとき, $n^2-8n+15=-1$ となり, 不適。
$n=2, 6$ のとき, $n^2-8n+15=3$ で, 素数となり適する。
したがって　$n=2, 6$

433
[答] 47
[検討] $50÷2=25$, $50÷2^2=12$ 余り 2,
$50÷2^3=6$ 余り 2, $50÷2^4=3$ 余り 2,
$50÷2^5=1$ 余り 18
よって　$25+12+6+3+1=47$

434
[答] 960
[検討] $28=1×28=2×14=4×7=2×2×7$
p^{27} の形…最小でも 2^{27}
$p^{13}×q$ の形…最小でも $2^{13}×3$
$p^6×q^3$ の形…最小は $2^6×3^3=2^6×27$
$p^6×q×r$ の形…最小は $2^6×3×5=2^6×15$
よって　$2^6×15=960$

435
[答] $10=11-1$
$100=9×11+1$
$1000=1001-1=91×11-1$
$10000=909×11+1$
$n=10000a+1000b+100c+10b+a$
$=(909×11a+a)+(91×11b-b)$
$+(9×11c+c)+(11b-b)+a$
$=11(909a+91b+9c+b)+2a-2b+c$
よって, n が 11 で割り切れる
$⟺ 2a-2b+c$ が 11 で割り切れる

48 最大公約数と最小公倍数

基本問題 ……………… 本冊 p.115

436
[答] (1) 最大公約数 60, 最小公倍数 1800
(2) 最大公約数 2, 最小公倍数 88200
[検討] (1) $180=2^2·3^2·5$, $600=2^3·3·5^2$
よって　最大公約数…$2^2·3·5=60$
最小公倍数…$2^3·3^2·5^2=1800$
(2) $90=2·3^2·5$, $150=2·3·5^2$, $392=2^3·7^2$
よって　最大公約数…2
最小公倍数…$2^3·3^2·5^2·7^2=88200$

437
[答] $n=72, 504$
[検討] $84=2^2·3·7$, $504=2^3·3^2·7$
よって　$n=2^3·3^2·7^k$　($k=0, 1$)
したがって　$n=72, 504$

438
[答] $n+2=5k$, $n+3=7l$ (k, l は整数)とおける。
$n+17=5k-2+17=5k+15=5(k+3)$
よって, $n+17$ は 5 の倍数。
一方, $n+17=7l-3+17=7l+14=7(l+2)$
よって, $n+17$ は 7 の倍数。
5 と 7 は互いに素だから, $n+17$ は $5×7=35$ の倍数。

439

答 n と $n+1$ の最大公約数を d とすると，
$n=dk$, $n+1=dl$ (k, l は整数) とおける。
$dk+1=dl$　　$1=d(l-k)$
d は 1 の約数だから　$d=1$
よって，n と $n+1$ は互いに素。

440

答 (1) $(a, b)=(6, 252), (12, 126),$
$(18, 84), (36, 42)$
(2) $(a, b)=(14, 1176), (42, 392), (56, 294),$
$(98, 168)$

検討 (1) $252=2^2 \cdot 3^2 \cdot 7$
$a=6m$, $b=6n$ とおくと
$6m \cdot 6n = 6 \cdot 2^2 \cdot 3^2 \cdot 7$
$mn = 2 \cdot 3 \cdot 7$
m, n は互いに素で，$m<n$ より
$(m, n)=(1, 42), (2, 21), (3, 14), (6, 7)$
よって　$(a, b)=(6, 252), (12, 126),$
$(18, 84), (36, 42)$

(2) $1176 = 2^3 \cdot 3 \cdot 7^2$
$a=14m$, $b=14n$ とおくと
$14m \cdot 14n = 14 \cdot 2^3 \cdot 3 \cdot 7^2$
$mn = 2^2 \cdot 3 \cdot 7$
m, n は互いに素で，$m<n$ より
$(m, n)=(1, 2^2 \cdot 3 \cdot 7), (3, 2^2 \cdot 7), (2^2, 3 \cdot 7),$
$(7, 2^2 \cdot 3)$
よって　$(a, b)=(14, 1176), (42, 392),$
$(56, 294), (98, 168)$

> **テスト対策**
> a, b の最大公約数を g，最小公倍数を l とすると　$ab=gl$
> また，$a=ga'$, $b=gb'$ と表すと
> a', b' は互いに素で　$l=ga'b'$

441

答 (1) $\dfrac{72}{5}$　(2) $\dfrac{392}{3}$

検討 (1) 求める分数を $\dfrac{n}{m}$ とおくと，
m は 25 と 35 の公約数
n は 8 と 18 の公倍数
$\dfrac{n}{m}$ が最小になるのは，m が最大公約数 5，
n が最小公倍数 72 であるとき。

(2) 21, 15, 6 の最大公約数は 3
8, 14, 49 の最小公倍数は 392
よって　$\dfrac{392}{3}$

442

答 $m=7a+8b$ と $n=6a+7b$ の最大公約数を d とする。a, b を m, n で表すと
$\begin{cases} a=7m-8n \\ b=-6m+7n \end{cases}$
よって，d は a と b の公約数となるが，a と b は互いに素より　$d=1$
したがって，m と n は互いに素。

応用問題 ……… 本冊 p.116

443

答 (1) $a+b$ と ab が互いに素でないとする。
$a+b$, ab を割り切る素数を p ($p>1$) とすると，$a+b=kp$ (k は整数) と表せる。
p は ab を割り切るので，a または b を割り切る。
p が a を割り切るとすると，$a=lp$ (l は整数) と表せる。
$a+b=kp$ より　$lp+b=kp$　　$b=(k-l)p$
よって，p は b を割り切る。
同様に，p が b を割り切るとすると，p は a を割り切る。
これは，a と b が互いに素であることに反する。
したがって，$a+b$ と ab は互いに素。

(2) a と b の最大公約数を d とすると，
$a=a'd$, $b=b'd$ (a', b' は整数) と表せる。
よって　$a+b=(a'+b')d$, $ab=a'b'd^2$
したがって，d は $a+b$ と ab の公約数。
ところが，$a+b$ と ab は互いに素だから
$d=1$
したがって，a と b は互いに素。

444

答 $(m, n) = (11, 1), (9, 3), (7, 5)$

検討 $m+n=3k$, $m+4n=3l$ (k, l は互いに素) とおける。

$4m+16n=4(m+4n)$

よって $(m+n)(m+4n)=3 \cdot 4(m+4n)$

ゆえに $m+n=12$ $12=3k$ $k=4$

したがって, $12+3n=3l$ より

$n=l-4$, $m=12-n=16-l$

$m \geqq n>0$ より $16-l \geqq l-4>0$

よって $4<l \leqq 10$

また, l は $k=4$ と互いに素

l	5	7	9
m	11	9	7
n	1	3	5

したがって $(m, n) = (11, 1), (9, 3), (7, 5)$

49 整数の割り算と商および余り

基本問題 …… 本冊 p.117

445

答 (1) 商 5, 余り 3 (2) 商 13, 余り 2
(3) 商 -11, 余り 1 (4) 商 -18, 余り 3

検討 $a=bq+r$ のとき $0 \leqq r<b$

(1) $23=4\times5+3$

(2) $93=7\times13+2$

(3) $-65=6\times(-11)+1$

(4) $-87=5\times(-18)+3$

446

答 (1) 5 (2) 4 (3) 5 (4) 6

検討 $a=7k+3$, $b=7l+5$ とおける。

(1) $a-b=7k+3-7l-5$
$\quad =7(k-l-1)+5$

(2) $2a+b=14k+6+7l+5$
$\quad =7(2k+l+1)+4$

(3) $2a-3b=14k+6-21l-15$
$\quad =7(2k-3l-2)+5$

(4) $a^2+b^2=49k^2+42k+9+49l^2+70l+25$
$\quad =7(7k^2+7l^2+6k+10l+4)+6$

> 🖉 テスト対策
> $a=7q+r$ $(0 \leqq r<7)$ の形をつくる。

447

答 (1) $n=2k+1$ (k は整数) とおくと
$n^2=(2k+1)^2$
$\quad =4k^2+4k+1$
$\quad =4(k^2+k)+1$
よって, 4 で割ると 1 余る。

(2) 連続する 2 つの偶数を $2n$, $2(n+1)$ (n は整数) とおくと
$\{2(n+1)\}^3-(2n)^3$
$=8(n^3+3n^2+3n+1)-8n^3$
$=8(3n^2+3n+1)$
$=8\{3n(n+1)+1\}$

$n(n+1)$ は偶数だから, $3n(n+1)+1$ は奇数。
よって, 8 の倍数であるが, 16 の倍数ではない。

検討 文章で表されたものを文字式で表す。

448

答 n が 3 の倍数でないから,
$n=3m+1$ または $n=3m+2$ (m は整数) と表せる。
$(3m+1)^2+2=9m^2+6m+1+2$
$\quad =3(3m^2+2m+1)$
$(3m+2)^2+2=9m^2+12m+4+2$
$\quad =3(3m^2+4m+2)$
よって, どちらの場合も 3 の倍数である。

449

答 (1) $N=n^2+7n+2$
$\quad =n^2+7n+12-10$
$\quad =(n+3)(n+4)-10$
$(n+3)(n+4)$ は, 連続する 2 つの整数の積だから偶数。
よって, N は偶数。

(2) $N = n^3 - 7n$
$= n^3 - n - 6n$
$= n(n^2-1) - 6n$
$= n(n+1)(n-1) - 6n$
$n(n+1)(n-1) = (n-1)n(n+1)$ は，連続する 3 つの整数の積だから 6 の倍数。
よって，N は 6 の倍数。

応用問題 ……… 本冊 p.118

450
答 (1) $n = 2m+1$（m は整数）とおくと
$n^2 - 1 = (2m+1)^2 - 1 = 4m^2 + 4m + 1 - 1$
$= 4m(m+1)$
$m(m+1)$ は偶数だから，$n^2 - 1$ は 8 の倍数。
(2) m を整数とする。
(i) $n = 2m+1$ のとき
$n^2 + 2 = 4m^2 + 4m + 1 + 2$
$= 4(m^2 + m) + 3$
よって，4 の倍数でない。
(ii) $n = 2m$ のとき
$n^2 + 2 = 4m^2 + 2$
よって，4 の倍数でない。
(i), (ii) より，$n^2 + 2$ は 4 の倍数でない。

451
答 $28n+5$ と $21n+4$ の最大公約数を d とすると，整数 k, l を用いて
$28n + 5 = kd$ ……① $21n + 4 = ld$ ……②
と表せる。
②$\times 4 -$①$\times 3$ より $1 = 4ld - 3kd$
よって $(4l - 3k)d = 1$
d は 1 の約数だから $d = 1$
したがって，$28n+5$ と $21n+4$ は互いに素。

452
答 n が 3 の倍数でないとすると，
$n \equiv 1 \pmod{3}$ または $n \equiv 2 \pmod{3}$ より
$n^2 \equiv 1 \pmod{3}$
d は 3 の倍数でないから $d^2 \equiv 1 \pmod{3}$
$a^2 + b^2 + c^2 \equiv 1 \pmod{3}$ となるのは，

a^2, b^2, c^2 のどれか 2 つが 3 の倍数で，1 つが 3 の倍数でない場合。
よって，a, b, c の中に，3 の倍数がちょうど 2 つある。

453
答 (1) **1** (2) **3** (3) **3** (4) **1** (5) **01**
検討 $a^k \equiv 1 \pmod{n}$ となる k を見つける。
(1) $22 \equiv 1 \pmod{7}$
$22^{100} \equiv 1^{100} \equiv 1 \pmod{7}$
よって，余りは 1
(2) $2^4 = 16 \equiv 1 \pmod{5}$
$2^{2011} = (2^4)^{502} \cdot 2^3 \equiv 2^3 \equiv 3 \pmod{5}$
よって，余りは 3
(3) $3^3 = 27 \equiv 1 \pmod{13}$
$3^{100} = (3^3)^{33} \cdot 3 \equiv 3 \pmod{13}$
よって，余りは 3
(4) $7^2 \equiv 9 \pmod{10}$, $7^3 \equiv 3 \pmod{10}$,
$7^4 \equiv 1 \pmod{10}$
よって $37^{100} \equiv 7^{100} \equiv (7^4)^{25} \equiv 1 \pmod{10}$
したがって，一の位の数は 1
(5) $7^2 \equiv 49$, $7^3 \equiv 43 \pmod{100}$,
$7^4 \equiv 1 \pmod{100}$
よって $7^{200} \equiv (7^4)^{50} \equiv 1 \pmod{100}$
したがって，下 2 桁は 01

454
答 $2^4 \equiv 1 \pmod{15}$
よって $2^{4n} - 1 \equiv (2^4)^n - 1$
$\equiv 1 - 1$
$\equiv 0 \pmod{15}$
したがって，$2^{4n} - 1$ は 15 の倍数。

455
答 (1) **1** (2) **4**
(3) n が偶数のとき 1，n が奇数のとき 3
検討 (1) $3^2 = 9 \equiv 1 \pmod{8}$
よって $3^{2n} = 9^n \equiv 1 \pmod{8}$
(2) $3^{2n-1} + 1 = 3^{2(n-1)} \cdot 3 + 1$
$\equiv 3 + 1$
$\equiv 4 \pmod{8}$

(3) (1), (2)より
　$n=2m$ のとき，余りは 1
　$n=2m-1$ のとき，余りは 3

456

答　(1) 4
(2) $x^2+4x-5p+2=0$ を満足する整数 x が存在すると仮定する。
　$x^2+4x+4=5p+2$
　$(x+2)^2=5p+2$ ……①
　①の右辺は　$5p+2\equiv 2 \pmod 5$
　①の左辺において
　(i) $x+2\equiv 0 \pmod 5$ のとき
　　　$(x+2)^2\equiv 0 \pmod 5$
　(ii) $x+2\equiv 1 \pmod 5$ または
　　　$x+2\equiv 4 \pmod 5$ のとき
　　　$(x+2)^2\equiv 1 \pmod 5$
　(iii) $x+2\equiv 2 \pmod 5$ または
　　　$x+2\equiv 3 \pmod 5$ のとき
　　　$(x+2)^2\equiv 4 \pmod 5$
　よって，$(x+2)^2\equiv 2 \pmod 5$ とならないので矛盾。
　したがって，整数 x は存在しない。

検討　(1) $n\equiv 3 \pmod 5$
　　　よって　$n^2\equiv 9\equiv 4 \pmod 5$

457

答　(1) m を整数とすると
　$n=2m$ のとき　$n^2=4m^2$
　$n=2m+1$ のとき　$n^2=4(m^2+m)+1$
　よって，4 で割った余りは 0 または 1
(2) a, b がともに奇数であるとすると，(1)より
　$a^2+b^2\equiv 1+1\equiv 2 \pmod 4$
　しかし，(1)より，$c^2\equiv 2 \pmod 4$ とならないので矛盾。
　よって，a, b の少なくとも一方は偶数。

458

答　(1) a, b がともに奇数であるとすると，
　$a^2\equiv 1 \pmod 4$, $b^2\equiv 1 \pmod 4$ より
　$a^2-3b^2\equiv 1-3\equiv -2\equiv 2 \pmod 4$
　一方，$c^2\equiv 0 \pmod 4$ または

$c^2\equiv 1 \pmod 4$ であるので矛盾。
　よって，a, b の少なくとも一方は偶数。
(2) a, b はともに偶数なので，
　$a=2a'$, $b=2b'$ (a', b' は整数) とおける。
　$a^2-3b^2=c^2$ より　$4a'^2-3\cdot 4b'^2=c^2$
　よって，c も偶数となり，$c=2c'$ (c' は整数) とおける。
　ゆえに　$4a'^2-3\cdot 4b'^2=4c'^2$
　　　　　$a'^2-3b'^2=c'^2$
　(1)より，a', b' の少なくとも一方は偶数。
　したがって，a, b の少なくとも一方は 4 の倍数。
(3) a は奇数なので，(1)より，b は偶数。
　$a\equiv 1, 3, 5, 7 \pmod 8$ より
　$a^2\equiv 1 \pmod 8$
　b が 4 の倍数でないとすると，b は偶数なので
　$b\equiv 2, 6 \pmod 8$ より　$b^2\equiv 4 \pmod 8$
　よって　$a^2-3b^2\equiv 1-12\equiv -11\equiv 5 \pmod 8$
　一方，c が奇数のとき　$c^2\equiv 1 \pmod 8$
　c が偶数のとき，$c\equiv 0, 2, 4, 6 \pmod 8$
　より　$c^2\equiv 0, 4 \pmod 8$
　よって，$c^2\equiv 5 \pmod 8$ とならないので矛盾。
　したがって，b は 4 の倍数。

検討　4 を法としてうまくいかないとき，8 を法として考える。

50 ユークリッドの互除法

基本問題　本冊 p.120

459

答　(1) **11**　(2) **14**　(3) **6**　(4) **102**

検討　次のような縦書きの計算法がある。スペースの狭い所でも計算できるので役に立つ。
例えば(1)では，右の 143 の 1 倍を左下に書き，差の 44 をとる。44 の 3 倍を右上に書き，差の 11 をとる。
11 の 4 倍を左下に書き，差が 0 となる。

	187	143	1
	143	132	
3	44	11	4
	44		
	0		

(2)

	238	182	1
	182	168	
3	56	14	4
	56		
	0		

よって，14

(3)

	1374	288	4
	1152	222	
1	222	66	3
	198	48	
2	24	18	1
	18	18	
3	6	0	

よって，6

(4)

	1734	612	2
	1224	510	
1	510	102	5
	510		
	0		

よって，102

460

答 (1) $(x, y)=(-5, 11)$
(2) $(x, y)=(-1, 6)$
(3) $(x, y)=(14, -29)$
(4) $(x, y)=(-85, 163)$

検討 互除法を下から上にもどるより，次のように，文字を使いながら互除法と同じことを行う方が早い。

(1) $a=112, b=51$
$a-2b=10$
$b-5(a-2b)=51-50=1$
$-5a+11b=1$
よって $(x, y)=(-5, 11)$

(2) $a=231, b=39$
$a-5b=36$
$b-(a-5b)=39-36=3$
$-a+6b=3$
よって $(x, y)=(-1, 6)$

(3) $a=429, b=207$
$a-2b=15$
$b-13(a-2b)=207-195=12$
$-13a+27b=12$
$(a-2b)-(-13a+27b)=15-12=3$
$14a-29b=3$

よって $(x, y)=(14, -29)$

(4) $a=1001, b=522$
$a-b=479$
$b-(a-b)=522-479=43$
$-a+2b=43$
$(a-b)-11(-a+2b)=479-473=6$
$12a-23b=6$
$(-a+2b)-7(12a-23b)=43-42=1$
$-85a+163b=1$
よって $(x, y)=(-85, 163)$

461

答 (1) $x=7n+3, y=-5n-2$
(2) $x=3n+1, y=7n+2$
(3) $x=13n+6, y=-11n-5$
(4) $x=7n-3, y=6n-3$

(n は整数)

検討 (1) $5x+7y=1$
$5\times 3+7\times(-2)=1$
先の方程式との差をとって
$5(x-3)+7(y+2)=0$
よって，$x-3$ は 7 の倍数
$x-3=7n$ とおくと
$5\cdot 7n+7(y+2)=0$
$5n+y+2=0$
したがって $x=7n+3, y=-5n-2$

(2) $7x-3y=1$
$7\times 1-3\times 2=1$
$7(x-1)-3(y-2)=0$
よって，$x-1$ は 3 の倍数
$x-1=3n$ とおくと
$7\cdot 3n-3(y-2)=0$
$7n-y+2=0$
したがって $x=3n+1, y=7n+2$

(3) $11x+13y=1$
$11\times 6+13\times(-5)=1$
$11(x-6)+13(y+5)=0$
よって，$x-6$ は 13 の倍数
$x-6=13n$ とおくと
$11\cdot 13n+13(y+5)=0$
$11n+y+5=0$
したがって $x=13n+6, y=-11n-5$

(4) $6x-7y=3$

$6\times(-1)-7\times(-1)=1$
両辺を3倍して
$6\times(-3)-7\times(-3)=3$
$6(x+3)-7(y+3)=0$
よって，$x+3$ は 7 の倍数
$x+3=7n$ とおくと
$6\cdot 7n-7(y+3)=0$
$6n-y-3=0$
したがって　$x=7n-3,\ y=6n-3$

462

答　$n=2,\ 7,\ 12,\ 17$

検討　ユークリッドの互除法の原理を用いる。
a と b の最大公約数を $(a,\ b)$ と表すことにする。
$(4n+17,\ 3n+14)=(3n+14,\ n+3)$
$\qquad\qquad\qquad\quad =(n+3,\ 5)$
よって，$n+3$ が 5 の倍数
$4\leqq n+3\leqq 23$ より

$n+3$	5	10	15	20
n	2	7	12	17

応用問題　……………… 本冊 *p.121*

463

答　(1) **50 個**　(2) **33 個**　(3) **7 個**

検討　$(a,\ b)$ は a と b の最大公約数を表すものとする。
(1) $(8n+20,\ 7n+18)=(7n+18,\ n+2)$
$\qquad\qquad\qquad\quad =(n+2,\ 4)=1$
よって，$n+2$ が奇数となる n の個数を求める。
$3\leqq n+2\leqq 102$
$102\div 2=51\quad 51-1=50$
よって，奇数は 50 個
(2) $(6n+18,\ 5n+16)=(5n+16,\ n+2)$
$\qquad\qquad\qquad\quad =(n+2,\ 6)=1$
よって，$n+2$ が 2 の倍数でも 3 の倍数でもないものの個数を求める。
$3\leqq n+2\leqq 102$
ここで，
$\begin{cases} A：2\text{ の倍数の集合} \\ B：3\text{ の倍数の集合} \end{cases}$

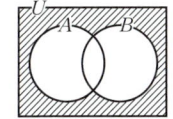

とする。
$n(A)=102\div 2-1=50$
$n(B)=102\div 3=34$
$n(A\cap B)=102\div 6=17$
よって
$n(A\cup B)=n(A)+n(B)-n(A\cap B)$
$\qquad\qquad =50+34-17=67$
$n(\overline{A}\cap\overline{B})=n(\overline{A\cup B})=n(U)-n(A\cup B)$
$\qquad\qquad =100-67=33$
(3) $(5n+19,\ 4n+18)=(4n+18,\ n+1)$
$\qquad\qquad\qquad\quad =(n+1,\ 14)=7$
よって，$n+1$ が 7 の倍数であるが 14 の倍数でないものの個数を求める。
$2\leqq n+1\leqq 101$
$101\div 7=14$ 余り 3
$101\div 14=7$ 余り 3
よって　$14-7=7$

464

答　**1, 2, 3, 6**

検討　$n^2+4n+9=(n+3)(n+1)+6$
よって，n^2+4n+9 と $n+3$ の最大公約数は，$n+3$ と 6 の最大公約数に等しい。
したがって，最大公約数として考えられる数は　**1, 2, 3, 6**

465

答　(1) $(x,\ y)=(3,\ 3),\ (1,\ 6)$
(2) $(x,\ y)=(8,\ 3),\ (4,\ 6)$
(3) $(x,\ y)=(5,\ 6),\ (10,\ 2)$
(4) $(x,\ y,\ z)=(3,\ 3,\ 1),\ (1,\ 6,\ 1),$
$\qquad\qquad\qquad (2,\ 2,\ 2),\ (1,\ 1,\ 3)$

検討　一般の整数解を求めるより，次のように分数式の形にする方が早い。
(1) $3x+2y=15$
$\quad y=\dfrac{3(5-x)}{2}$
$0<5-x<5$ かつ $5-x$ は 2 の倍数
よって，$5-x=2,\ 4$ より
$(x,\ y)=(3,\ 3),\ (1,\ 6)$
(2) $3x+4y=36$
$\quad y=\dfrac{3(12-x)}{4}$

$0<12-x<12$ かつ $12-x$ は 4 の倍数
よって，$12-x=4$, 8 より
$(x, y)=(8, 3), (4, 6)$
(3) $4x+5y=50$
$x=\dfrac{5(10-y)}{4}$
$0<10-y<10$ かつ $10-y$ は 4 の倍数
よって，$10-y=4$, 8 より
$(x, y)=(5, 6), (10, 2)$
(4) $3x+2y+5z=20$
$x\geqq 1$, $y\geqq 1$ より $3x+2y\geqq 5$
よって $20-5z\geqq 5$ $z\leqq 3$
(i) $z=1$ のとき
$3x+2y=15$
$y=\dfrac{3(5-x)}{2}$
$0<5-x<5$ かつ $5-x$ は 2 の倍数
よって，$5-x=2$, 4 より
$(x, y)=(3, 3), (1, 6)$
(ii) $z=2$ のとき
$3x+2y=10$
$x=\dfrac{2(5-y)}{3}$
$0<5-y<5$ かつ $5-y$ は 3 の倍数
よって，$5-y=3$ より
$(x, y)=(2, 2)$
(iii) $z=3$ のとき
$3x+2y=5$
$x=1+\dfrac{2(1-y)}{3}$
$0\leqq 1-y<1$ かつ $1-y$ は 3 の倍数
よって，$1-y=0$ より
$(x, y)=(1, 1)$
(i), (ii), (iii)より
$(x, y, z)=(3, 3, 1), (1, 6, 1),$
$(2, 2, 2), (1, 1, 3)$

466

答 (1) **79**　(2) **146**

検討 (1) 求める数を n とすると
$n=5k+4$, $n=7l+2$ （k, l は整数）
とおける。
$5k+4=7l+2$ より $7l-5k=2$

また　$7\times 1-5\times 1=2$
差をとって　$7(l-1)-5(k-1)=0$
よって，$l-1=5m$（m は整数）とおける。
このとき　$k-1=7m$
ゆえに　$l=5m+1$, $k=7m+1$
$n=5k+4=35m+5+4=35m+9$
$35m+9<100$ となる m の最大値は 2
したがって　$n=35\times 2+9=79$
(2) 求める数を n とすると
$\begin{cases} n=3x+2 & \cdots\cdots ① \\ n=5y+1 & \cdots\cdots ② \\ n=7z+6 & \cdots\cdots ③ \end{cases}$ （x, y, z は整数）
とおける。
②，③より
$5y+1=7z+6$　$5y-7z=5$
また　$5\times 1-7\times 0=5$
差をとって　$5(y-1)-7z=0$
よって，$z=5k$（k は整数）とおける。
このとき　$y-1=7k$
ゆえに　$y=7k+1$
②より　$n=5y+1=35k+6$　……④
①，④より
$3x+2=35k+6$　$3x-35k=4$　……⑤
また　$3\times 12-35\times 1=1$
両辺を 4 倍して　$3\times 48-35\times 4=4$
⑤との差をとって　$3(x-48)-35(k-4)=0$
よって，$k-4=3m$（m は整数）とおける。
このとき　$x-48=35m$
ゆえに　$x=35m+48$
したがって　$n=3x+2=105m+146$
$105m+146\geqq 100$ となる m の最小値は 0
したがって　$n=105\times 0+146=146$

467

答 $n=891$

検討 $9x+11y=n$
$9\times 5+11\times(-4)=1$
$9\times 5n+11\times(-4n)=n$
差をとって　$9(x-5n)+11(y+4n)=0$
よって，$x-5n=11k$（k は整数）とおける。
このとき　$x=11k+5n$, $y=-9k-4n$
$x\geqq 0$, $y\geqq 0$ より　$-\dfrac{5}{11}n\leqq k\leqq -\dfrac{4}{9}n$

この範囲に 10 個の整数が存在するためには

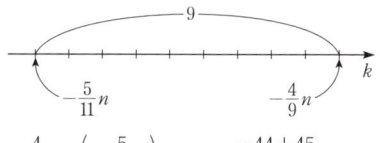

$-\dfrac{4}{9}n - \left(-\dfrac{5}{11}n\right) \geqq 9$ $\dfrac{-44+45}{99}n \geqq 9$

$n \geqq 9 \times 99 = 891$
であることが必要。
$n=891$ のとき，$-405 \leqq k \leqq -396$ となり，条件を満たしている。
よって，n の最小値は 891

468

答 (1) $a=12x_1+18y_1$, $b=12x_2+18y_2$
 ($x_1 \in A$, $x_2 \in A$, $y_1 \in A$, $y_2 \in A$) とする。
 $a+b=12(x_1+x_2)+18(y_1+y_2)$
 $x_1+x_2 \in A$, $y_1+y_2 \in A$ より $a+b \in M$
(2) $ka=12kx_1+18ky_1$
 $kx_1 \in A$, $ky_1 \in A$ より $ka \in M$
(3) $d=6$
(4) c を M の任意の要素とし，$x_0 \in A$, $y_0 \in A$
 とすると，$c=12x_0+18y_0=6(2x_0+3y_0)$ より，
 c は 6 の倍数。
 逆に(3)より，6 は M の要素であるから，(2)より，6 の倍数はすべて M の要素。
 よって，M は $d=6$ の倍数全体の集合。

検討 (3) ある x, $y \in A$ があって
 $d=12x+18y=6(2x+3y)$
 よって，d は 6 の倍数。
 一方，$12=12 \times 1+18 \times 0 \in M$
 12 を d で割った商を q, 余りを r とすると
 $12=dq+r$, $0 \leqq r < d$
 $r=12-dq \in M$
 よって，d は M の正の最小の数だから $r=0$
 すなわち，d は 12 の約数。
 同様にして，d は 18 の約数。
 よって，d は 12 と 18 の最大公約数 6 の約数。
 したがって $d=6$

469

答 (1) M の任意の要素 e, f をとると
 $e+f \in M$

k を整数とするとき，$ke \in M$ である。
M の任意の要素 c をとり，c を d で割った商を q, 余りを r とすると
$c=dq+r$, $0 \leqq r < d$
よって $r=c-dq \in M$
d は M に属する正の最小の数だから $r=0$
したがって，c は d で割り切れる。
(2) (1)より，$a=a \cdot 1+b \cdot 0 \in M$ だから，a は d で割り切れる。
また，$b=a \cdot 0+b \cdot 1 \in M$ だから，b は d で割り切れる。
よって，d は a, b の公約数。
ここで，a と b の最大公約数を m とすると，d は m の約数だから $d \leqq m$
一方，$d=ax+by$ となる x, y があるので，d は m の倍数だから $d \geqq m$
したがって $d=m$
すなわち，d は a, b の最大公約数である。
(3) M に属する正の最小の数 d を表す s, t が存在するので $d=as+bt$
 a, b が互いに素のとき，最大公約数は 1
 よって，$d=1$ であるから，$as+bt=1$ となる整数 s, t が存在する。

51 整数の性質の応用

基本問題 •••••••••••••••• 本冊 *p.123*

470

答 (ア) **23** (イ) **476** (ウ) **181**

検討 (ア) $2^4+2^2+2+1=16+4+2+1=23$
(イ) $3 \cdot 5^3+4 \cdot 5^2+1=375+100+1=476$
(ウ) $2 \cdot 8^2+6 \cdot 8+5=128+48+5=181$

471

答 (ア) $110110_{(2)}$ (イ) $202212_{(3)}$

検討 (ア) 2) 54   (イ) 3) 563
   2) 27 ···0   3) 187 ···2
   2) 13 ···1   3) 62 ···1
   2) 6 ···1   3) 20 ···2
   2) 3 ···0   3)   6 ···2
        1 ···1   2 ···0

応用問題 ……… 本冊 *p.124*

472

答 (1) (ア) **0.6875** (イ) **0.7616**
(2) (ア) **0.304**₍₅₎ (イ) **0.1101**₍₂₎

検討 (1) (ア) $0.1011_{(2)}$
$= \dfrac{1}{2} + \dfrac{1}{2^3} + \dfrac{1}{2^4} = \dfrac{1}{2} + \dfrac{1}{8} + \dfrac{1}{16}$
$= \dfrac{8+2+1}{16} = \dfrac{11}{16} = 0.6875$

(イ) $0.3401_{(5)}$
$= 3 \cdot \dfrac{1}{5} + 4 \cdot \dfrac{1}{5^2} + 1 \cdot \dfrac{1}{5^4} = \dfrac{3}{5} + \dfrac{4}{25} + \dfrac{1}{625}$
$= \dfrac{375+100+1}{625} = \dfrac{476}{625} = 0.7616$

(2) (ア)
```
  .632  ⤴×5
 3.160  ⤴×5
 0. 80  ⤴×5
 4. 0
 ↑
整数部分を順に取り出す
```
(イ)
```
  .8125 ⤴×2
 1.6250 ⤴×2
 1.250  ⤴×2
 0. 50  ⤴×2
 1. 0
```

473

答 (1) **110000**₍₂₎ (2) **1101**₍₂₎
(3) **10001111**₍₂₎ (4) **111**₍₂₎

検討 筆算で計算する。
(1)
```
   10101
 + 11011
  ──────
  110000
```
(2)
```
   10111
 − 1010
  ──────
   1101
```
(3)
```
     1101
   × 1011
    ─────
     1101
     1101
    1101
   ────────
  10001111
```
(4)
```
          111
   1101)1011011
        1101
        ────
         1101
         10011
         1101
         ────
          1101
          1101
          ────
             0
```

474

答 (1) **10111**₍₃₎ (2) **2023**₍₅₎
(3) **10422404**₍₅₎ (4) **212**₍₃₎

検討 (1)
```
     2012
  +  1022
   ──────
    10111
```
(2)
```
     4431
   − 2403
   ──────
     2023
```
(3)
```
      3213
   × 1323
   ───────
     20144
    11431
   20144
  3213
  ────────
  10422404
```
(4)
```
           212
   122)112111
        1021
       ─────
        1001
         122
        ────
        1021
        1021
        ────
           0
```

475

答 (1) $0.2\dot{6}82\dot{9}$ (2) **8**

検討 (1)
```
         0.26829
   41)11.0
       82
       ──
       280
       246
       ───
        340
        328
        ───
         120
          82
         ───
         380
         369
         ───
          11
```

(2) 5桁ごとにくり返すので $23 = 5 \times 4 + 3$
3番目の数で 8

476

答 $n = 23$, **46**

検討 $n = 10a + b$ ($0 < a < 7$, $0 < b < 7$) とおくと
$n = 7b + a$
よって $10a + b = 7b + a$ $3a = 2b$
$0 < a < 7$ かつ a は偶数
$a = 2$ のとき $b = 3$
$a = 4$ のとき $b = 6$
$a = 6$ のとき $b = 9$ 不適

52 整数のいろいろな問題

基本問題 ……… 本冊 *p.125*

477

答 (1) $(x, y) = (4, 4), (5, 1)$

(2) $(x, y)=(5, 3)$
(3) $(x, y)=(1, 19), (3, 5), (4, 4), (18, 2)$
(4) $(x, y)=(2, 1)$

|検討| (3), (4)では両辺に 2 をかけて, $2x, 2y$ を 1 つの文字のように考える。

(1) $xy+2x-3y=12$
　　$(x-3)(y+2)=6$
　　$y+2>2$ より

$x-3$	1	2
$y+2$	6	3
x	4	5
y	4	1

よって $(x, y)=(4, 4), (5, 1)$

(2) $xy+3x-4y=18$
　　$(x-4)(y+3)=6$
　　$y+3>3$ より

$x-4$	1
$y+3$	6
x	5
y	3

よって $(x, y)=(5, 3)$

(3) $2xy-3x-y=16$
　　$4xy-6x-2y=32$
　　$(2x-1)(2y-3)=35$
　　$2x-1>0$ より

$2x-1$	1	5	7	35
$2y-3$	35	7	5	1
x	1	3	4	18
y	19	5	4	2

よって $(x, y)=(1, 19), (3, 5), (4, 4),$
　　　　　　　　$(18, 2)$

(4) $2xy+x-3y=3$
　　$4xy+2x-6y=6$
　　$(2x-3)(2y+1)=3$
　　$2y+1>1$ より

$2x-3$	1
$2y+1$	3
x	2
y	1

よって $(x, y)=(2, 1)$

478

|答| (1) $(x, y)=(7, 42), (8, 24), (9, 18),$
　　　　　　　$(10, 15), (12, 12),$
　　　　　　　$(15, 10), (18, 9),$
　　　　　　　$(24, 8), (42, 7)$
(2) $(x, y)=(2, 4), (3, 3)$
(3) $(x, y)=(2, 1), (3, 3)$
(4) $(x, y)=(2, 3), (3, 6), (4, 12), (5, 30)$

|検討| (1) $xy=6x+6y$
　　$xy-6x-6y=0$
　　$(x-6)(y-6)=36$
　　$x-6>-6, y-6>-6$ より

$x-6$	1	2	3	4	6
$y-6$	36	18	12	9	6
x	7	8	9	10	12
y	42	24	18	15	12

$x-6$	9	12	18	36
$y-6$	4	3	2	1
x	15	18	24	42
y	10	9	8	7

(2) $xy=2x+y$
　　$xy-2x-y=0$
　　$(x-1)(y-2)=2$
　　$x-1>-1, y-2>-2$ より

$x-1$	1	2
$y-2$	2	1
x	2	3
y	4	3

(3) $xy=-x+4y$
　　$xy+x-4y=0$
　　$(x-4)(y+1)=-4$
　　$x-4>-4, y+1>1$ より

$x-4$	-2	-1
$y+1$	2	4
x	2	3
y	1	3

(4) $xy+6x-6y=0$
　　$(x-6)(y+6)=-36$
　　$x-6>-6, y+6>6$ より

$x-6$	-4	-3	-2	-1
$y+6$	9	12	18	36
x	2	3	4	5
y	3	6	12	30

479

答 $n=1$, 7

検討 $\sqrt{n^2+15}=m$ とおくと $m>0$
$n^2+15=m^2$
$m^2-n^2=15$
$(m+n)(m-n)=15$
$n>0$ より $m+n>m-n$
$m+n>0$ より $m-n>0$

$m+n$	15	5
$m-n$	1	3
m	8	4
n	7	1

480

答 (1) $(x, y)=(4, 3)$
(2) $(x, y)=(2, -3), (2, 1), (-4, 1),$
$(-4, -3)$

検討 (1) $x^2-y^2=7$
$(x+y)(x-y)=7$
$x>0$, $y>0$ より $x+y>x-y$
$x+y>0$ より $x-y>0$
よって $x+y=7$, $x-y=1$
ゆえに $x=4$, $y=3$
(2) $(x+y)(x-y)+2(x-y)=5$
$(x-y)(x+y+2)=5$

$x+y+2$	1	5	-1	-5
$x-y$	5	1	-5	-1
x	2	2	-4	-4
y	-3	1	1	-3

表は，
$\begin{cases} x+y+2=l \\ x-y=m \end{cases}$ のとき $\begin{cases} x=\dfrac{l+m-2}{2} \\ y=\dfrac{l-m-2}{2} \end{cases}$

を用いて計算する。

応用問題 ……本冊 p.126

481

答 (1) $(x, y)=(1, 4), (1, -2), (2, 3)$
(2) $(x, y)=(0, -1), (1, -1), (1, -2)$

検討 判別式 D を計算。有限個に絞り込んだらあとは場合分け。どちらの文字についてまとめるかも注意。

(1) $y^2-2(2x-1)y+10x^2-13x-5=0$
$\dfrac{D}{4}=(2x-1)^2-(10x^2-13x-5)\geqq 0$
$4x^2-4x+1-10x^2+13x+5\geqq 0$
$-6x^2+9x+6\geqq 0$
$2x^2-3x-2\leqq 0$
$(x-2)(2x+1)\leqq 0$
$-\dfrac{1}{2}\leqq x\leqq 2$
よって $x=0, 1, 2$
このとき，$y=(2x-1)\pm\sqrt{\dfrac{D}{4}}$
$=(2x-1)\pm\sqrt{-6x^2+9x+6}$ より

x	0	1	2
$\dfrac{D}{4}$	6	9	0
y	×	1 ± 3	3

$x=0$ のとき，y は無理数となり不適。
したがって $(x, y)=(1, 4), (1, -2),$
$(2, 3)$

(2) $y^2+(x+2)y+2x^2-x+1=0$
$D=(x+2)^2-4(2x^2-x+1)\geqq 0$
$x^2+4x+4-8x^2+4x-4\geqq 0$
$-7x^2+8x\geqq 0$
$x(7x-8)\leqq 0$
$0\leqq x\leqq \dfrac{8}{7}$
よって $x=0, 1$
このとき，$y=\dfrac{-(x+2)\pm\sqrt{D}}{2}$
$=\dfrac{-(x+2)\pm\sqrt{-7x^2+8x}}{2}$ より

x	0	1
D	0	1
y	-1	$\dfrac{-3\pm 1}{2}$

482〜**484** の答え　89

したがって　$(x, y)=(0, -1), (1, -1),$
　　　　　　　　　$(1, -2)$

482

[答]　$(x, y)=(-2, 2), (-5, 2), (3, 0),$
　　　　　　　$(0, 0)$

[検討]　$x^2+5xy+6y^2-3x-7y=0$
　　$x^2+(5y-3)x+6y^2-7y=0$
　　$D=(5y-3)^2-4(6y^2-7y)$
　　　$=25y^2-30y+9-24y^2+28y$
　　　$=y^2-2y+9$
　　x が整数となる $\Longrightarrow D=N^2$
　　　　　　　　　　(N は整数，$N \geqq 0$)
よって　$y^2-2y+9=N^2$
　　$(y-1)^2-N^2=-8$
　　$(y-1+N)(y-1-N)=-8$
　　$N \geqq 0$ より　$y-1+N \geqq y-1-N$

$\begin{cases} y-1+N=l \\ y-1-N=m \end{cases}$ のとき $\begin{cases} y=\dfrac{l+m+2}{2} \\ N=\dfrac{l-m}{2} \end{cases}$

また，$x=\dfrac{-(5y-3)\pm N}{2}$ より

$y-1+N$	8	4	2	1
$y-1-N$	-1	-2	-4	-8
y	$\dfrac{9}{2}$ ×	2	0	$-\dfrac{5}{2}$ ×
N		3	3	
x		$\dfrac{-7\pm 3}{2}$	$\dfrac{3\pm 3}{2}$	

(× は不適の意味)
したがって　$(x, y)=(-2, 2), (-5, 2),$
　　　　　　　　　$(3, 0), (0, 0)$

483

[答]　$(x, y)=(3, 2), (1, 2)$

[検討]　$x^2-xy-6y^2-2x+11y+5=0$
　　$x^2-(y+2)x-6y^2+11y+5=0$
　　$D=(y+2)^2-4(-6y^2+11y+5)$
　　　$=y^2+4y+4+24y^2-44y-20$
　　　$=25y^2-40y-16$
　　　$=N^2$ (N は整数，$N \geqq 0$) とおくと
　　$(5y-4)^2-N^2=32$

$(5y-4+N)(5y-4-N)=32$
$N \geqq 0$ より　$5y-4+N \geqq 5y-4-N$

$\begin{cases} 5y-4+N=l \\ 5y-4-N=m \end{cases}$ のとき $\begin{cases} y=\dfrac{l+m+8}{10} \\ N=\dfrac{l-m}{2} \end{cases}$

また，$x=\dfrac{y+2\pm N}{2}$ より

$5y-4+N$	32	16	8	-1	-2	-4
$5y-4-N$	1	2	4	-32	-16	-8
y	$\dfrac{41}{10}$×	$\dfrac{13}{5}$×	2	$-\dfrac{5}{2}$×	-1×	$-\dfrac{2}{5}$×
N			2			
x			$\dfrac{4\pm 2}{2}$			

(× は不適の意味)
したがって　$(x, y)=(3, 2), (1, 2)$

484

[答]　$(x, y, z)=(4, 5, 20), (4, 6, 12),$
　　　　　　　$(4, 8, 8), (5, 5, 10),$
　　　　　　　$(6, 6, 6)$

[検討]　大小関係があるので，大きいものでおき換えたり，小さいものでおき換えたりしてみる。

$\dfrac{1}{2}=\dfrac{1}{x}+\dfrac{1}{y}+\dfrac{1}{z} \leqq \dfrac{1}{x}+\dfrac{1}{x}+\dfrac{1}{x}=\dfrac{3}{x}$

よって　$x \leqq 6$
$4 \leqq x \leqq 6$ より　$x=4, 5, 6$

(i) $x=4$ のとき
　　$\dfrac{1}{y}+\dfrac{1}{z}=\dfrac{1}{4}$
　　$\dfrac{1}{4}=\dfrac{1}{y}+\dfrac{1}{z} \leqq \dfrac{2}{y}$
　　よって　$y \leqq 8$
　　$x \leqq y$ より　$y=4, 5, 6, 7, 8$
　　$\dfrac{1}{z}=\dfrac{1}{4}-\dfrac{1}{y}=\dfrac{y-4}{4y}$ より
　　$y \neq 4, z=\dfrac{4y}{y-4}$

y	5	6	7	8
z	20	12	$\dfrac{28}{3}$	8
			×	

(ii) $x=5$ のとき

$\dfrac{1}{y}+\dfrac{1}{z}=\dfrac{3}{10}$

$\dfrac{3}{10}=\dfrac{1}{y}+\dfrac{1}{z}\leqq\dfrac{2}{y}$

よって $y\leqq\dfrac{20}{3}$

$x\leqq y$ より $y=5, 6$

$\dfrac{1}{z}=\dfrac{3}{10}-\dfrac{1}{y}=\dfrac{3y-10}{10y}$ より $z=\dfrac{10y}{3y-10}$

y	5	6
z	10	$\dfrac{15}{2}$
		×

(iii) $x=6$ のとき

$\dfrac{1}{y}+\dfrac{1}{z}=\dfrac{1}{3}$

$\dfrac{1}{3}=\dfrac{1}{y}+\dfrac{1}{z}\leqq\dfrac{2}{y}$

よって $y\leqq 6$

$x\leqq y$ より $y=6$

このとき $z=6$

(i), (ii), (iii)より

$(x, y, z)=(4, 5, 20), (4, 6, 12),$
$(4, 8, 8), (5, 5, 10),$
$(6, 6, 6)$

485

答 6

検討 割り算をして分子の次数を下げる。

$N=\dfrac{m^2+17m-29}{m-5}$ とおく。

$N=\dfrac{(m-5)(m+22)+81}{m-5}=m+22+\dfrac{81}{m-5}$

よって, $m-5$ は 81 を割り切る数だから

$m-5=\pm 1, \pm 3, \pm 9, \pm 27, \pm 81$

このうち, $m-5=1, 3, 9, 27, 81$ のときは, N が自然数となるのは明らかなので, $m-5=-1, -3, -9, -27, -81$ のときを調べる。

$m-5$	-1	-3	-9	-27	-81
m	4	2	-4	-22	-76
N	-55	-3	9	-3	-55
	×	×		×	×

よって, 6 個

486

答 (1) **7 個** (2) **8**

検討 (1) 30! の素因数 5 の個数を数える。

$30\div 5=6, 30\div 25=1$ 余り 5

よって, 5 は 7 個含まれる。2 はもっと多くあるので, 0 は 7 個続く。

(2) 30! の素因数分解をする。

$30\div 2=15, 30\div 4=7$ 余り 2,

$30\div 8=3$ 余り 6, $30\div 16=1$ 余り 14

よって, 30! の 2 の指数は $15+7+3+1=26$

$30\div 3=10, 30\div 9=3$ 余り 3,

$30\div 27=1$ 余り 3

よって, 30! の 3 の指数は $10+3+1=14$

$30\div 7=4$ 余り 2, $30\div 11=2$ 余り 8,

$30\div 13=2$ 余り 4, $30\div 17=1$ 余り 13,

$30\div 19=1$ 余り 11, $30\div 23=1$ 余り 7,

$30\div 29=1$ 余り 1

したがって

$30!=10^7\cdot 2^{19}\cdot 3^{14}\cdot 7^4\cdot 11^2\cdot 13^2\cdot 17\cdot 19\cdot 23\cdot 29$

ここで, $a=2^{19}\cdot 3^{14}\cdot 7^4\cdot 11^2\cdot 13^2\cdot 17\cdot 19\cdot 23\cdot 29$

とおくと

$a\equiv 2^{19}\cdot 3^{14}\cdot 7^4\cdot 3^2\cdot 7\cdot 9\cdot 3\cdot 9 \pmod{10}$

$7^4\equiv 1 \pmod{10}$, $3^4\equiv 1 \pmod{10}$, また,

$2^1=2, 2^2=4, 2^3=8, 2^4=16, 2^5=32$ より

$a\equiv 2^3\cdot 3\cdot 7\equiv 8 \pmod{10}$

よって, 8

487

答 $\dfrac{b}{a}=\dfrac{c}{a}+d$ より $b=c+ad$

a と b の最大公約数を m とすると, $a=a'm$,
$b=b'm$ (a', b' は整数) とおける。

$c=b-ad=b'm-a'md$
$=(b'-a'd)m$

よって, m は c の約数, すなわち, a と c の公約数。

a, c は互いに素より $m=1$

したがって, a と b も互いに素。

488

答 $n=2$ のとき, $n^2+2=6$ より, n^2+2 は素数でない。

$n=3$ のとき, $n^2+2=11$ より, n^2+2 は素数である。
$n\geq 4$ のとき, n は素数だから 3 の倍数でない。
よって, $n=3m+1$ または $n=3m+2$ (m は自然数) とおける。
$n=3m+1$ のとき
　$n^2+2\equiv 1+2\equiv 0\pmod{3}$
$n=3m+2$ のとき
　$n^2+2\equiv 1+2\equiv 0\pmod{3}$
よって, n^2+2 は素数でない。
したがって, n, n^2+2 がともに素数となるのは, $n=3$ の場合に限る。

489

[答] 直角をはさむ 2 辺の長さを a, b, 斜辺の長さを c とすると　$a^2+b^2=c^2$
a, b がともに奇数とすると,
$(2k+1)^2=4(k^2+k)+1$ ……①　より
$a^2+b^2\equiv 2\pmod{4}$　……②
また　$(2k)^2=4k^2\equiv 0\pmod{4}$　……③
①, ③ より　$c^2\equiv 0, 1\pmod{4}$
これは ② と矛盾。
よって, a, b の少なくとも一方は偶数。
a, b の対称性より, a を偶数とすると
$a=2m$ (m は整数) とおける。
直角三角形の面積を S とすると
$S=\dfrac{1}{2}ab=mb$

(i) b が偶数のとき　S は偶数。
(ii) b が奇数のとき
　このとき
　$a\equiv 0, 2, 4, 6\pmod{8}$ より
　$a\equiv 0, 4$ のとき $a^2\equiv 0\pmod{8}$,
　$a\equiv 2, 6$ のとき $a^2\equiv 4\pmod{8}$
　であるから　$a^2\equiv 0, 4\pmod{8}$
　$b\equiv 1, 3, 5, 7\pmod{8}$ より
　$b^2\equiv 1\pmod{8}$
　また, c は奇数なので
　$c^2\equiv 1\pmod{8}$
　よって, $a^2+b^2\equiv 1\pmod{8}$ となる a^2, b^2 の組み合わせは
　$a^2\equiv 0\pmod{8}$, $b^2\equiv 1\pmod{8}$ しかない。
　すなわち, $a\equiv 0, 4\pmod{8}$ のとき。
したがって, a は 4 の倍数。
ゆえに, S は偶数。

490

[答] (1) $0<i<j<p$ とする。
また, $ni=ap+r_i$, $nj=bp+r_j$ とする。
もし, $r_i=r_j$ とすると
　$n(j-i)=(b-a)p$
n は p で割り切れないので, $j-i$ が p で割り切れる。
しかし, $0<j-i<p$ なので矛盾。
よって　$r_i\neq r_j$
$0<r_k<p$ で, k が $k=1, \cdots, p-1$ と動くとき, r_k はすべて異なるので, r_k は 1 から $p-1$ までのすべての値をとる。
すなわち　$\{r_k|k\in A\}=A$
(2) (1) より
$(n\cdot 1)(n\cdot 2)(n\cdot 3)\cdots\cdot\{n(p-1)\}$
$\equiv 1\cdot 2\cdot 3\cdots\cdot(p-1)\pmod{p}$
$n^{p-1}\cdot(p-1)!\equiv(p-1)!\pmod{p}$
$(p-1)!$ と p は互いに素。
よって　$n^{p-1}\equiv 1\pmod{p}$
したがって, $n^{p-1}-1$ は p で割り切れる。

MEMO

MEMO

MEMO

MEMO

MEMO

B